2018

大虹桥·新空间
BIG-HONGQIAO NEW-SPACE

上海虹桥商务区
拓展片城市设计

城乡规划专业六校联合毕业设计

SIX-SCHOOL JOINT GRADUATION PROJECT
OF URBAN PLANNING & DESIGN

同济大学建筑与城市规划学院
天津大学建筑学院
东南大学建筑学院
西安建筑科技大学建筑学院
重庆大学建筑城规学院
清华大学建筑学院
编

中国城市规划学会学术成果

· 中国城市规划学会低碳生态城市大学联盟资助
· 中国科协学会能力提升与改革工程资助
· 国家高等学校特色专业建设东南大学城市规划专业项目资助
· 国家"985工程"三期天津大学人才培养建设项目资助
· 国家"985工程"三期东南大学人才培养建设项目资助
· 国家高等学校特色专业、国家高等学校专业综合改革试点
  西安建筑科技大学城市规划专业建设项目资助
· 国家"985工程"三期同济大学人才培养建设项目资助
· 国家"985工程"三期重庆大学人才培养建设项目资助
· 教育部卓越工程教育培养计划
· 国家"985工程"三期清华大学人才培养建设项目资助

U0275774

中国建筑工业出版社

图书在版编目（CIP）数据

大虹桥·新空间 上海虹桥商务区拓展片城市设计——2018年城乡规划专业六校联合毕业设计/同济大学建筑与城市规划学院等编.—北京：中国建筑工业出版社，2018.8

ISBN 978-7-112-22518-7

Ⅰ.①大… Ⅱ.①同… Ⅲ.①商业区–城市规划–设计–作品集–中国–现代 Ⅳ.①TU984.13

中国版本图书馆CIP数据核字（2018）第177299号

责任编辑：杨　虹　尤凯曦
责任校对：王　瑞

大虹桥·新空间　上海虹桥商务区拓展片城市设计
——2018年城乡规划专业六校联合毕业设计
同济大学建筑与城市规划学院
天津大学建筑学院
东南大学建筑学院
西安建筑科技大学建筑学院　　　编
重庆大学建筑城规学院
清华大学建筑学院
＊
中国建筑工业出版社出版、发行（北京海淀三里河路9号）
各地新华书店、建筑书店经销
北京雅盈中佳图文设计公司制版
北京利丰雅高长城印刷有限公司印刷
＊
开本：880×1230毫米　1/16　印张：13½　字数：416千字
2018年9月第一版　　2018年9月第一次印刷
定价：**110.00**元
ISBN 978-7-112-22518-7
　　　　（32597）

编委会

BIG - HONGQIAO NEW - SPACE

2018 SIX-SCHOOL JOINT GRADUATION PROJECT OF URBAN PLANNING & DESIGN

目　录
Contents

序言 1

六校、六年、六座城市。

自 2013 年起，由清华大学、东南大学、西安建筑科技大学、重庆大学、天津大学和同济大学共同发起、依次承办，与中国城市规划学会一道，联合组织了"城市规划专业六校联合毕业设计"。今年由同济大学具体承办，4 月 19 日在同济大学进行了中期交流，6 月 8 日在清华大学进行了终期汇报，完成了"第一季"的收官之作。

与往年相比，今年的活动命题更具综合性和挑战性，各校在组织上更臻成熟，设计成果对于上海市，尤其是对于项目所在的虹桥商务区，是极具参考价值和启发意义的。

本书汇编了本次联合毕业设计的作品，记录了本次活动的各个环节，全面展现了这六所学校在城乡规划教学方面的高水平，充分反映了六校城乡规划专业毕业生所具备的专业知识，反映了他们融会贯通地运用这些知识与技能，分析问题与解决问题的能力，反映了他们通过高强度的团队合作，提供新时代背景下面向需求的城市设计解决方案的专业技能。对于参加本次活动的六校师生来说，无疑是最具价值的劳动结晶，对于其他学校城乡规划专业而言，也是极具参考价值的专业资料。

六年时间，六校联合毕业设计已经成为我国城乡规划学科最具影响力的联合教学活动，也成为中国城市规划学会最重要的品牌学术活动。笔者有幸参与了全部六年的联合毕业设计，并且为作品集撰写了序言。回顾这六年的历程，能够看出一些有意思的变化。

首先，城乡规划工作的社会地位进一步提高。中共中央召开了城市工作会议，习近平总书记对于城市规划工作发布了一系列重要讲话，将城乡规划工作作为治国理政和生态文明建设的重要组成部分，作为引领城镇化健康可持续发展的重要手段。从对于城市建设的综合部署与具体安排，转变为对于城市发展的战略指引与刚性管控，规划的政策性、战略性、严肃性明显提升，城乡规划工作从部门性、技术性为主要特征，逐步转向全局性、社会化为重要特点。这种重大调整的宏观背景包括，我国的城镇化进程进入中后期，国民经济增速放缓，环境资源压力依然严峻，社会诉求日益多元化，全球化进程面临分化。作为一种政策工具和技术手段，新时代要求城乡规划实现完美的蝶变。

其次，在这一背景下，城乡规划行业在既定轨道上保持增长，同时面临着巨大挑战：以增量扩张为主的城市发展模式饱受诟病，如何实现资源有效利用，充分利用存量空间，守住资源环境底线，成为规划工作的焦点和难点之一。通过城市更新等手段，推动产业升级改造和空间再造，满足城市创新发展、培育发展新动能的需求，成为规划工作重要的历史使命。在产能过剩和需求乏力的大背景下，住宅、产业用地和行政办公建筑总量等均出现饱和状况，"有没有"的需求转变为"好不好"的需求，如何通过城市设计等手段，满足全社会和大众的品质追求，成为规划工作的重点领域。在市场化、信息化等推动下，规划工作不再是公共资源的配置、被动的行政审批，而是更多地转向搭建平台、制定规则、引导和规范市场投资，转向主动服务、社会动员、凝聚共识的过程性公共行政与技术服务过程。与此同时，相关领域的政府规划与城乡规划之间龃龉不断，规划与设计的分化趋势浮出水面，城乡规划行业内部出现了局部放缓和结构调整的态势。

第三，国家政策与行业走向不可避免地对于城乡规划学科建设产生一定影响。2011年城乡规划学升格为一级学科后，科学技术界对于城乡规划学的认知程度明显提高，学科建设的若干基础性工作得以推进。与此同时，城乡规划学依然处于不断拓展与外延的进程中，与相邻学科的交叉融合，既有攻城略地的扩张，也有相互竞争与争夺，如何依托二级学科建设，支撑起城乡规划学一级学科的大厦，还有待深入研究。作为学科建设核心的高等教育，一方面是通过城乡规划专业评估的高校数量不断增加，另一方面是设立城乡规划类专业的高校数量，在增速上已经不及公共管理学领域耀眼。一方面是全国性的《高等学校城乡规划本科指导性专业规范》颁布实施了，另一方面是高校之间不平衡、不充分的矛盾日益凸显。一方面是课程体系日臻完善，学生的认知、研究和表达能力明显提升，另一方面是教学体系趋于庞杂，核心知识和技能的培养面临挑战。一方面是社会经济、资源环境、公共管理、信息技术等知识得到空前重视，另一方面是传统物质空间设计的能力在退化，城乡规划学科建设面临重要选择。

六校联合毕业设计正是在这些大的变化背景下举办的，虽然六年来的活动难以回应上述诸多挑战与变化，但我们自始至终十分强调对学生综合分析能力的培养，尤其是培养复杂环境下针对现实城市问题的空间分析能力；注重对学生融会贯通理论知识，进行物质空间规划设计，尤其是城市更新与城市设计的技能培养；注重对学生综合思考社会、经济和环境问题，关注生态环境和文化传承的价值体系的培养，尤其强调运用以人为本的设计理念，营造具有地域特色、文化底蕴和创新氛围的城市空间；注重学生的团队意识和独立设计能力的锻炼，尤其是运用现代信息技术、公众参与技术，探索新时代的职业实践创新模式。

可见，六校联合毕业设计虽然只是六所学校就毕业设计环节进行的一次有益的横向交流与联合行动，但它折射出社会需求与政策走向、行业发展与学科建设的最前沿需求，反映了城乡规划领域学术研究与职业发展的最新动向，这就难怪这项活动在全国具有极大的吸引力和影响力，推动了其他高校组织开展类似的联合教学活动。

在六校联合毕业设计"第一季"顺利闭幕的时刻，回顾这三个多月来，各学校老师的倾情投入和敬业态度，同学们的勤勉、认真与探索精神，特邀业界专家的专业担当和职业精神，乃至六年来一批批同学与老师、专家们相聚相识、教学相长的美好回忆，作为亲历者，心中充满感慨与感激之情。这项活动不仅推动了六校同学和老师们之间的交流，而且搭建了规划职业、主管部门与高校之间沟通的平台，这或许正是规划教育的魅力之一，也是规划学科走向成熟的必由之路。

通过这本书，以及此前出版的《宋庄·创意·低碳》《南京城墙内外：生活·网络·体验》《传统界域·现代生活》《更好的社区生活》和《枕轨之间》等五册六校联合毕业设计作品集，为读者展现了一个当代城乡规划教育转型发展的样本，也为读者了解这六所学校的城乡规划专业本科教学提供了最佳案例。

感谢六年来给予六校联合毕业设计大力支持的北京市、南京市、西安市、重庆市、天津市和上海市规划界的同仁们，感谢中国城市规划学会邀请的各位业界专家，特别是要衷心感谢六年来参加六校联合毕业设计的所有老师与同学，更要感谢这个挑战重重的时代！

国际城市与区域规划师学会副主席
中国城市规划学会副理事长兼秘书长

序言 2

时刻准备着为美丽中国而规划
——写在六校联合毕业设计第一轮收官之际

　　时光荏苒，从 2013 年第一届六校联合毕业设计开始至今，已经悄然历经了 6 个年头。我还清晰记得当年在清华大学建筑学院与吴唯佳教授、来自重庆大学建筑城规学院的李和平教授等多所学校的老师们，一起讨论六校联合毕业设计的总体工作框架，提出了"轮流坐庄"的方法，并确定了从"清华大学开始、接下来一南一北、最后由同济大学收官"的基本顺序。与会者纷纷签字形成了联合毕设的"协定"。6 年来，大家勤奋耕耘，过程中又得益于及时加入的中国城市规划学会以石楠先生为组长的专家指导力量和经费资助，到今天，已然是收获满满。我想，无论是对于参与其中的指导教师还是毕业班的学生，这一独特的学与教平台、学与教方法、学与教效果，都是让人难忘的。它值得充分肯定和进一步总结。

　　按照之前六校联合毕业设计"协定"的顺序，本次联合毕业设计是第一轮收官，由同济大学组织。一年之前，同济大学城市规划系主管本科教学的副系主任耿慧志教授就专门组织了联合毕业设计工作小组，确定了由他本人、刘冰教授和田宝江副教授作为指导教师的联合毕业设计同济教学小组。耿老师有着多年参与六校联合毕业设计的经验，基于对前几次六校联合毕业设计题目的观察和认识，他率队专门拜访了上海市规划和国土资源管理局详细规划处的朱丽芳副处长等部门领导和大虹桥地区规划管理负责人。经交流讨论，大家一致确定了"大虹桥·新空间——上海虹桥商务区拓展片城市设计"这一毕业设计的题目。

　　毫无疑问，这个题目蕴含着巨大的挑战。一是它既面对着一个国际化大都市转型发展的新时代命题，同时它也面向"长三角"区域整体发展的核心区这一重要角色。它要求学生整合所学的专业知识，建立区域协调发展、整体发展、引领发展的大都市功能认知，融汇这一地区产业经济、社会文化、空间环境和生态品质的价值认知，把握这一地区创新发展、宜居生活导向下高品质、包容性城市空间的形态认知。二是这次联合毕业设计题目的选址范围比之前的都要大。基地工作范围 10.4 平方公里，研究范围扩展达 86 平方公里，平均每个学生要求完成约 50 公顷的城市设计个人成果方案。这一工作范围和作业强度对学生来说又是一个很大的挑战。它不仅需要通力合作的团队精神，而且需要驾驭大范围整体城市设计的专业能力。此外，这一题目的基地现状，一改之前毕业设计题目中更多历史文化传统建筑遗存的路径依赖，让学生大胆构思、"放开手脚"，创新谋划，从而形成对大都市未来空间的创意设计。

　　正是因为这个题目的难度和更大的挑战，本次六校联合毕业设计的同学们获得了更大的历练，从而有可能在专业能力方面获得更多提升。这种综合的城乡规划专业能力，体现在对大虹桥地区发展未来的"前瞻能力"，体现在对这一地区现状的"问题综合能力"，体现在对新空间发展可行性的"技术论证能力"，体现在对通往新空间多元路径的"共识构建能力"，还体现在对新空间整体社会经济发展的"公平公正能力"，同时也体现在对未来新空间发展的"创意创新能力"。以上六大规划能力的综合性、整体化建构，将赋予未来规划师从业的核心竞争力，从而为可持续发展的宜人生境的规划建设作出独特的贡献！

诚然，当前新时代的发展对未来规划师提出了更高的要求、更多的期待。"十九大"指出我们国家发展已经进入了新时代，其主要矛盾是"人民日益增长的美好生活需要和不平衡不充分的发展之间的矛盾"。城乡地区发展的不充分，以及城乡之间、区域之间发展的不平衡，形成了城乡差距、地区差距，这给予城乡人居环境规划建设以新的重要命题。因此，城乡规划学科、城乡规划实践作为推动社会经济创新发展的重要引擎，在新型城镇化进程中如何融合（甚至带领）建筑学、风景园林学，以及经济学、社会学和生态环境学等多学科交叉作用，为城乡地区发展指出更为智慧的发展途径，并为地区发展政策的制定做出更好决策的谋划，将是新一代规划师需要肩负的历史使命。

令人鼓舞的是，这次六校联合毕业设计作品集付梓了！它不仅集中展现出毕业生这一个学期以来勤奋努力的成果，展现出他们对于专业学习的孜孜追求和尽其所能的创新精神，同时，它也展现了指导教师们呕心沥血、无私关爱的园丁精神！我们期待着，这将成为一个重要的里程碑，是莘莘学子迈向璀璨前程的新起点；我们期待着，并要在此祝福规划的年轻一代，为美丽中国而规划，时刻准备着！

是为序。

同济大学建筑与城市规划学院城市规划系
教授、博士生导师、系主任

一、设计选题：大虹桥·新空间（BIG-HongQiao New-Space）——上海虹桥商务区拓展片城市设计

上海虹桥商务区（简称大虹桥）位于上海中心城区西部，总占地面积86.6平方公里，涉及闵行、长宁、青浦、嘉定四个区，其中主功能区（核心区）面积26平方公里。随着长三角城市群的推进，大虹桥规划是发展进程中最重要的发展极，是未来10—15年长三角经济发展核心之一。随着国家《长江三角洲城市群发展规划》颁布，将上海定位为全球城市，大虹桥的发展正式纳入国家战略，大虹桥迈向第六大世界级城市群地区中心的新定位也越发清晰。根据上海的"十三五"规划，大虹桥将为长三角城市群提供一个世界绝无仅有的综合交通平台、一个具有国际影响力的会展服务平台、一个产业发展和生产管理的企业总部发展平台，一个连接国际国内市场的贸易发展和资讯服务管理平台，同时也将成为全球宜居城市、生态城市建设的样板。

与此同时，上海的辐射能力一直受到质疑，主要是大虹桥以西的地块有空白地带，也就是本次毕业设计的基地所在的大虹桥扩展片，用地主要隶属于华漕镇，由于原来的规划将其定位为新市镇建设用地，定位偏低，而且涉及原有居民、工业等的搬迁问题，启动速度较为缓慢。目前，随着大虹桥整体地位的提升，该拓展片区迎来新的发展机遇，同时，这片近8平方公里的建设用地，也成为上海中心城区最大的一片集中发展建设用地，是大虹桥乃至上海未来发展的重要载体和最为宝贵的资源。

本次毕业设计基地为上海市虹桥商务区拓展片，位于虹桥商务区核心区西北部，规划面积约10.4平方公里，规划研究协调范围为整个大虹桥区域86.6平方公里。

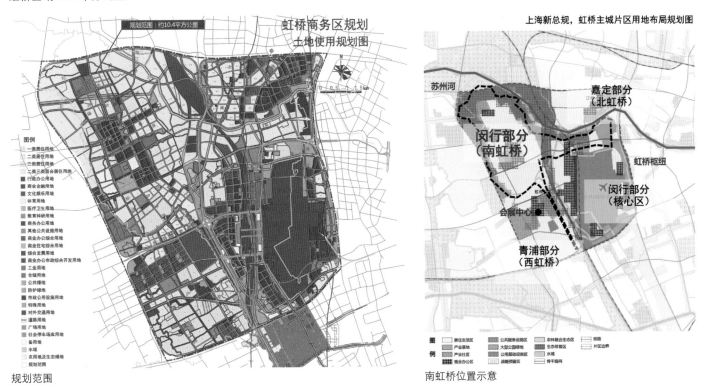

规划范围　　　　　　　　　　　　　　　　　　　　南虹桥位置示意

1. 背景

虹桥商务区拓展片具有绝佳的区位，北临苏州河，东连虹桥枢纽，南接会展中心，是虹桥商务区重要的组成部分，面积占虹桥商务区的1/3，是大虹桥区域内最具开发潜力的地段；随着国家《长江三角洲城市群发展规划》和新一轮上海市总体规划的出台，本片区被纳入虹桥主城片区，是虹桥城市副中心的重要组成部分，战略地位更加突出。

2. 面临问题

（1）区域统筹难度较大，业态同质化严重

拓展区办公类型以总部办公为主，与核心区存在高度同质化。原有控制性详细规划新增商办总量1092万平方米，业态上核心区与拓展区均以总部办公为主，商务定位错位不明显，且推出较为集中，近五年商办出让450万平方米，占规划新增商办总量的40%，短期内供应量偏大，消化周期较长。

（2）居住结构不合理，供需错位

规划住宅结构不合理，缺少租赁住房。居住与就业存在严重的结构性不平衡，居住在虹桥的人75%在商务区外就业，工作在虹桥的人62%居住在商务区以外，保留住宅以动迁房和别墅为主，近五年住宅增量较少。

（3）公建配套能级偏低，功能不完善

公建设施以区级为主，没有市级公共设施，难以满足虹桥商务区高品质就业居住人群的需求。已批规划包括三处区级体育设施和五处区级文化设施。

（4）规划生态网络体系不健全，实施困难

既有规划生态网络系统性不强，商务区内外未能一体考虑，降低了主城区的建设品质；生态廊道缺乏严密分析论证，实施难度大，机制不清晰。

（5）综合交通体系不完善，内外联系不畅

本区域内高、快速路网体系较为完整，但地面道路疏解不足；核心区与外围缺少直接的轨道联系，公共交通体系不完善。

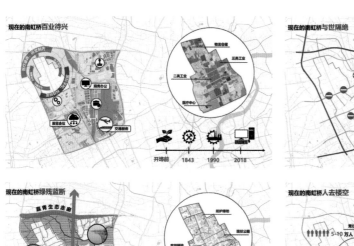

现状问题

现状照片

现状水系

二、教学目的

针对城乡规划专业本科毕业班学生的设计课，在已完成的城市规划理论知识及相关训练的基础上，重点训练学生独立发现城市问题、分析和处理问题，并运用先进理念大胆提出城市转型升级发展策略的综合能力。本次设计题目选取上海市虹桥商务区的拓展片，是未来上海发展的热点地区，也是未来长三角城市群的地区中心，具有地区、国家乃至全球性战略意义，同时该片区域约 8 平方公里的完整可建设用地，成为大虹桥乃至整个上海城市空间发展的稀缺性空间，在存量规划的大背景下显得尤为珍贵。如何立足新时代，适应新发展，运用新技术，探索城市规划的新路径，成为本次毕业设计的重要目的和诉求。

以小组为单位，进行城市设计的整体研究；每个学生各自选择 30—50 公顷规模的重点地段，展开规划与设计训练。

目的一：学习城市经济 - 社会 - 空间分析与城市复杂问题诊断的综合能力。

目的二：系统掌握城市设计理论与城市设计实践结合的能力。

目的三：学习探索新时代背景下，大数据、新技术与城市设计相结合的方式与途径。

目的四：培养观察城市问题、解决城市问题、独立设计研究与团队协作的工作能力。

三、教学任务

·通过实地调研，分析虹桥商务区拓展片及周边地区的人口、历史文化、社会、产业及空间环境的特征及问题；

·分析虹桥商务区拓展片在新的发展背景下的性质与职能定位；

·探究虹桥商务区拓展片未来可持续发展的措施与路径；

·确定虹桥商务区拓展片城市设计策略；

·选择重点地段，完成详细规划设计方案；

·完成规划设计说明。

四、学习方式

本课程采取教师专题授课、学生定期集中、集体协作和个人分工相结合的教学组织方式。设计选取虹桥商务区拓展片为规划基地，学生根据总体方案，选取某一专项或专题完成相关城市设计方案。

总体方案：以小组为单位，完成 10.4 平方公里的总体城市设计方案，培养团队协作能力。

个体方案：每位同学独立完成约 30—50 公顷的城市设计方案，独立完成一个专题研究，发挥个人研究和设计潜能。

专题内容原则上由学生自行选择，重要专题由老师指定。

五、规划设计成果

在战略规划及控制性详细规划的指导下，研究确定虹桥商务区拓展片的发展目标与规划路径，构建"城市功能升级"的空间营造、生态网络、景观形象和环境品质提升的总体设想，提出富有前瞻性、时代性，与未来大虹桥发展定位相匹配的城市设计方案。

具体成果内容应主要涉及以下方面：

·规划区域的发展背景（区位、交通、历史文化、特色资源）和既有规划（战略规划、控制性详细规划、交通规划）研究；

·用地敏感性分析；

·针对区域空间形态特征及重要特色资源的分析，确定总体城市设计结构框架；

·总体城市设计，其中包括耦合自然的土地利用布局与节能低碳的绿色交通规划；

·城市社会空间研究与城市文化空间重构策略研究；

·大数据、新技术方法的运用，可纳入总体城市设计和重点地段城市设计；

·制订城市设计导则，提出建设时序安排及策略、措施。

每位同学应达到所在学校和学院对毕业设计工作量、深度及进度的要求。

六、教学进度及组织安排

序号	设计工作内容	时间（起止周数）
1	确定毕业设计选题	2018 年 1 月下旬
2	前期研究：毕业设计开题报告编写、课程讲解、现状调研及解读（同济大学）	2018 年春季学期 第 1—2 周
3	规划研究 + 概念设计：城市设计理念、技术路线、方法；总体城市设计初步方案	第 3—6 周
4	中期交流（同济大学）	第 7 周
5	深化设计	第 8—14 周
6	终期答辩：毕业设计成果汇报与交流（清华大学）	第 15 周
7	后续工作：成果展示与出版	第 16—20 周

1. 第一阶段（第1—2周）：前期研究

（1）教学内容

介绍选题及课程要求；安排城市设计、城市设计新技术方法、基地相关情况等相关讲座，讲授相关城市问题辨析方法；学习和巩固城市规划与设计的现场调研方法；对选题及相关案例进行调研；对虹桥商务区拓展片历史、上位规划、生态特色、发展问题等进行梳理；提出规划设计地段的选址、规模报告及其拟进行的设计理念和专题研究方向。

（2）成果要求

初步报告，包括文献综述、实地调研、选址报告三个部分，要求有涉及规划背景以及相关案例收集与分析的文献综述，对拟处理的城市空间环境特点和问题进行梳理与归纳，提出准备进行规划设计研究的地段选址和专题研究方向及其规划设计理念。

（3）教学组织

2018年2月20日之前：各校课程教师指导各自学生进行选题的背景文献及相关案例收集与分析，做现场调研准备。3月5日在上海集结。

2018年3月5日—10日：全体课程教师和学生在上海现场调研。所有教师与学生分组进行调研；期间安排部分讲座（3月7号上午开幕式），包括介绍选题、各校教师针对相关城市问题（主题：城市转型、发展模式、新技术与可持续、绿道规划等）进行专题授课以及上海市规划和国土资源管理局相关部门专家讲授上位规划等规划背景。

3月10日：以设计小组为单位，进行现场调研成果交流及可能研究方向的讨论。

2018年3月11日—3月18日：各设计小组在本校课程教师指导下，完成第一阶段成果，3月18日24:00之前上传成果至公共邮箱。

2. 第二阶段（第3—6周）：规划研究＋概念设计

（1）教学内容

各校教师指导学生根据第一阶段的成果，完善调研报告，研究解决规划设计地段的选址、功能布局、交通等规划问题，并提出拟进行重点城市设计处理的项目内容及其概念性设计方案。

（2）成果要求

概念设计方案——结合专题，利用文字、图表、草图等形式，充分表达设计概念。

（3）教学组织

各校课程教师指导学生进行专题研究和概念设计方案。

3. 第三阶段（第7周）：中期交流

（1）教学内容

针对总体概念设计和初步方案进行点评，并组织补充调研，确定设计地段及每个学生的设计内容。

（2）教学组织

各校课程教师指导学生进行专题研究和概念性设计方案。

2018年4月18日：上海第二次集结。

2018年4月19日：中国城市规划学会专家、全体教师和当地规划专家对学生的选址报告和概念设计方案（两部分合并，PPT形式）进行分组点评。

2018年4月20日：教师与学生进行补充调研。4月22日24:00之前上传选址报告和概念设计方案成果至公共邮箱。

4. 第四阶段（第8—14周）：深化设计

（1）教学内容

指导学生根据概念设计方案、补充调研成果及中期交流成果，调整概念方案，完善规划设计，并针对选定重点地段进行详细设计，探讨建设引导等相关政策，进行完整的规划设计成果编制。

（2）成果要求

片区：总体层面的城市设计（10平方公里左右）；

重点地段：详细层面的规划设计（30—50公顷）。

（3）教学组织

各校课程教师根据各自学校规定指导学生进行深化设计，以小组为单位编制规划设计成果。

5. 第五阶段（第15周）：终期答辩：毕业设计成果汇报与交流

（1）教学内容

针对学生的规划设计成果进行交流、点评和展示。

（2）教学组织

2018年6月7日：下一轮召集学校（清华大学）集结。

2018年6月8日：中国城市规划学会专家及全体教师对规划设计成果进行点评。

6. 后续工作（第16—20周）：成果展示及出版

2018年6月8日之后：成果巡展。

2018年6月9—20日：各校师生对设计成果进行出版整理。

召集院校：同济大学建筑与城市规划学院

参加院校师生名单

天津大学建筑学院

教师：陈　天　李津莉　许熙巍　蹇庆鸣　米晓燕
学生：张宇威　谢　瑾　汪梦媛　朱梦钰　张　涵　石　路　张　璐　邵旭涛　徐秋寅
　　　王雯秀

东南大学建筑学院

教师：江　泓　高　源　史　宜
学生：袁维婧　黄妙琨　周海瑶　钱辰丽　伍芳羽　秦　添　马俊威　刘　艺

西安建筑科技大学建筑学院

教师：任云英　李小龙　郑晓伟
学生：王宇轩　高　晗　蒋放芳　李竹青　李　晓　冯子彧　廖锦辉　贾　平　吴文正
　　　曹庭脉　谭雨荷　田载阳

同济大学建筑与城市规划学院

教师：耿慧志　刘　冰　田宝江
学生：张康硕　张欣毅　刘育黎　贺怡特　周叶渊　王雪妍　杨明轩　顾嘉懿　姚诗雨

重庆大学建筑城规学院

教师：李和平　谭文勇
学生：陈志鹏　陆子川　王　智　高　希　李姿璇　陶文珺　李　帅　靳晨杉　王　婷
　　　何尔登　薛天泽　杨　力

清华大学建筑学院

教师：吴唯佳　赵　亮　梁思思
学生：陈婧佳　邓立蔚　侯　哲　李静涵　李云开　刘杨凡奇　吴雅馨　张东宇　朱仕达

学术支持：中国城市规划学会

天津大学建筑学院释题

本次设计以"大虹桥·新空间"为题,设计目标地段与以往五年相比,重要的特征有着明显的差异:规划面积约10.4平方公里的上海虹桥商务区拓展片位于规划研究协调范围——大虹桥区域86.6平方公里的西北部,是上海市中心城区最大的一片集中发展建设用地,在存量规划的大背景下显得尤为珍贵。设计地段近乎空白的现状,给本次设计带来了很大的难度,如何寻找切入点对师生而言极具挑战性。经过分析比较,认为此次选题有以下几个特点:

一是规模大,体现在南虹桥基地本身10.4平方公里,作为城市设计的范围需进行全覆盖式设计;南虹桥作为大虹桥枢纽地区的重要组成部分,大虹桥的86.6平方公里为必要的研究思考范围,相当于一个中等城市的规模;大虹桥枢纽作为上海全球城市目标的支撑点和长三角城市群的链接点,对上海、长三角乃至世界城市的解读成为必做的功课。

二是基地空,南虹桥基地本身10.4平方公里范围内,建设用地仅存2.4平方公里的住宅、商业等项目的物质遗存,其他悉数已被拆迁,使得学生们不能按照常规方法,从可见的现状入手认知理解基地;而是需要从历史、周边相互关系等不可见的因素,进行分析挖掘评判。

三是定位高,上海2035年的城市发展目标是卓越的全球城市,因此提出大虹桥地区作为长三角的综合交通平台、会展服务平台、企业总部发展平台及贸易发展和资讯服务管理平台的定位,这就要求学生们用更宽阔的视野去理解上海在世界格局中的位置,用更宏观的思路去判断大虹桥在长三角城市群中的作用,用更大胆的思想去预测南虹桥的发展模式。

四是不确定,虽然规划是未来学、预测学,但是南虹桥地区发展虽然有可预见的未来需求,但更多呈现出来的是未来落地项目、未来发展模式、未来扮演角色的不确定因素,从而带来诸多不确定性。

此次选题的特点,使其成为一个颇具未来感的题目,意味着不能按照传统方法确定规划思路。看清历史才能看懂未来、尊重自然才能理解未来、了解自己才能走向未来、展望趋势才能拥抱未来,因此规划解题需要以历史为基点研究南虹桥地区的前世今生、以基地本底为依据修复链接区域生态网络、以地域特色为追求突出海派文化、从未来预测入手探索营城新模式。

天津大学团队通过前期调研阶段的基础分析和感知,中期阶段规划思路和技术路线的确定,终期城市设计系统与落地方案的完善铺陈,规划层层递进逐步深入。从场地的未来定位和人的现实需求出发,以上海作为全球城市的重要支撑节点和长三角的交通核心为契机,以虹桥发展的过去——农业、现在——产业园区和未来——交通枢纽为时间脉络,以大虹桥片区人群的分布特征和未来可能为激活点,以大虹桥和基地生态、社群、交通、文化和业态的分析为切入点展开全方位的研究,由此提出"数聚虹心·万物沪联"的总体设计概念。

追根溯源,运用中国智慧构建南虹桥总体设计,以可感知的生态为先造境,以可生长的模数理念营城。重点深入虚拟之城、朴门社区、自然的感知、魔方城和智库云城等典型代表性模块的城市设计,探索"有机赋值,智慧生长"的发展模式。通过VR体验支持公众参与,尝试开放式规划,以面对未来发展的无限可能。

东南大学建筑学院释题

本次设计以上海虹桥商务区建设为背景,基于上位规划解读和现状分析,如何寻求最适合虹桥地区的发展模式成为本次规划关注的重点。虹桥地区既具有时代赋予的巨大发展潜力,也背负着现实存在的问题和挑战。虹桥地区的核心问题是什么?我们从"空间、特色、人本"出发提出虹桥三问:

第一问:南虹桥地区发展瓶颈在哪里?虹桥枢纽地区空间拓展被外围高架所束缚,内部的建设除南虹桥外也趋近饱和,产业用地受到限制,设施建设层级低,空间制约成为虹桥最大的发展瓶颈。虹桥要走向世界,规模提升显得难上加难,难以走综合化道路,要突破空间的瓶颈,应该进行差异化的定位。

第二问:南虹桥地区真的要全拆吗?有关部门及相关规划提出11平方公里中可拆面积为8平方公里,现在存留的那些痕迹真的要全部抹去吗?虹桥承载了太多的城市记忆,是苏南地区城镇化发展的见证者,乃至中国城镇化发展的缩影。虹桥在生产生活、地名特色、用地、历史遗存等方面均与水有密切的关系,具有江南水乡特色。在这样一个蕴含着浓厚水都特色的地方,应当留住她的水乡气息,以水重塑生态人文之纽带,开创一条兼顾水乡特色且保障高效集约运行的新型道路。

第三问:南虹桥的未来面孔与诉求是什么?南虹桥从上海走向世界,产业结构升级,人口结构与规模将发生巨变,未来将新增大量商办科研人群、颐养人群与国际人士,面临突出的职住平衡、设施生活圈和社区多元三方面的诉求。面对现实的种种问题,要满足未来多元人群的多样需求,必须要做到职住平衡、多元融合。

基于此,设计团队从产业布局、生态水绿、社区模式、交通组织四个系统展开专题研究,提出"智岛慢境"的设计理念,进而立足原有规划,秉持立足宏观视野、生态本底、现实用地的原则,对"一湾引苏河,一翼链虹桥,一环活社区,一里领上城"的设计结构做出优化调整,形成生态、文化、交通、产业等系统建构,完成总体设计方案。虹桥地区整体形成了以创新产业为特征的产业系统,以新模式构建为特征的社区系统,以包含工业文化老记忆为特征的景观游线,以及复合水乡老味道的水绿系统,由此引领了四个重点地段的详细设计。

从宏大叙事的扩张化城市建设,到内涵式精细化发展的存量规划时代,希望南虹桥成为中国特色发展道路上浓墨重彩的一笔。我们期许中的南虹桥,将把握高效集约的建设理念,提供宜居宜业的生活场所;将展现大江南水乡特色,传承乡愁和情怀;将引领新时代的技术飞跃,造就全新的动力引擎和智慧高地;将以高品质的内涵化发展,向世界呈现展示文化自信的中国面孔。

西安建筑科技大学建筑学院释题

本次规划对象——上海虹桥商务区拓展片，是一个承载着国家理想、城市使命的特殊区域，但它也正处于自身跨越式发展的初期阶段。面对规划对象"发展目标"与"综合现状"之间的巨大"落差"，规划难以通过"分析现状 - 提出问题 - 解决问题"的常规思路有效开展工作。故本规划尝试以"大展宏图"为主题，通过国际案例分析、前沿理论研究等方法，优先探索并阐释片区未来发展之"愿"；进而在规划愿景及目标体系的引领下，横向提出人群、产业、交通、生态、社区、公服、文化七大研究专题，纵向形成"条件分析 - 机遇探索 - 策略构建"的逻辑推演步骤，构建横、纵交叉的二维矩阵与总体框架。在此框架体系的统筹组织、引导下，逐次开展系统研究、策略集成、总体布局、详细地段设计以及专项设计等工作，期望实现"虹桥百年问，西建七愿答，六题集八策，宏图换侬家"的规划效果。

同济大学建筑与城市规划学院释题

本次六校联合毕业设计的题目是大虹桥 · 新空间——上海虹桥商务区拓展片城市设计，题目聚焦未来上海最具活力与发展潜力的大虹桥片区，规划基地面积 10.4 平方公里，研究范围涵盖 86 平方公里的整个大虹桥地区。

在新一轮上海城市总体规划中，大虹桥地区被赋予了新的城市功能定位，从原来的郊区城镇升级为未来的城市副中心之一，是上海面向江浙地区的门户，处于未来长三角城市群的核心位置，其城市职能定位和能级都将得到极大提升。本次规划设计基地位于虹桥枢纽西北部，是虹桥商务区的精品配套区。在本次规划中，要重点解决以下四个方面的问题：

一、功能业态

虹桥商务区经过近几年的高速发展，城市形象初步凸显，商务功能配套较为完备。但也存在商务办公数量偏多、业态同质化的问题，还有非常突出的职住不平衡问题。一方面，在整个大虹桥区域内，只有本地块布置了配套居住用地，因此，本地块一个重要职能是作为整个大虹桥地区的配套居住区块，居住配套将成为本地块的首要职能；另一方面，本地区具有良好的国际教育和医疗设施，加上腾讯电竞产业园区的入驻，为本地块构建具有差异化竞争优势的功能业态奠定了良好的基础；

二、交通组织

本地区处于大虹桥商务区内，毗邻虹桥枢纽，但由于历史原因，本地块交通阻隔、公交不畅、缺乏慢行系统和交通服务设施，这与地块未来发展定位极不相称。一方面，在规划中打造舒适、便捷、高效的交通网络，结合人流活动特征，构建人性化的慢行体系将成为规划方案要着力解决的问题；另一方面，随着无人驾驶、共享交通工具的出现，对未来交通组织提出了新的课题，也带来新的机遇，在规划方案中需对新技术影响交通组织与运用模式状况作出积极应对。

三、生态优先

规划地块地处江南水网地区，基地内河网密布，生态本底优良，另外，很多河道承载了地方发展的历史脉络，是文化传承的重要载体。从现状来看，基地内虽然河道众多，但有很多尽端河道，流动不畅；水质污染情况普遍存在，岸线硬化现象普遍。在规划方案中，应从生态本底出发，梳理地区自然生态资源，从生态基础设施构建和水系修复优化入手，遵循生态优先理念，促进城市与自然和谐与可持续发展。

四、社会融合

未来的虹桥商务区拓展片区，将吸引大量新的产业人口入驻，包括电竞产业、医疗服务产业、国际教育等，新的人群与原住民之间如何和谐包容，建立新的社区模式，开启新的生活，这也是本次规划设计要面对的重要课题。

我们针对上述四个方面的问题，综合考量未来发展需要和地方特色资源禀赋，提出新功能、新交通、新生态和新生活四个方面的规划策略，打造"上海样板、未来城市"，对题目提出的问题做出了卓有成效的回应与解答。

重庆大学建筑城规学院释题

站位高

随着国家《长江三角洲城市群发展规划》的颁布，上海被定位为全球城市，而新一轮上海市的总体规划对上海的定位更加清晰：迈向全球的卓越城市。在此背景下，作为上海的重要门户，大虹桥的发展被正式纳入国家战略，迈向第六大世界级城市群地区中心的新定位也越发清晰。本次毕业设计的基地是大虹桥商务区的拓展片区，随着大虹桥整体地位的提升，该拓展片区迎来了新的发展机遇。作为上海中心城区最大的一片集中发展用地，基地是大虹桥乃至上海未来发展的重要载体和最为宝贵的资源。在城市发展转型升级的新时代，选题于上海发展的热点地区，如何立足新时代，适应新发展，运用新技术，探索城市规划的新路径，无疑具有地区、国家乃至全球性战略意义。

选题新颖

不同于以往偏向于建成环境更新改造的选题，本次毕业设计的基地是城市新开发区，多数现存的建、构筑物都会被拆除，学生们原先最为熟悉的更新改造式城市设计模式、套路不能直接搬用，需要学生们转变设计思路，创新设计方法。同时，基地内发达的水系、外围优良的生态本底、周边快捷的对外交通为寻求规划设计的切入点提供了诸多的可能性。设计主题"大虹桥 新空间"的"新"如何体现，也许就潜在于这些基础条件中。

问题复杂

设计基地虽然仅有 10 平方公里，但研究与思考的范围是大虹桥区域的 86.6 平方公里，问题的思考与解决需要放在宏观、中观与微观多尺度的层面上。另外，设计基地作为城市的综合发展区，交通、产业、生态、配套等物质功能层面的要素需要综合考虑，历史文化、原住民等非物质形态的要素也是规划设计关注的重点。多尺度、多要素再加上复杂的外围环境对学生们的综合把控能力提出了更高的要求。

能力综合

毕业设计的课题是综合性很强的课程，全面考察学生们的基础知识、基本技能和团队协作能力。基础知识层面，需要学生系统掌握城市设计理论与设计实践能力，理解城市物质空间形态与社会、经济、生态等关联学科的内在联系，学习分析、诊断并尝试解决城市复杂问题的综合能力。基本技能层面，除基本的设计与表达技能外，本次课题着重学习探索新时代背景下，大数据、新技术与城市设计相结合的方式与途径。团队协作层面，本次毕业设计既有以大组为单位完成的总体城市设计，也有每个同学独立完成的地块详细设计，因此，需要培养同学们团队协作能力、个人设计能力双重工作能力。

清华大学建筑学院释题

选题的开放性给设计带来巨大的难度和挑战。不同于以往的六校联合毕业设计的选题大多集中于历史街区的更新挑战，这次设计场地选址于虹桥——既是上海城市新晋副中心之一，又是中心城区最大的一片增量型发展用地；既有苏州河水系脉络涵养，又是进入外环前最后一片楔形绿地。它要为面向卓越提供契机，又要引领未来城市的样板风范，可以说，这次选题为城市设计提供了无限的想象空间，也带来了无数机遇。然而，在一张白纸上信笔挥墨比在既有事实上勾勒缝补难上数倍。在选题如此开放的前提下，如何明晰核心思路，讲好属于上海的南虹桥故事，对于本科毕业班的同学们来说，着实是一项了不起的挑战。

在城市的不确定性下，确定以人为本的核心。当中国城市发展逐步迈向新型城镇化、以人为本、精细化管控等诸多新的导向，当各种智能技术进步日新月异，当产业发展瞬息万变难以判识，各种"不确定性"之下，城市设计能做什么，该做什么，成为团队思考的核心。我们发起虹桥八问，将分散的信息不断梳理和再整合，最终聚焦到"人"本身。在城市空间设计中，唯有"人"对幸福生活的追求永恒不变。由此项目团队确定以人为设计的核心，在经济、社会、技术发展的潮起潮落、定与不定之间，探索新的规划方式，期待不仅为南虹桥描绘一幅未来的图景，还可以为当下规划方法的创新做出些许尝试。

纷繁多样的规划设计中，探索真实理性的解题之路。城市设计师可以有娴熟的技法，可以有大胆的勾勒，描绘无比美好的未来。但是这"未来"能否真切地转化为"明天"，则需要理性而真切的脚踏实地的分析、研究、探索。比如，面对新新人类的社交需求，如何将线上趣缘社群的活跃场景转化到实体的社区空间，如何继承发扬上海包容、精致的海派生活基因；面对全龄人群的健康需求，如何应对上海湿热气候条件创造更宜人舒适的风、水、绿系统，如何将全龄的生活需求和水绿很好地结合；面对产业发展的不确定性，如何处理弹性混合概念的适用范围和混合的"度"，每块用地是单一功能、混合功能还是战略留白……这些以人为中心的规划设计问题，需要同学们研究回答，并加以协同整合，最终目标还是回馈到人，让来自五湖四海的新老移民在上海、在南虹桥收获幸福，由每一个人、每一个家庭融合成为南虹桥这个大家庭。

最终欣慰的是，清华大学团队的学生们，交上了一份令人满意的答卷。

蹇庆鸣　陈天

张宇威　谢瑾　汪梦媛　朱梦钰　张涵　石路　张璐　许熙魏　李津莉　米晓燕　邵旭涛　徐秋寅　王雯秀

数聚虹心·万物沪联

NET OF EVERYTHING

天津大学建筑学院

张宇威　谢　瑾　汪梦媛　朱梦钰　张　涵
石　路　张　璐　邵旭涛　徐秋寅　王雯秀
指导教师：陈　天　李津莉　许熙巍　蹇庆鸣　米晓燕

天津大学团队以"数聚虹心·万物沪联"为题，从上海雄心与可预见的南虹桥未来出发，以大虹桥和生态、社群、交通、文化、业态的分析为切入点展开全方位研究。追根溯源，运用中国智慧构建南虹桥总体设计，以可感知的生态为先造境，以可生长的模数理念营城。

方案部分，重点深入虚拟之城、朴门社区、自然的感知、魔方城和智库云城等典型代表性模块的城市设计，探索"有机赋值，智慧生长"的发展模式。虚拟之城依托腾讯电竞建立，解放地面空间，以模数化网格状肌理进行建设，旨在打造虚拟与现实交融的未来之城；朴门社区探索共享理念对社区的影响，实现还迁居民与新居民的融合，打造开放包容、多元共享的乐活社区；自然的感知优先发展生态，重点引入生态技术，修复生态环境，提升生态景观，打造绿色开放的生态之城；魔方城探讨模块化建设在城市建设当中的可行性，打造可移动、可拆卸、可赋值的模数化新里弄式住区；智库云城探索未来科技对物质空间的影响，实现产业园与社区公共空间融合共享，打造高复合空间形式的未来科技产业园。

最终，通过 VR 体验支持公众参与，尝试开放式规划，以面对未来发展的无限可能。

The team of Tianjin University takes the topic of "Net of Everything" and starts from the ambition of Shanghai and the foreseeable future of Hongqiao Business District, taking the analysis of Neo-Hongqiao and the ecology, community, transportation, culture and business status of the base as the starting point. We use Chinese wisdom to construct the design of the Hongqiao Business District. We take ecology as the first step to create the environment, and use the growing modularity concept to operate the city.

We will focus on the urban design of typical representative modules such as the Virtual City, the Permanent Community, the Perception of Nature, the Cube City and the Cloud City, and explore the development model of "Organization and Growth of Wisdom". The Virtual City relies on Tencent E-sports, liberate the ground space, build with modularized mesh textures, aiming to create a city of the future where the virtual and the reality are blended. The Permanent Community explores the impact of the sharing concept on the community and realize the relocation. The integration of residents and new residents to create a Lohas community. The Natural Perception gives priority to the development of ecology, focusing on the introduction of ecological technology to create a green and open ecological city. The Cube City discusses the feasibility of module city, creating a modular, movable, detachable, and assignable new residential area. The Cloud City explores the future impact of science and technology on material space and realizing the integration of industrial park and community public space, to create a high-tech composite space form of future technology industrial park.

We support the public participation through VR experience and try open planning to face the unlimited possibilities of future development.

背景研究

区位

南虹桥地区上海市虹桥商务区拓展片，位于虹桥商务区核心区西北部，规划面积约10.4km²，规划研究协调范围为整个大虹桥区域86.6km²。设计地块具有绝佳的区位，北临苏州河，东连虹桥枢纽，南接会展中心，是虹桥商务区重要的组成部分，是大虹桥区域内最具开发潜力的地区。通过打造万物互联的城市空间形态，为南虹桥地区数字化、信息化、虚拟化、网络化未来做准备。

虹桥雄心 场地机遇

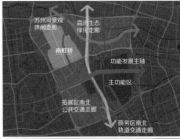

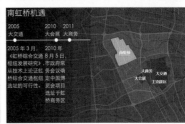

国际性格 上海窗口

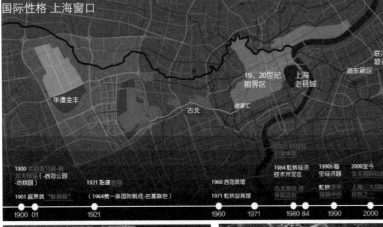

中国智慧 生态与明天

中国传统文化中的和谐生态观人与自然和谐相融—"天人合一"的生态观遵循规律合理利用资源—"参天化育"的生态观建设生态文明必须树立新型生态观。城市寿命有限，自然寿命无限，当城市消亡，一切又归于自然，城市只是暂时活在自然之中。建筑的门窗隔板等部分可拆卸，更新建筑通过统一的模数结构系统生长出风格统一却又千变万化的建筑。

老三步走

枕河而起 小农经济

兴办乡镇工厂

大枢纽

新三步走

海纳沪都心

桥联长三角

可预见的南虹桥未来

虹通全世界

南虹桥地区在新一轮上海总规纳入虹桥主城片区，是虹桥城市副中心的重要组成部分，战略地位突出。可开发建设用地充足，是大虹桥乃至上海主城片区内最具开发潜力的地区。上海作为长三角区域门户城市，正发挥着向外连接全球网络、对内辐射区域腹地的"两个扇面"作用。南虹桥将会配合大虹桥成为新的上海名片，引领新的上海印象。

现状分析
交通现状

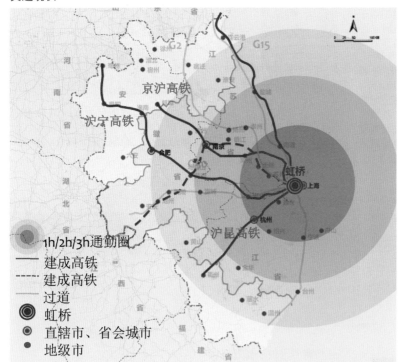

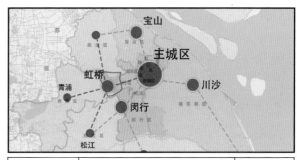

1h/2h/3h通勤圈
—— 建成高铁
---- 建成高铁
—— 过道
◎ 虹桥
◉ 直辖市、省会城市
● 地级市

N 小时通勤圈	城市/地区	城市数量
1小时以内	上海主城区 杭州 南通、无锡、嘉兴、绍兴、宁波、舟山、湖州	1+1+8
1~2小时	南京 宣城、泰州、扬州、镇江、盐城、常州、金华	1+7
2~3小时	台州、丽水、温州、衢州、黄山、沧州、铜陵、淮安、芜湖、马鞍山、滁州	11
3小时以上	合肥 安庆、六安、淮南、阜阳、宿迁、宿州……	1+N

虹桥：与主城区联系较紧密；连接西侧腹地，优势明显。

定位：浦东枢纽、虹桥枢纽是国际级枢纽。

虹桥枢纽：上海国际航运中心核心功能节点、国家干线铁路枢纽站点。

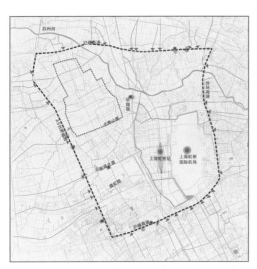

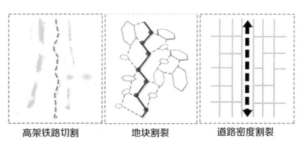

高架铁路切割　　地块割裂　　道路密度割裂

铁路对地面交通的切割作用明显（通过路口少）

两条铁路之间形成虹桥核心区系统化的格网与大虹桥地区其他片区的道路并不相连（路网密度差）

慢行几乎无法跨越割裂地段（通行手段单一）

大虹桥地区立体交通现象明显，方便面向更大区域的出行，但与大虹桥地区内地面道路的连通不紧密（高架出入口几乎只分布在场地边缘）

铁路对地面交通的切割作用明显：慢行几乎无法跨越割裂地段。基地内路网密度低。大虹桥地区立体交通现象明显：与大虹桥地区内地面道路连通不紧密，高架出入口几乎只分布在场地边缘。

发车班次密度不够。线路覆盖密度重复，造成资源的低效和浪费。运营时间长度不够（相对于机场和车站的24小时）。

大虹桥—打造便捷联通的大虹桥综合枢纽

南虹桥—连接多种功能的宜人高效出行系统

原则—高效利用现有资源 + 未来出现资源

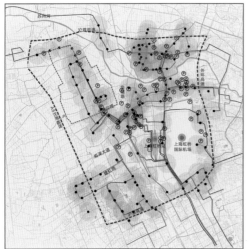

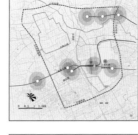

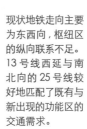

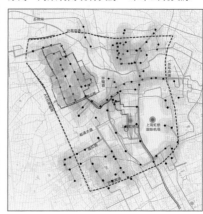

现状地铁走向主要为东西向，枢纽区的纵向联系不足。13号线西延与南北向的25号线较好地匹配了既有与新出现的功能区的交通需求。

产业现状

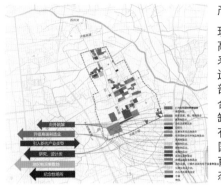

产业问题

现状工业较多，附加值不高，环境较差，同时，近来也有一些较为高端的制造业落户，需要进行整治，部分迁移和就地链条整合；现状医疗存在用地小，缺乏研究机构，周边配套有待提升的问题；基地内国际教育仅停留在基础教育阶段，缺少其他教育业态，国际教育功能不突出。

传统小镇 - 兴起

虹桥经济技术开发区 -1983 年后

城市近郊 -1949 年后

虹桥商务区 -2009 年后

虹桥开发区 -20 世纪 70—80 年代

随着虹桥地区发展战略位置的提升，地块功能从传统种植业、市集向工业、商务区配套转变。

产业机遇

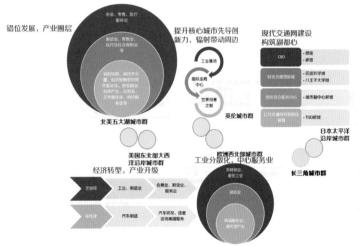

选址报告

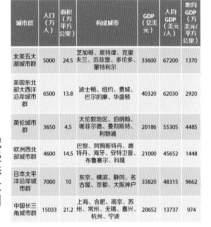

城市群	人口（万人）	面积（万平方公里）	构成城市	GDP（亿美元）	人均GDP（美元/人）	地均GDP（万美元/平方公里）
北美五大湖城市群	5000	24.5	芝加哥、底特律、克里夫兰、匹兹堡、多伦多、蒙特利尔	33600	67200	1370
美国东北部大西洋沿岸城市群	6500	13.8	波士顿、纽约、费城、巴尔的摩、华盛顿	40320	62030	2920
英伦城市群	3650	4.5	大伦敦地区、伯明翰、谢菲尔德、曼彻斯特、利物浦	20186	55305	4485
欧洲西北部城市群	4600	14.5	巴黎、阿姆斯特丹、鹿特丹、海牙、安特卫普、布鲁塞尔、科隆	21000	45652	1448
日本太平洋沿岸城市群	7000	10	东京、横滨、静冈、名古屋、京都、大阪神户	33820	48315	9662
中国长三角城市群	15033	21.2	上海、合肥、南京、苏州、常州、无锡、嘉兴、杭州、宁波	20652	13737	974

虹桥商务区位于长三角城市群的交通网络中心和经济地理中心，将发挥国际性综合交通枢纽优势，发展成为区域协同发展的引擎。

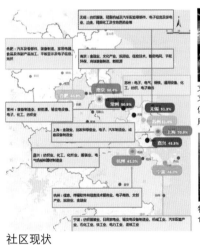

文化娱乐——
文化展馆、主题公园、研发运营、俱乐部、经纪公司、节目制作、周边开发、艺术设计

医疗——
医院门诊、孵化研究、医养服务

教育——
在线教育平台、课外培训、基础教育、终身教育

物联——
仓储、电子商务运输

高端制造——
电子信息技术、生物制造、交通设备

共享社区——
青年公寓、办公、商业

本地服务——
垂直农业、零售

将南虹桥发展成为以文化娱乐、医疗、教育为特色的城市国际文化之窗，联合长三角的新兴产业发展引擎，引领上海的技术人才高地，大虹桥的重要配套服务区，构建本地乐活生活圈。

社区现状

居住差异

- -- 用地红线
- 别墅
- 商品房
- 宅基地自建房

还动迁情况

鳌山小区
银杏新村
还迁3期
还迁2期
还迁4期
农民安置房
华新中心邨
还迁1期

- -- 用地红线
- 拆迁居民点
- 还迁位置

教育医疗资源

- -- 用地红线
- 国际学校
- 幼儿园
- 小学
- 初中
- 高中
- 社区医疗
- 其他医疗设施

商业服务与公共开放空间

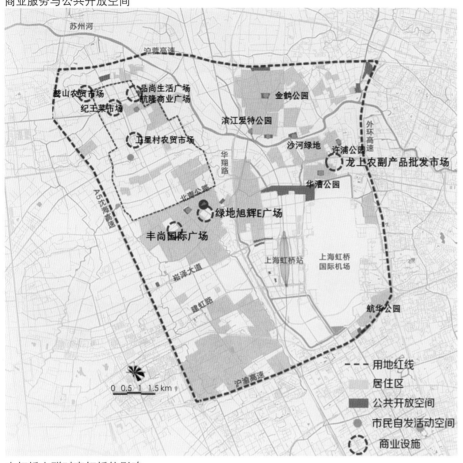

存在问题

菜市场等批发零售商业的规模化和集聚化，并提供必要的配套服务

提升定位，提供更高端服务，形成复合型商业综合体

未很好地利用水系自然资源

缺少公共设施和维护

目前大虹桥范围内市民自发休闲活动场地主要集中在北虹桥的公园以及华漕社区文化活动中心。活动设施匮乏且利用率低。

农田、街巷成为原住民的重要社交场所

公园零散分布规模不足

办公区缺少室外公共设施

---- 用地红线
居住区
公共开放空间
市民自发活动空间
商业设施

大虹桥人群对南虹桥的影响

短暂集聚的会展人群 → 交通餐饮住宿瘫痪 → 南虹桥承接吸纳 → 带动南虹桥，平衡会展需求

通勤办公人群 → 租房困难通勤成本高 → 南虹桥居住新模式 → 南虹桥提供高效便捷的居住工作环境

租住办公人群 → 内部通达性差 → 南虹桥与大虹桥空间联系 → 南虹桥融入大虹桥

商务差旅人群 → 枢纽周边服务配套有限 → 南虹桥吸引核心区外溢人群 → 南虹桥活力提升

目前大虹桥范围内市民自发休闲活动场地主要集中在北虹桥的公园以及华漕社区文化活动中心。基地内纪王公园面积小，除去篮球场只有小池塘、一片竹林、小片草地，活动设施匮乏，利用率低。

大虹桥人群现状

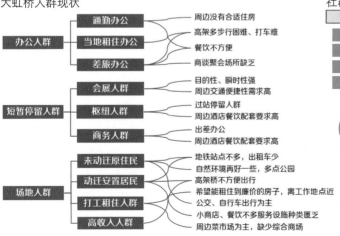

社群发展目标

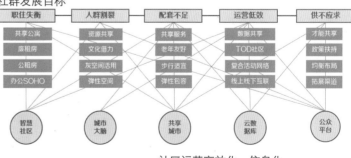

目标——
多层共享，多元互联

社区运营高效化，信息化
社区配套共享化，弹性化
未来人群国际化，非沪化

密切融合 活力迸发

生态现状

虹桥商务区绿地分布图

用地性质	用地面积（m²）	占建设用地比例（%）
绿地（G）	467500	2.4
公园绿地（G1）	204800	1.1
防护绿地（G2）	262700	1.3

基地内多为防护绿地，公园绿地严重不足
农田可作为基地内绿地延展的可能性
沿河景观不连续
景观可达性弱，品质较低，对人不够友好
缺乏依托河道的景观系统
应着眼于增加公共空间
提升公共空间品质

河道断面分析

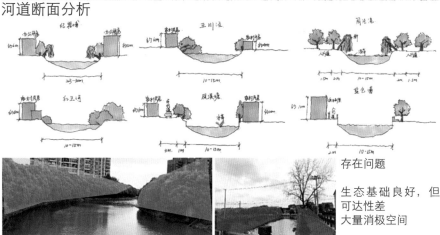

存在问题

生态基础良好，但可达性差
大量消极空间

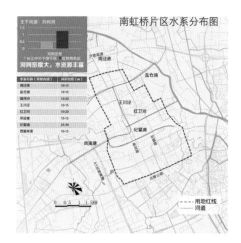

南虹桥片区水系分布图

上海印象 城市空间

上海街道肌理特点：通过转折闭合街道空间，增强空间趣味性。

静安别墅：上海最大的新式里弄住宅群。

西洋联排房屋风格的步高里

新型里弄式步行街

里弄建筑是上海所独有的产品。纵横交织的道路把城市分成若干个小区；每个小区之内，又有许多建筑与建筑之间形成的小通道，也就是里弄，密密麻麻布满全城，就像毛细血管那样细小却充满了生机。在高峰期，里弄式住宅占上海居住建筑总面积的 65% 左右。

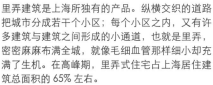

大虹桥片区文化遗迹分布图

造境·自然——生态为先·城活其中

城市即园林——绿色窗口

通过整理上海市中心区公共绿地系统分布，可以发现上海中心城大面积公共绿地匮乏，基地作为西侧，环抱苏州河，入城"第一绿"，完全可发展为城市绿色窗口。

基地
虹桥枢纽
浦东机场
上海市中心城公共绿地

刚性控制——城野比例

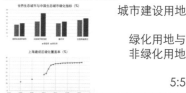

城市建设用地

绿化用地与
非绿化用地

5:5

营城必先理水

0 0.5 1 1.5KM

中心水面
苏州河
主要河道
次级河道
普通河道

大虹桥水系以苏州河为骨干，呈鱼骨式延伸。南虹桥地区水网密集，具有良好的水格局优势，内部水网的特点是中心网密集，并且有较多支流直接与苏州河连接。水质优良，大部分水质较好或一般，只有少数支流水质较差。

生态结构

综合考虑现状绿地系统，生态敏感性以及潜力风道，得出绿地系统方案。

以苏河前湾C环为主干，一横一纵的绿化廊道构建起基地里的绿化体系骨架。

景观节点
城市级公园绿地
社区级公园绿地
小区级公园绿地
绿脉延伸

景观体系构建

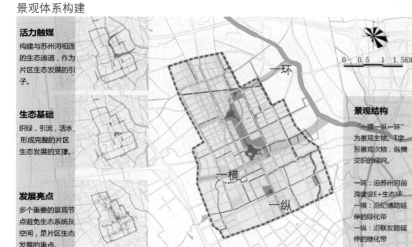

活力触媒
构建与苏州河相连的生态通道，作为片区生态发展的引子。

生态基础
织绿，引流，活水，形成完整的片区生态发展的支撑。

发展亮点
多个重要的景观节点避免生态系统灰空间，是片区生态发展的重点。

一环
一横
一纵

景观结构
"一横一纵一环"为景观主轴，T字形景观次轴，纵横交织的绿网。
一环：沿苏州河前湾建设E+生态环
一横：沿纪铺路延伸的绿化带
一纵：沿联友路延伸的绿化带

生态技术手段

湿地化处理
生态过滤
屋顶绿化公共政策

公共建筑屋顶全绿化
住宅建筑屋顶70%绿化

奖励建筑
多层次绿化提升绿化比例

营城·生长智慧

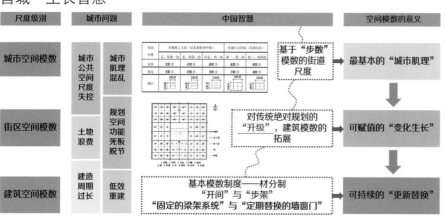

尺度级别	城市问题	中国智慧		空间模数的意义
城市空间模数	城市公共空间尺度失控	城市肌理混乱	基于"步数"模数的街道尺度	最基本的"城市肌理"
街区空间模数	土地浪费	规划空间功能死板脱节	对传统绝对规划的"升级"，建筑模数的拓展	可赋值的"变化生长"
建筑空间模数	建造周期过长	低效重建	基本模数制度——材分制 "开间"与"步架" "固定的梁架系统"与"定期替换的墙窗门"	可持续的"更新替换"

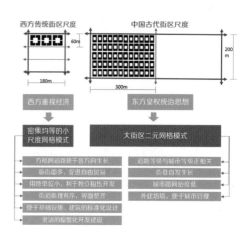

西方传统街区尺度　　中国古代街区尺度

西方重视经济　　东方皇权统治思想

密集均等的小尺度网格模式　　大街区二元网格模式

基因 · 空间模数

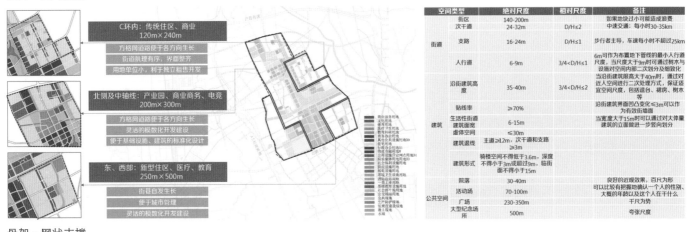

C环内：传统住区、商业
120m×240m
- 方格网道路便于各方向生长
- 街道肌理有序、界面整齐
- 用地单位小，利于独立租售开发

北侧及中轴线：产业园、商业商务、电竞
200m×300m
- 方格网道路各方向生长
- 灵活的模数化开发建设
- 便于基础设施、建筑的标准化设计

东、西部：新型住区、医疗、教育
250m×500m
- 街巷自发生长
- 便于城市管理
- 灵活的模数化开发建设

空间类型		绝对尺度	相对尺度	备注
街道	街区	140-200m		如果地块过小可能造成浪费
	次干道	24-32m	D/H≤2	中速交通：每小时30-35km
	支路	16-24m	D/H≤1	步行者主导，车速每小时不超过25km
	人行道	6-9m	3/4<D/H≤1	6m可作为布置地下管线的最小人行道尺度，当尺度大于9m时可通过树木与设施对空间内部二次划分及细致化
建筑	沿街建筑高度	35-40m	3/4<D/H≤2	当沿街建筑限高大于二层处理尺度，近人空间进行二次处理方式，保证适宜尺度，包括店铺、裙房、树木等
	贴线率	≥70%		沿街建筑界面凹凸变化≤3m可以作为有效街墙面
	生活性街道建筑面宽	6-15m		当宽度大于15m时可通过对大体量建筑的立面做进一步竖向划分
	虚体空间	≤30m		
	建筑退线	主道≥2m，次干道和支路≥3m		
	建筑形式	骑楼空间不得低于3.6m，深度不得小于3m或超过9m，临街面不得小于15m		
公共空间	院落	30-40m		良好的近观效果，百尺为形可以比较有把握地确认一个人的性别、大概的年龄以及这个人在干什么
	活动场	70-100m		
	广场	230-350m		千尺之势
	大型纪念场所	500m		夸张尺度

骨架 · 网状支撑

完善路网

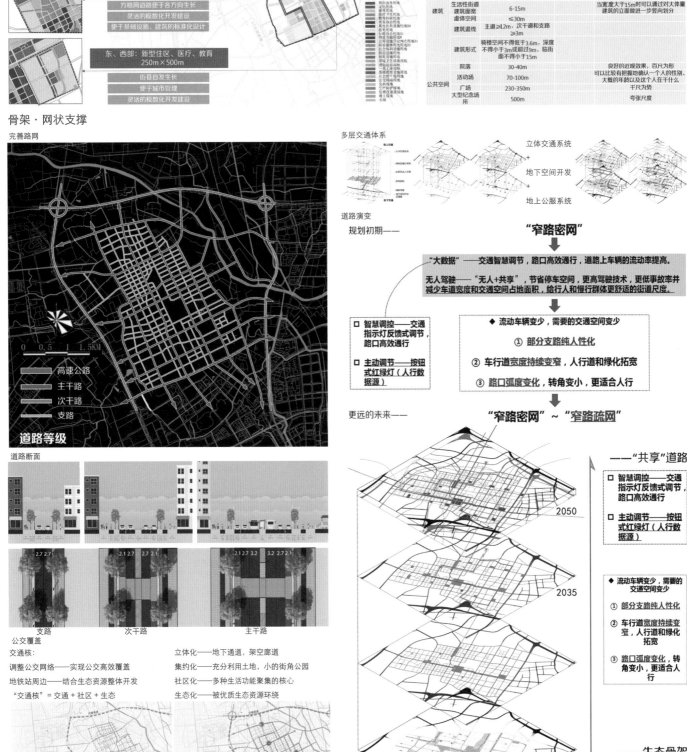

道路等级
- 高速公路
- 主干路
- 次干路
- 支路

0 0.5 1 1.5KM

道路断面

2.7 2.7 | 2.1 2.7 2.7 2.1 | 2.1 2.7 3.2 3.2 2.7 2.1

支路 | 次干路 | 主干路

公交覆盖

交通核
调整公交网络——实现公交高效覆盖
地铁站周边——结合生态资源整体开发
"交通核"=交通+社区+生态

立体化——地下通道，架空廊道
集约化——充分利用土地，小的街角公园
社区化——多种生活功能聚集的核心
生态化——被优质生态资源环绕

慢行系统
- 主要步行路
- 次要步行路
- 步行支路
- 主要步行节点
- 次要步行节点

公共交通
- 新增公交站点
- 原有公交站点
- 地铁站点
- 水上巴士线路及站点

多层交通体系

立体交通系统
+
地下空间开发
+
地上公服系统

道路演变

规划初期——

"窄路密网"

↓

"大数据"——交通智慧调节，路口高效通行，道路上车辆的流动率提高。

无人驾驶——"无人+共享"，节省停车空间，更高驾驶技术，更低事故率并减少车道宽度和交通空间占地面积，给行人和慢行群体更舒适的街道尺度。

↓

☐ 智慧调控——交通指示灯反馈式调节，路口高效通行

☐ 主动调节——按钮式红绿灯（人行数据源）

◆ 流动车辆变少，需要的交通空间变少
① 部分支路纯人性化
② 车行道宽度持续变窄，人行道和绿化拓宽
③ 路口弧度变化，转角变小，更适合人行

↓

更远的未来——

"窄路密网"~"窄路疏网"

——"共享"道路

☐ 智慧调控——交通指示灯反馈式调节，路口高效通行

☐ 主动调节——按钮式红绿灯（人行数据源）

2050

2035

◆ 流动车辆变少，需要的交通空间变少
① 部分支路纯人性化
② 车行道宽度持续变窄，人行道和绿化拓宽
③ 路口弧度变化，转角变小，更适合人行

——生态骨架

血管·人群交织

大虹桥地区服务共享

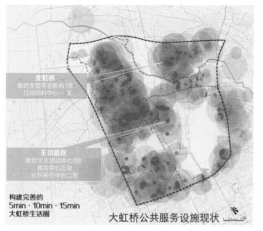

构建完善的
5min·10min·15min
大虹桥生活圈

大虹桥公共服务设施现状

空间共享　技能共享

公共服务设施覆盖率提高

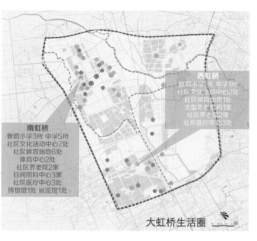

大虹桥生活圈

商品共享　交通共享

开放活区　多元交流

生活圈

55%　10%　15%　12%　8%
办公创业人群　国际人士　其他从业人群　原住民　颐养人群

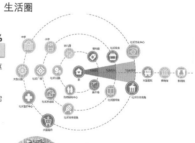

人群　需求　空间服务

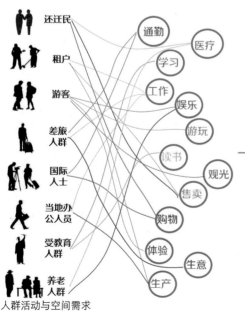

人群活动与空间需求

027

血管 · 人群交织

绿脉融城 生态网络

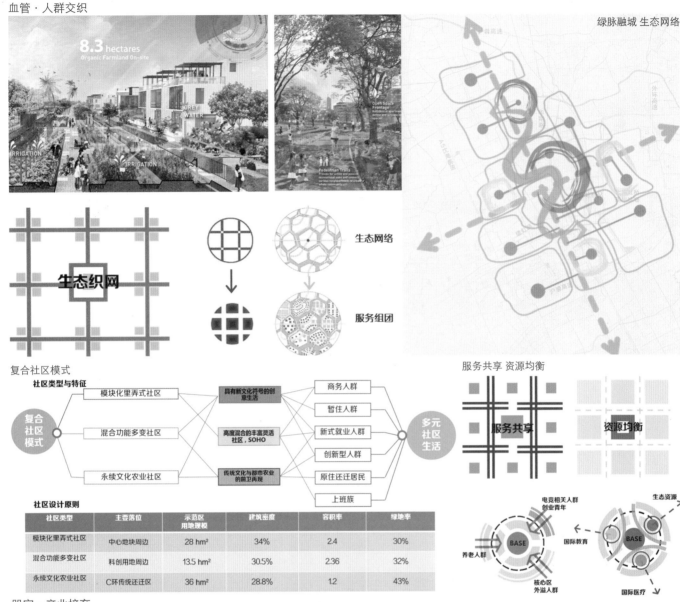

生态织网

生态网络

服务组团

复合社区模式

社区类型与特征

服务共享 资源均衡

服务共享

资源均衡

社区设计原则

社区类型	主要落位	示范区用地规模	建筑密度	容积率	绿地率
模块化里弄式社区	中心地块周边	28 hm²	34%	2.4	30%
混合功能多变社区	科创用地周边	13.5 hm²	30.5%	2.36	32%
永续文化农业社区	C环传统还迁区	36 hm²	28.8%	1.2	43%

器官 · 产业培育

互联网 + 服务网络

大数据应用带来制造业企业创新和变革的新时代。在传统的生产管理信息数据基础上，通过物联网等带来物理数据感知，形成"工业4.0"时代生产数据私有云，创新企业的研发、生产、运营、营销和管理方式。

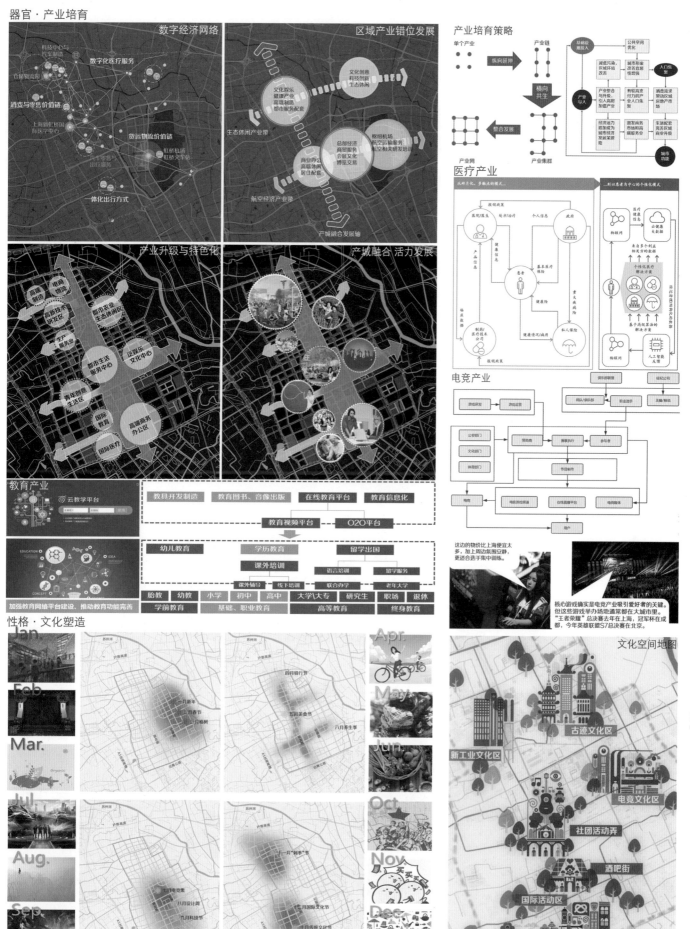

器官·产业培育

数字经济网络

区域产业错位发展

产业培育策略

医疗产业

电竞产业

产业升级与特色化

产城融合 活力发展

教育产业

云教学平台

| 教具开发制造 | 教育图书、音像出版 | 在线教育平台 | 教育信息化 |

教育视频平台　　O2O平台

幼儿教育　　学历教育　　留学出国

课外培训　　语言培训　　留学服务

课外辅导　线下培训　联合办学　老年大学

胎教　幼教　小学　初中　高中　大学\大专　研究生　职场　退休

学前教育　　基础、职业教育　　高等教育　　终身教育

加强教育网络平台建设、推动教育功能完善

这边的物价比上海便宜太多，加上周边氛围安静，更适合选手集中训练。

核心游戏确实是电竞产业吸引爱好者的关键。但这些游戏举办场地通常都在大城市里。"王者荣耀"总决赛去年在上海，冠军杯在成都，今年英雄联盟S7总决赛在北京。

性格·文化塑造

Jan.　Feb.　Mar.　Jul.　Aug.　Sep.

Apr.　May.　Jun.　Oct.　Nov.　Dec.

文化空间地图

古迹文化区

新工业文化区

电竞文化区

社团活动弄

酒吧街

国际活动区

总平面图

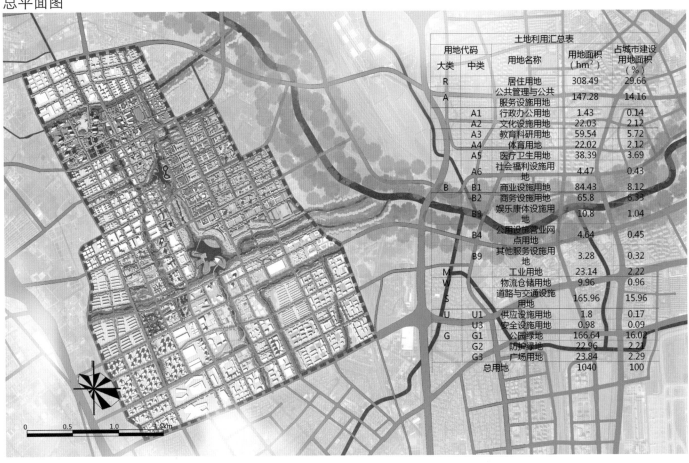

土地利用汇总表				
用地代码		用地名称	用地面积（hm²）	占城市建设用地面积（%）
大类	中类			
R		居住用地	308.49	29.66
A		公共管理与公共服务设施用地	147.28	14.16
	A1	行政办公用地	1.43	0.14
	A2	文化设施用地	22.03	2.12
	A3	教育科研用地	59.54	5.72
	A4	体育用地	22.02	2.12
	A5	医疗卫生用地	38.39	3.69
	A6	社会福利设施用地	4.47	0.43
B	B1	商业设施用地	84.43	8.12
	B2	商务设施用地	65.8	6.33
	B3	娱乐康体设施用地	10.8	1.04
	B4	公用设施营业网点用地	4.64	0.45
	B9	其他服务设施用地	3.28	0.32
M		工业用地	23.14	2.22
W		物流仓储用地	9.96	0.96
S		道路与交通设施用地	165.96	15.96
U	U1	供应设施用地	1.8	0.17
	U3	安全设施用地	0.98	0.09
G	G1	公园绿地	166.64	16.02
	G2	防护绿地	22.96	2.21
	G3	广场用地	23.84	2.29
总用地			1040	100

土地利用规划图

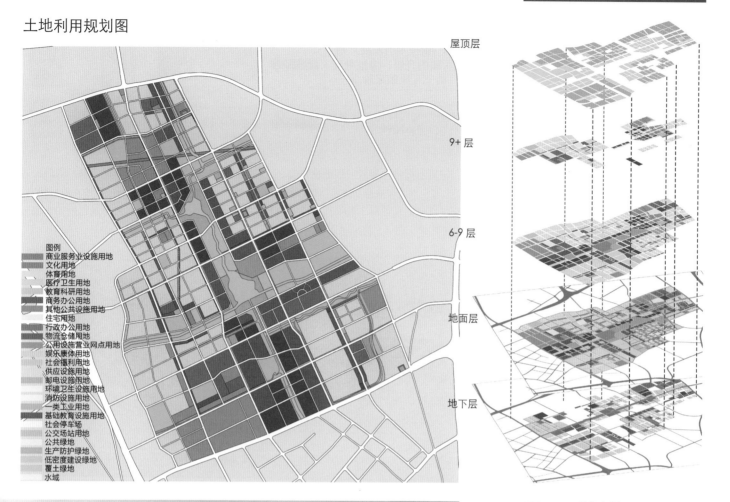

图例
商业服务业设施用地
文化用地
体育用地
医疗卫生用地
教育科研用地
商务办公用地
其他公共设施用地
住宅用地
行政办公用地
物流仓储用地
公用设施营业网点用地
娱乐康体用地
社会福利用地
供应设施用地
邮电设施用地
环境卫生设施用地
消防设施用地
一类工业用地
基础教育设施用地
社会停车场
公交场站用地
公共绿地
生产防护绿地
低密度建设绿地
覆土绿地
水域

屋顶层
9+层
6-9层
地面层
地下层

VR 体验二维码

虚拟之城

依托腾讯电竞建立，解放地面空间，以模数化网格状肌理进行建设。虚拟与现实交融的未来之城。

朴门社区

探索共享理念对社区的影响，实现还迁居民与新居民的融合，打造开放包容、多元共享的乐活社区。

自然的感知

生态优先发展，重点引入生态技术，修复生态环境，提升生态景观，打造绿色开放的生态之城。

魔方城

探讨模块化建设在城市建设当中的可行性，打造可移动、可拆卸、可赋值的模数化新里弄式住区。

智库云城

探索未来科技对物质空间的影响，实现产业园与社区公共空间融合共享，打造高复合空间形式的未来科技产业园。

方案一：虚拟之城

基地背景

在信息时代、网络时代和娱乐时代的背景下，信息密度提升导致空间密度增加，人们的联系和活动开始不完全依赖空间，同时，人们对"虚拟式"的娱乐需求越来越大，人与人之间，人与自然之间在被"技术"不断地割裂开，这种趋势是明显而无法通过硬性手段扭转的。

在我们正视"虚拟化"和"娱乐化"的大趋势下，作为规划师，我们也必须承担我们的社会责任。我们的责任就是通过规划和城市设计的手段，应对虚拟化、娱乐化导致的"内外空间分离"和"虚拟冲击现实"的问题。

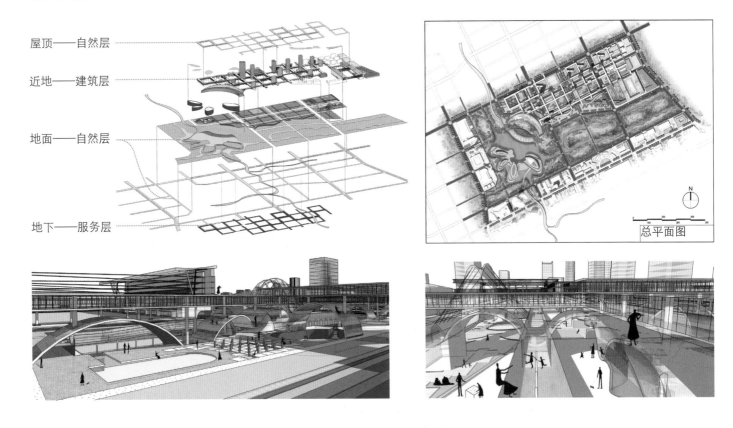

屋顶——自然层

近地——建筑层

地面——自然层

地下——服务层

总平面图

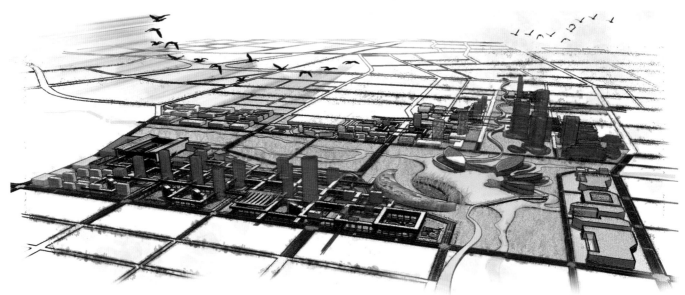

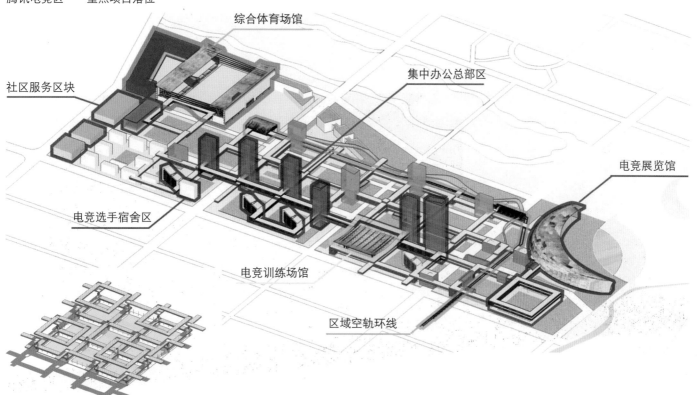

腾讯电竞区——重点项目落位

综合体育场馆

集中办公总部区

社区服务区块

电竞展览馆

电竞选手宿舍区

电竞训练场馆

区域空轨环线

组合模式

通过错位堆叠的组合模式，形成类似海绵的结构，增大内外交界面。

混合模式

除了图中标出的重点项目是集中布局外，整个地区的大片网格化模块空间是"居住、办公、会议、商业、社区服务"等功能充分混合的模式，营造有传统感的室内街巷空间。

模块及其组合

① ② ③

街巷式社区单元　　院落式社区单元

模块变体

为了满足一些对空间有独特需求的功能，在基础模块的基础上形成多种变体。

体育场馆型

社区服务型

集中办公型

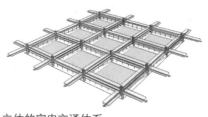

立体的室内交通体系

整体架空的网状建筑体系

社区剖透视图

　　通过街巷社区的建设，恢复上海的里弄记忆和亲密的邻里生活。

　　通过院落社区的建设，复兴中国传统的院落社区生活。

　　两种相互重叠的社区模式，在重叠空间的同时，也重叠了社交网络，人们的社交圈子在"二次认识"下不断扩大，形成未来城市下也具有传统特色的新社区。

　　整片建筑架起，将地面的大片空间留给自然，纯粹的自然空间比传统的城市公园显然更有吸引力。最终达到"内外空间联动，虚拟提升现实"的目的。

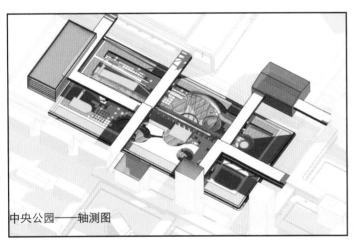

中央公园——轴测图

中央公园——平面图

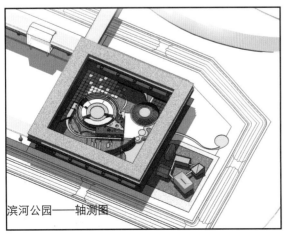

滨河公园——轴测图

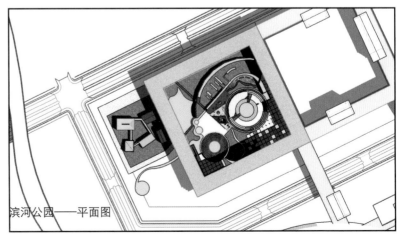

滨河公园——平面图

方案二：朴门社区

问题探究 1　未来人群融合

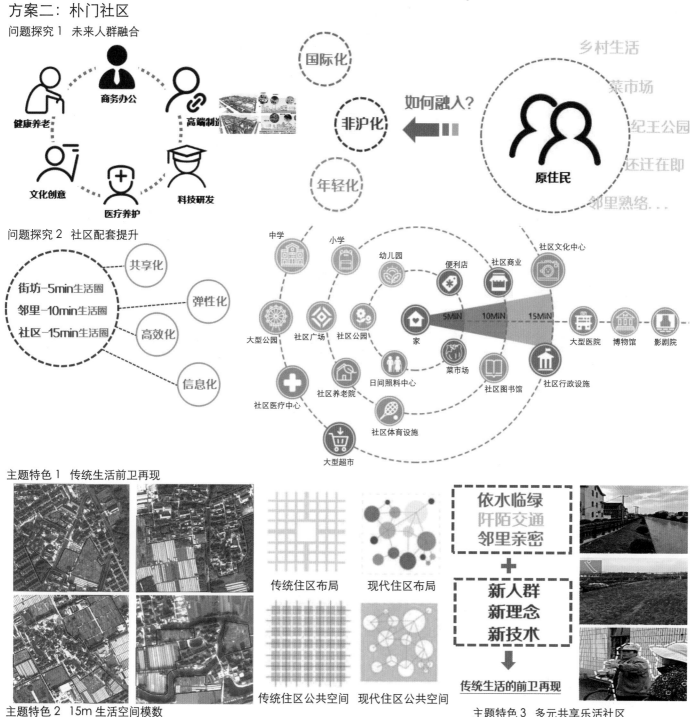

健康养老　商务办公　高端制造
文化创意　医疗养护　科技研发

国际化　非沪化　如何融入？　原住民
年轻化

乡村生活　菜市场　纪王公园　还迁在即　邻里熟络...

问题探究 2　社区配套提升

街坊-5min生活圈
邻里-10min生活圈
社区-15min生活圈

共享化　弹性化　高效化　信息化

中学　小学　幼儿园　便利店　社区商业　社区文化中心
大型公园　社区广场　社区公园　家　5MIN　10MIN　15MIN　大型医院　博物馆　影剧院
社区医疗中心　社区养老院　日间照料中心　菜市场　社区图书馆　社区行政设施
社区体育设施
大型超市

主题特色 1　传统生活前卫再现

传统住区布局　现代住区布局

依水临绿　阡陌交通　邻里亲密
＋
新人群　新理念　新技术
↓
传统生活的前卫再现

传统住区公共空间　现代住区公共空间

主题特色 2　15m 生活空间模数

村庄传统肌理模数
15m×15m

身体参照系——人体参与空间感知和构建的尺度界线

应急反应时间2秒
应急逃跑距离15m
安全尺度

亲切听觉环境界线15m
听觉尺度

15m外可以看清楚建筑物最小细部的尺寸极限是0.5cm
15m
地面
视觉尺度

中国古代营城模数

"双木成林"形成最小尺度的"树林"约15m
绿道尺度

西周时期城市道路分为经、纬、环、野四种
经涂、纬涂宽九轨（约合14.4m）
环涂宽七轨（约合11.2m）
野涂宽五轨（约合8m）
《考工记》中的古代道路规制
街道尺度

15m，在古代是一个车、马、人皆宜的最佳交通尺度
使日常生活与交通功能相融合
四合院宽五丈（15m左右），长八丈
古代民居开间最大宽度为五间（15m）
院落尺度

主题特色 3　多元共享乐活社区

多元共享地图

总平面图

经济技术指标	
规划用地面积	66.9hm²
总建筑面积	159762m²
建筑密度	23.9%
容积率	1.08
绿化率	56.8%

策略 1 多元赋值模块空间

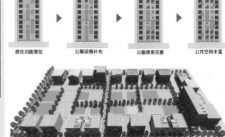

居住功能落位　公服设施补充　公服体系完善　公共空间丰富

STEP1

STEP2

STEP3

混合住宅和公共空间　社区空间由居民　灵活多变的
使生活变得丰富多样　自主改造　开放交往空间

社区营造 人群交融

共享客厅

文化中心

社区农场

养老公寓

屋顶花园

社区公园

将不同家庭生活方式的一系列新式住宅组织在一起，多样化的社区生机勃勃
创造丰富而高品质的多元社区生活，避免居民之间毫无联系的生活状态

策略 2　绿色健康生态网络

诗酒田园文化的回归

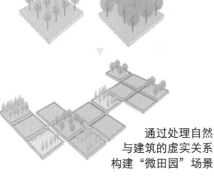

通过处理自然
与建筑的虚实关系
构建"微田园"场景

生态绿色农业
观光休闲农业
高科技现代农业
……

都市农业体验

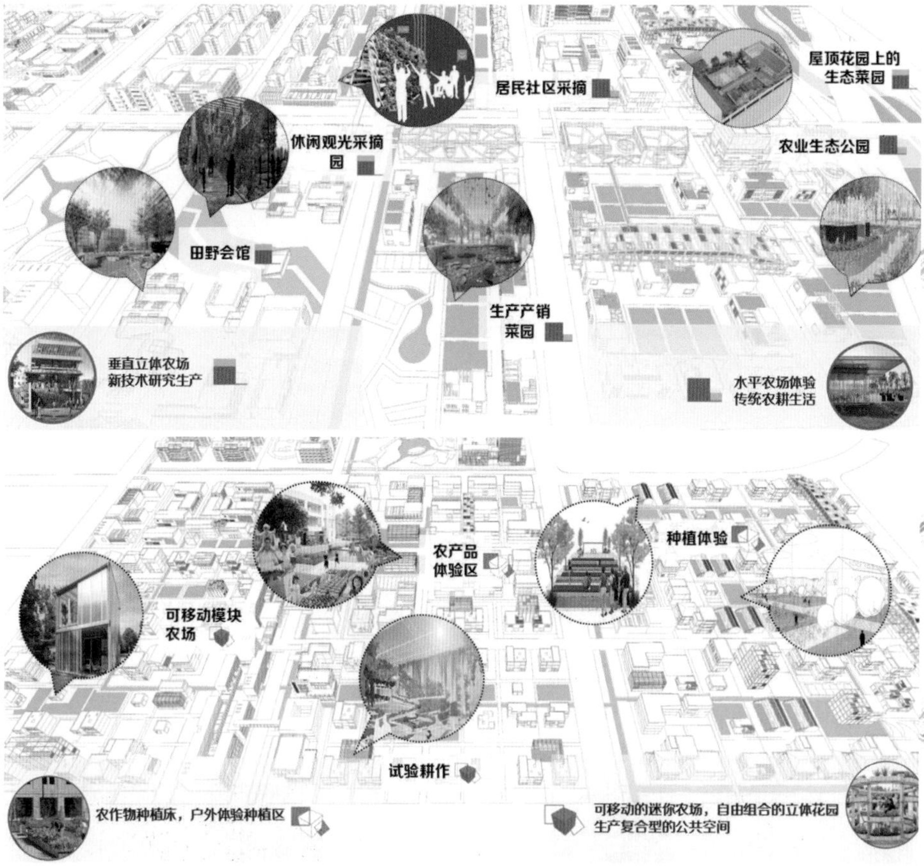

居民社区采摘
屋顶花园上的生态菜园
休闲观光采摘园
农业生态公园
田野会馆
生产产销菜园
垂直立体农场
新技术研究生产
水平农场体验
传统农耕生活
农产品体验区
种植体验
可移动模块农场
试验耕作
农作物种植床，户外体验种植区
可移动的迷你农场，自由组合的立体花园
生产复合型的公共空间

生态与活动网络生成

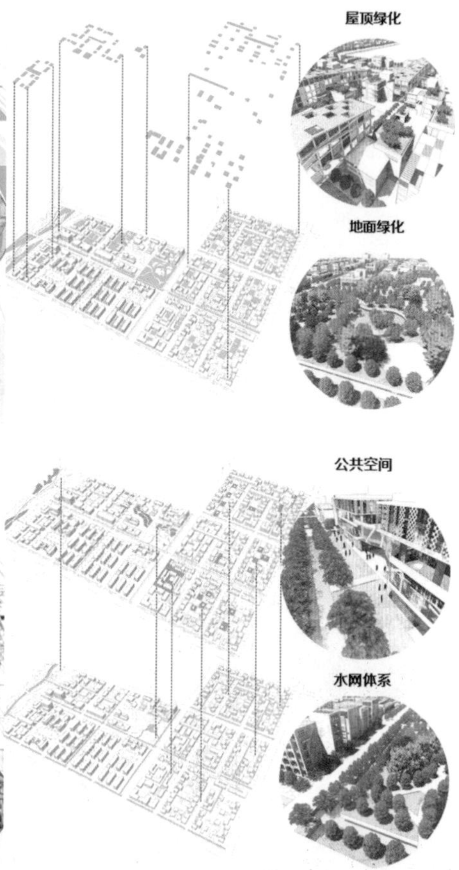

屋顶绿化
地面绿化
公共空间
水网体系

策略 3 亲密共融文化纽带

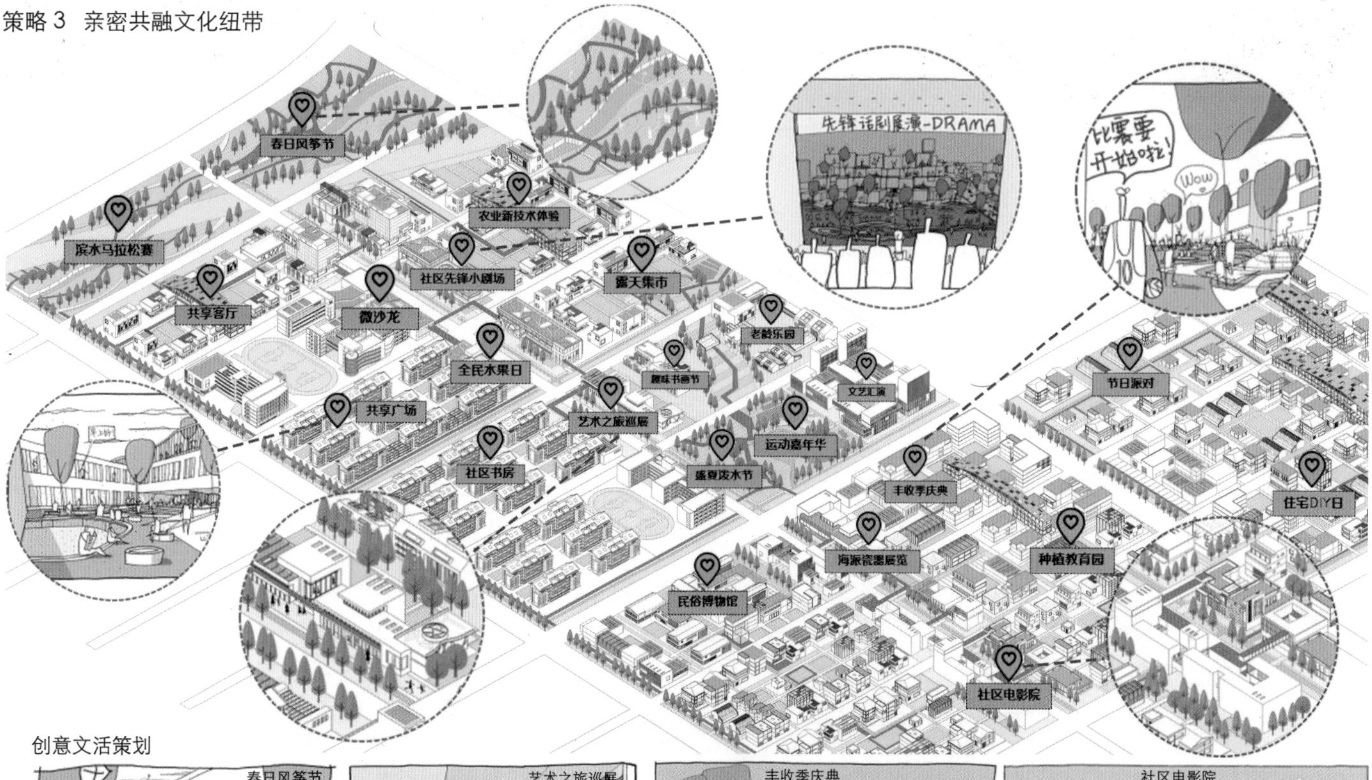

春日风筝节
滨水马拉松赛
农业新技术体验
社区先锋小剧场
露天集市
共享客厅
微沙龙
老龄乐园
全民水果日
趣味书画节
文艺汇演
共享广场
艺术之旅巡展
运动嘉年华
社区书房
盛夏泼水节
节日派对
丰收季庆典
海派瓷器展览
种植教育园
住宅DIY日
民俗博物馆
社区电影院
先锋话剧展演-DRAMA
比赛要开始啦!
Wow

创意文活策划

春日风筝节
KITE FESTIVAL
艺术之旅巡展
丰收季庆典
Cheers
丰收!
社区电影院
复联3!!!
CINEMA

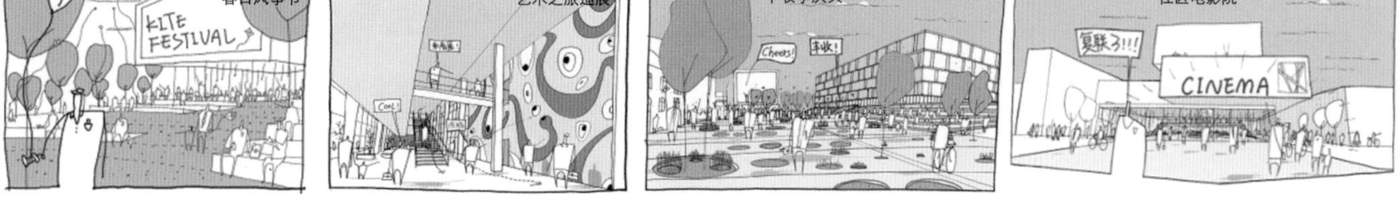

策略 4　全时活力生活体验

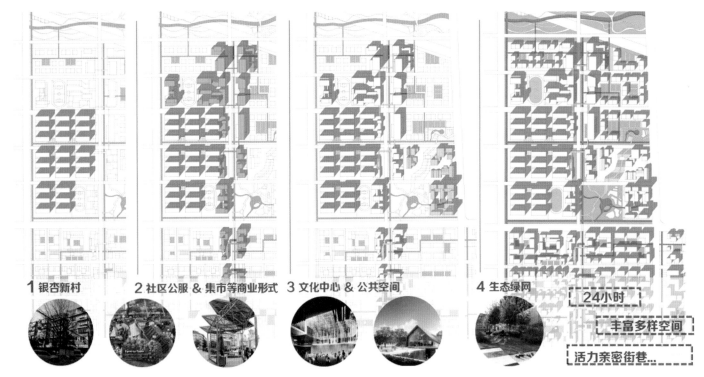

1 银杏新村　　2 社区公服 & 集市等商业形式　　3 文化中心 & 公共空间　　4 生态绿网

24小时

丰富多样空间

活力亲密街巷…

全时生活场景

方案鸟瞰

多元　绿色
全时　亲密
共享　永续

方案三：自然的感知

苏州河整治

吴淞江，发源于南太湖，由西向东，穿过江南运河，在今上海市外白渡桥汇入黄浦江。虹桥位于吴淞江中下游，是吴淞江生态走廊上的重要节点，同时也是吴淞江生态廊道上的生态洼地。

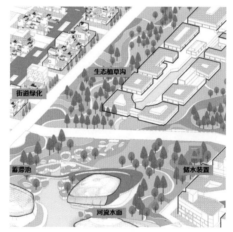

如何利用重要生态要素，使苏州河自然生态系统连接成网，形成丰富景观体系；提升生态价值，丰富市民生活？

生态街区构建

- □ 为了践行生态先行的城市发展方向
- □ 为了更良好的未来生活

未来街区将如何发展？

- · 大面积开放绿地
- · 大面积开放绿地

= 新式生态街区

- ✓ 生态先行的发展原则
- ✓ 大面积生态开放空间的塑造
- ✓ 建筑上的节能设计，街区内部的生态渗透
- ✓ 生态街区的构建有利于节约能源，塑造良好生态环境；同时有利于居民的健康生活

新式生态街区的几种不同形式

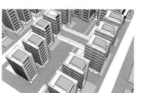

- · 生态商务区
- · 生态商业区
- · 生态居住区

未来街区将怎样和生态共同发展？

主题特色

湿地净化网络体系

湿地公园

净水主干"C环"直接与苏州河相连，在与苏州河接口处设置生态湿地，在引水口进行水质净化，在"C环"内部两个主要的绿地设置生态湿地，进行内部净水，实现净化苏州河入水。

雨洪公园

"C环"净化的水通过基地内部河流网络向四周渗透，沿支流设置海绵公园和带状海绵体，进行引水集水，净化再生，储蓄之后以便社区农业等使用。

模块化建设

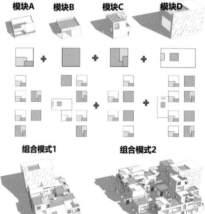

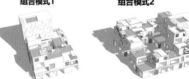

模块A　模块B　模块C　模块D

组合模式1　组合模式2

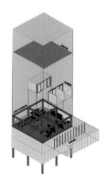

以 15m×15m 为基本模数，构建三种模块，为了适应稍大空间的需求，又加入模数的变体 15m×30m 的模块，以四种模块为基础，在模块中插入绿化，并通过不同的方式叠加拼合，得到生态良好、具有活力的商业建筑。

总平面图

方案分析

图底关系

规划结构

分层展示

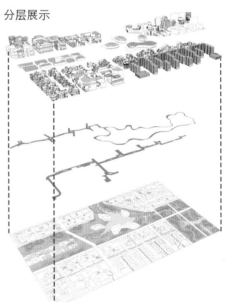

功能分区

功能分区

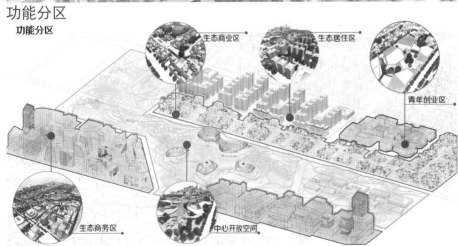

项目落位

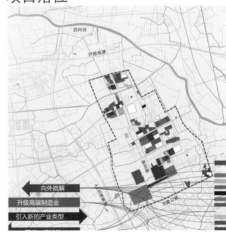

策略应用

生态策略

生态先行，完善景观系统
措施1修复本体生态系统
措施2构建绿色步行廊架
措施3打造屋顶绿化网络

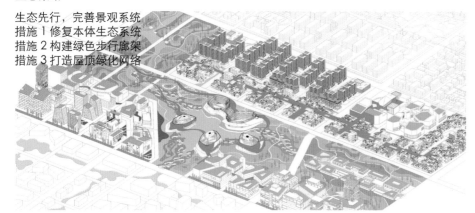

修复本体生态系统　　　　　　构建绿色步行廊架，打造屋顶绿化网络

整体鸟瞰

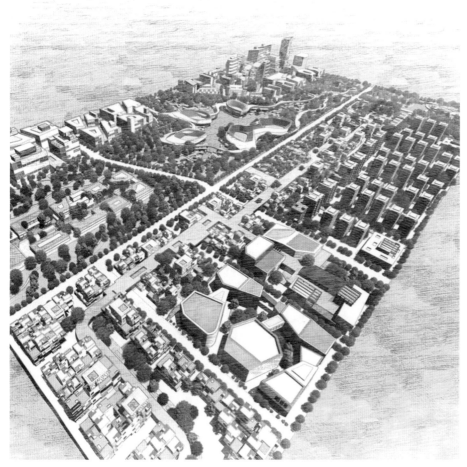

产业策略

产业汇聚，促进片区发展
措施1模块化建设
措施2新兴产业引入
措施3多种活动汇集

模块化建设手法

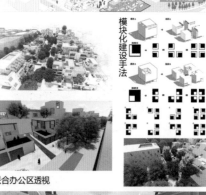

联合办公区透视

文化策略

文化创新，焕活社区氛围
措施1模块化建设
措施2社区生态改善
措施3新式社区活动引入

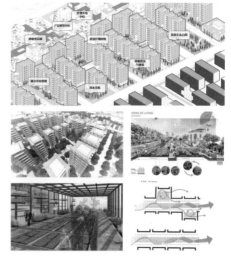

方案四：魔方城

问题思考

新式社区生活

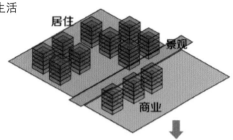

传统的功能分区

居住、商业等互相分离，互不干扰，但人们需要一定的距离达到另一处功能，效率不高。

> 如何架构一套新型功能分区方式，以符合地块高定位和年轻化的要求？

文化生态应用

在南虹桥地块的高定位和年轻化人群生活的特征下，传统的功能分区真的能符合地块要求么？

> 如何做到在现代生活中，渗透进触手可得的文化的滋养和优美宜人的景观生态要素？

选地位置

（地图：苏州河、沪蓉高速、A5 沈海高速、北翟路等标注）

主题特色

传统模式

以层为单位划分空间，以交通筒组织交通，内部交通单一

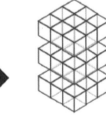

空间打破

以模块形式打破空间，将大空间打破为小微空间，丰富空间的模式

空间重组

打破传统内部交通组织形式，赋予各模块多样的连接方式，增加各模块间可达性

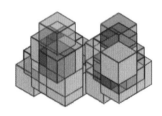

模块化的建筑形式

方便功能混合，使其有不同的组合形式，景观模块与居住模块、商业娱乐模块之间的距离更短，居住模式更新颖。

传统模式

各建筑之间相互独立，空间可达性不足，缺乏趣味性

空间打破

堆叠模块错落有致，营造不同标高的外部空间，打造多样景观视线

空间连接

以廊道连接各模块建筑，使模块组团形成整体，形成内外交互的空间模式

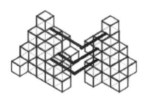

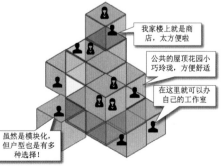

我家楼上就是商店，太方便啦

公共的屋顶花园小巧玲珑，方便舒适

在这里就可以办自己的工作室

虽然是模块化，但户型也是有多种选择！

模块介绍

滑轨模块片区

本片区将模块串联在滑轨上，可沿滑轨移动位置并适当变换角度，以适应各季节、天气的风环境、日照情况等条件。同时滑轨模块整体可作为屏障，夏引东南季风，冬拒西北季风。

活动模块片区

本片区以社区活动功能为主，以立方体网格为骨架、模块化建筑为血肉进行填充，各模块可租赁给不同活动团体，可根据活动需要将模块进行移动和重组，赋予了多种可能性。

SOHO 模块片区

本片区功能以居住为主，同时引入了商业模块和景观模块，将居住区功能立体化、网络化，形成集居住和服务于一体的三维网络化社区，实现建筑组团化、组团社区化。

六边形居住模块片区

本片区以六边形的建筑形式为模块的单位，可作蜂巢公寓、蜂巢办公等功能。六边形具有可密铺的特点，各模块之间可无缝连接，相互支撑，分散应力，建筑成本较低，空间灵活丰富。

叠楼商业办公模块片区

本片区灵感来源于《头号玩家》中的叠楼区，但区别于影片中的是本方案中的叠楼根据不同的功能营造不同尺度的空间，并在堆叠中利用较为稳健的力学结构，舒适、安全、空间多样。

分区介绍

商住混合模块化 SOHO 区

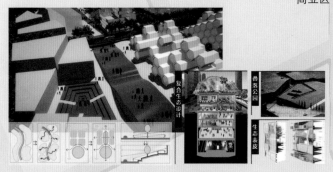

商业区

模块化公园

模块化商业区

模块化商业区根据活力人群的变化和组合进行更改

生态住区

总平面图

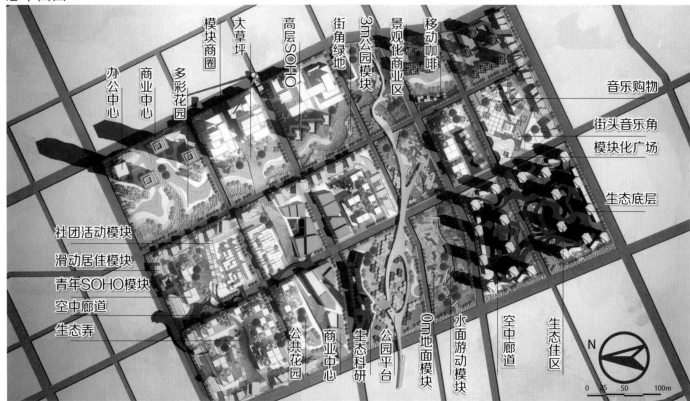

办公中心　商业中心　多彩花园　模块商圈　大草坪　高层SOHO　街角绿地　3㎡公园模块　景观化商业区　移动咖啡

音乐购物
街头音乐角
模块化广场
生态底层

社团活动模块
滑动居住模块
青年SOHO模块
空中廊道
生态弄

公共花园　商业中心　生态科研　公园平台　3㎡地面模块　水面游动模块　空中廊道　生态住区

N

0　25　50　100m

鸟瞰图

方案五：智库云城

问题探究

■ 科技物质空间

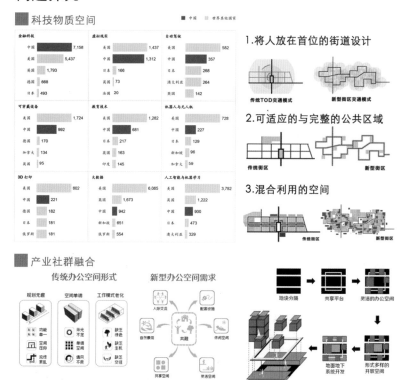

1. 将人放在首位的街道设计
2. 可适应的与完整的公共区域
3. 混合利用的空间

产业社群融合

传统办公空间形式　　新型办公空间需求

主题特色

■ 高复合产业园

　　改变原有的产业空间平面单一功能布局的形式，在竖向上进行综合开发。由下至上分别为生产与基础设施、开放的城市空间、产业服务空间、共享办公实验空间、多元创业空间以及屋顶花园。在竖向上进行充分混合，实现产业空间的复合高效利用。

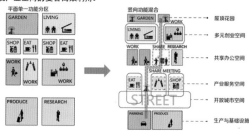

■ 空间服务共享

　　共享地块中的一些研发销售生产可以共享金融、会计、法律、商业、服务的设施，同时从事生产的人员可以跟生活在社区的人员共享商业、广场、街道等公共开放空间。他们可以在公共开放间中进行一些共享的活动。

总平面图

经济技术指标

规划用地面积：67 hm²
总建筑面积：120600 m²
建筑密度：30%
容积率：1.8
绿化率：55%

1. 青年公寓
2. 联合共享平台
3. 自行车道
4. 科技实验舱
5. 仓储物流园
6. 城市大脑
7. 企业总部
8. 学校
9. 商业

N

0　50　100m

策略应用

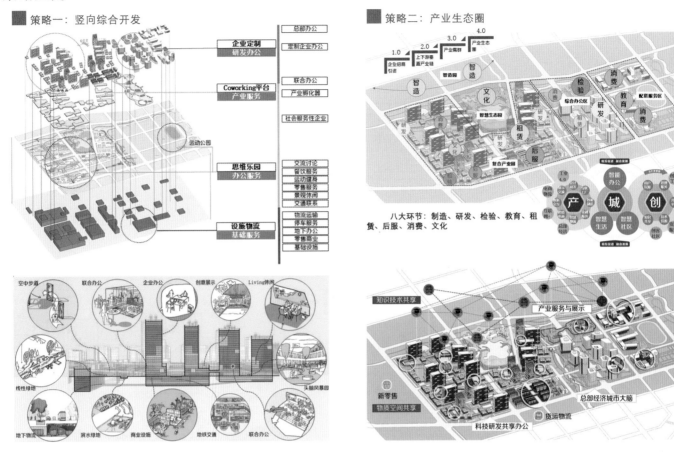

整体鸟瞰

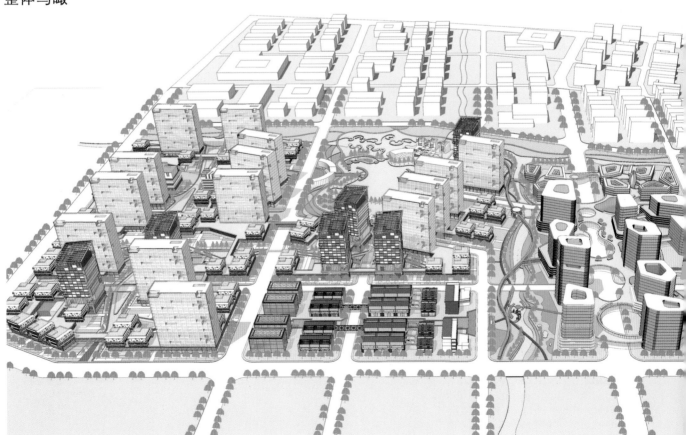

策略三：联合共享办公

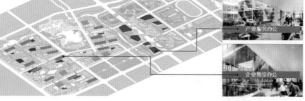

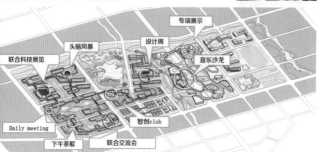

策略四：地面思维乐园

公共空间扮演更加核心的角色，整合大家的日常生活。这种共享的公共空间将会穿插在城市形态与周边区域中，灵活且唾手可得。物联网社区内的公共区域将会穿越回过往的城市。科技将会给这些新空间带来更多的灵活性，鼓励更多更多样的利用。

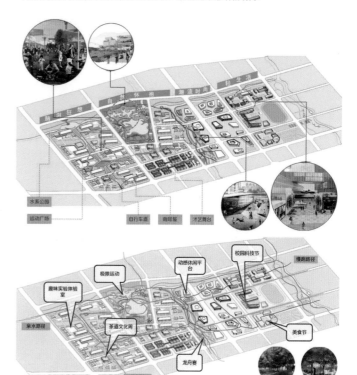

场景透视

科技广场

共享平台音乐沙龙

智岛慢境

东南大学建筑学院

袁维婧　黄妙琨　周海瑶　钱辰丽　伍芳羽　秦　添　马俊威　刘　艺
指导教师：江　泓　高　源　史　宜

近年来，随着城镇大开发大建设，许多极具潜力的未开发地区也被划入了建设用地范畴。而新城的活力该如何激活，如何挖掘新城周边地区的潜力，在避免千城一面的同时如何进行特色化的开发，这些都是规划者首先关注的问题。

随着国家《长江三角洲城市群发展规划》的发布，上海定位提升为全球城市，位于上海西部的虹桥商务区的定位也一并提升为第六大世界级城市群的地区中心。它将为长三角提供一个绝无仅有的交通、会展、产业、商务、生产、贸易、资讯的综合平台。而商务核心区西侧的南虹桥一直为空白地带。随着整体商务区定位提升，南虹桥将近8平方公里的建设用地迎来了全新的发展机遇。它北临苏州河，东连虹桥枢纽，南连会展中心，是大虹桥区域内最具开发潜力的地区。

南虹桥的开发同样面临着与其他地区新城开发相似的问题。然而面对如此高的定位和如此特殊的地理位置，如何开辟一条独一无二的开发路径则是最为重要的问题。本设计将从南虹桥的自身特色出发，抛出"虹桥三问"，以问题式的引领指导设计，在突破发展瓶颈、发掘特色资源、平衡职住人群三大方面对场地进行定义。优化上位规划，虹吸长三角，桥纳沪都心，寻味"老味道"、"老记忆"，发掘"新产业"、"新模式"，试图在这一片战略位置极为重要的新城实践一种独具中国特色的开发模式。

In recent years, with the construction of large cities and towns, many unexploited areas with great potential have also been classified as construction lands. How to activate the new city's vitality, how to tap the potential of the surrounding areas of the new city, how to carry out a type of characteristic development, these are the first concerns of planners.

With the release of the "Yangtze River Delta Urban Agglomeration Development Plan" of the country, Shanghai has been positioned as a global city, and the location of the Hongqiao Business District in the west of Shanghai has also been promoted to the regional center of the sixth-largest world-class urban agglomeration. It will provide a comprehensive platform for transportation, convention and exhibition, industry, commerce, production, trade and information in the Yangtze River Delta. The Nan Hongqiao on the west side of the business core area has been a blank area. With the improvement of the overall business district positioning, Nan Hongqiao has welcomed a new development opportunity for nearly 8 square kilometers of construction land. It is adjacent to the Suzhou River to the north, the Hongqiao hub to the east, and the Convention and Exhibition Center to the south. It is the area with the greatest potential for development in the area of Dahongqiao.

The development of Nan Hongqiao also faces similar problems in the development of new towns in other regions. However, facing such a high position and such a special geographic location, how to open up a unique development path is the most important issue. This article will start from the characteristics of Nan Hongqiao and throw out the question "Three Questions of Hongqiao" to guide the design with problem-based guidance, and to define the site in terms of breaking through the bottleneck of development, exploring characteristic resources, and balancing the working population. Explore "the old taste" and "the old memory", explore "the new industry" and "the new community", and try to practice a unique approach in the new city where this strategic position is extremely important. Develop a new urban model with Chinese characteristics.

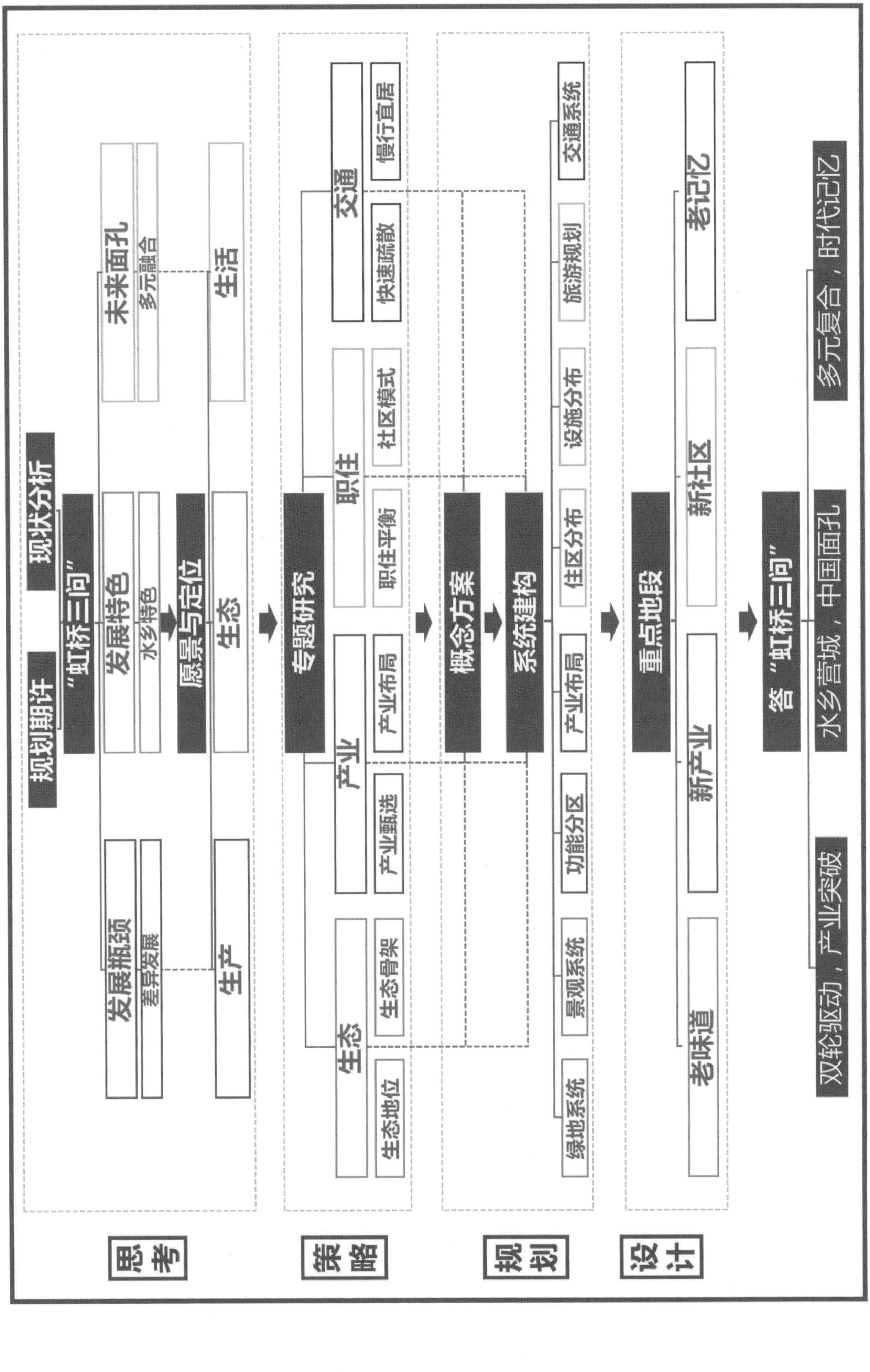

050

规划期许　现状分析

"虹桥三问"

发展特色　未来面孔
水乡特色　多元融合

发展瓶颈
差景发展

愿景与定位
生态　生活
生产

专题研究

生态　产业　职住　交通
生态地位　产业甄选　职住平衡　社区模式
生态骨架　产业布局　　　　快速疏散
景观系统　　　　　　　　　慢行宜居
绿地系统

概念方案
系统建构

住区分布　设施分布
产业布局　旅游规划
功能分区　交通系统

重点地段

新社区　老记忆
新产业
老味道

答"虹桥三问"

双轮驱动，产业突破
水乡营城，中国面孔
多元复合，时代记忆

思考　策略　规划　设计

▮▮▶ 规划期许

大虹桥	时间节点划分	定位	虹桥枢纽	总体空间布局	用地布局	产业发展与功能	生态建设	综合交通	基础和公共服务设施	其他
总结	2011及以前——2012（十二五）——2012-2015——2016（十三五）——2018（新总规）	①2011之前：面向长三角、服务全国的高端商务中心②2012：上海和长三角通向亚太地区的新门户③2015：首次提出"世界一流商务区"的定位④2016：定位基本确立，"长三角城市群联动发展新引擎"、"世界一流商务区"，服务长三角、面向全国和全球的一流商务区	①2011之前：面向长三角的国内交流交通中心和区域服务中心②以商务快线为特色的国内枢纽③2016：长三角枢纽，世界一流交通枢纽④2018：国际（国家）枢纽	"一轴两核五区"、"五片、三轴、两廊"的传统布局到"网络化、组团式、多中心、集约型"	①2012：TOD开发，地下开发②2016：产城融合，就业空间集中布局，住房增加，公服设施网络化	①2011之前：总部经济为核心，高端商务商贸和现代物流为重点，会展、商业为特色②2012：发展战略性新兴行业，形成以现代服务业为主的产业结构③2016：大交通、大会展、大商务，互联网+④2018：枢纽、会展、商贸。总部经济为核心，发展临空航空服务、贸易会展、医疗教育、电子商务	①2011之前："一环、两廊、两园、九带"②2016：修复水网，保护江南水乡特色，更新增绿，海绵城市，低碳化智慧管理③2018：城市骨干绿道的重要组成部分	①2011之前：实现区域交通综合信息平台互联互通②2012：新城、中心城、虹桥枢纽的交通联系，三位一体立体交通③2016："内联外通，系统为本，动静结合，管理为重"	细化的要求在此不总结	智慧城市，信息化建设

南虹桥	时间节点划分	定位	虹桥枢纽	总体空间布局	用地布局	产业发展与功能	生态建设	综合交通	基础和公共服务设施	其他
总结	2011及以前——2012（十二五）——2012-2015——2016（十三五）	①2011之前：华漕现代交通商务区，支撑虹桥发展，带动上海西部发展②2012（十二五）：商务区重要支撑；率先创新区；形象展示区③2016（十三五）：虹桥商务区精品化的医疗教育文化居住配套区、国际化的创新创业社区；产城融合发展的示范性区域，上海西部国际教育、医疗、文化中心	--	中央公园　南北向公共交通走廊，毗邻苏州河景观休闲走廊和嘉闵生态绿化走廊	①2012：西北东三面为生态控制区②2016：整体开发	①2011之前：生产性服务业，宾馆会展业、商务服务业和国际教育产业，现代医疗高端服务业②2012（十二五）：中高档居住配套、国际医疗、国际教育、文化体育、生态型总部办公、商业商务和高新技术产业③2016（十三五）：以高端技术服务、大健康、新型贸易、互联网四大产业集群，文化休闲、教育培训、商务服务、配套产业为补充	①2011之前：低碳发展实践区②2012（十二五）：蟠龙古镇集中绿地，中央生态公园③2016（十三五）："河长制"，苏州河高品质水岸景观生态走廊，绿色生态社区	细化的要求在此不总结	细化的要求在此不总结	①国际化教育水平，优质国际教育②新虹桥医学中心；虹桥国际医学园区③增加中小套型住房；差异化公共租赁房；增加租赁房比重④生态智慧社区

▮▮▶ 现状解读

大虹桥现状分析

产业集群效应出现

生态基底水网密布

低碳建设成效显著

路网趋于完善，公交逐步推进

南虹桥现状分析

产业类型相对低端

生态要素不成体系

路网建设不完善，公交覆盖率低

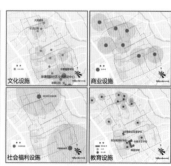

公共服务设施能级低

发展思考：规划期许与现状对比

■ 规划期许

大虹桥：服务长三角、面向全球和全国的一流商务区
南虹桥：虹桥商务区精品化配套区，国际化创新创业社区

"最低碳"　　"特智慧"
"大交通"　　"优贸易"
"全配套"　　"崇人文"

■ 现状

路网建设不完善
服务配套不健全
生态网络未搭建
……

理想 - - - - ↓ - - - - 现实

虹桥三问

发展之问：发展瓶颈在哪里？
特色之问：真的要全拆吗？
人本之问：未来面孔与诉求？

■ 虹桥三问 - 壹：发展瓶颈在哪里？

定位的飞跃与现实的差距，上海虹桥离世界虹桥有多远

虹桥商务区的发展瓶颈在哪里

■ 交通达到上限

虹桥枢纽的设计容量为4000万人/年，已被连续突破

年份	旅客吞吐量	年度排名	同比增长
2015	3909	6	
2016	4045	7	3.50%
2017	4191	7	3.61%

机场	排名	同比增长
北京/首都	1	4.95%
上海/浦东	2	9.79%
广州/白云	3	8.29%
成都/双流	4	9.00%
昆明/长水	5	11.88%
深圳/宝安	6	5.67%
上海/虹桥	7	3.48%
西安/咸阳	8	12.21%
重庆/江北	9	10.76%
杭州/萧山	10	11.40%

■ 设施建设不足

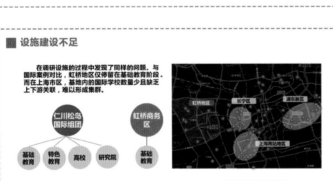

在调研设施的过程中发现了同样的问题。与国际案例相比，虹桥地区仅停留在基础教育阶段。而在上海市区，基地内的国际学校数量少且缺乏上下游关联，难以形成集群。

层级低　　数量少

■ 产业拓展限制

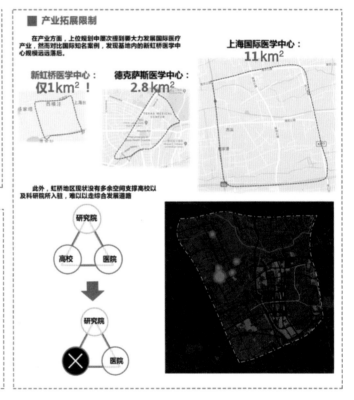

在产业方面，上位规划中屡次提到要大力发展国际医疗产业，然而对比国际知名案例，发现基地内的新虹桥医学中心规模远远落后。

新虹桥医学中心：
仅1km²！

德克萨斯医学中心：
2.8km²

上海国际医学中心：
11km²

此外，虹桥地区现状没有多余空间支撑高校以及科研院所入驻，难以以走综合发展道路。

研究院　高校　医院
↓
研究院　✕　医院

空间制约成为虹桥最大的发展瓶颈

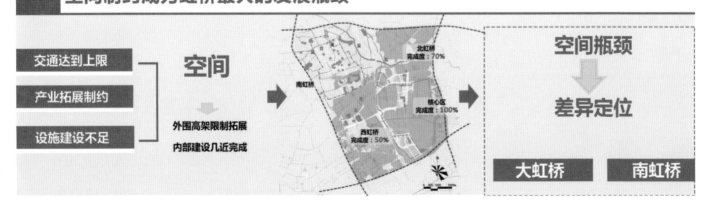

交通达到上限
产业拓展制约
设施建设不足

空间

外围高架限制拓展
内部建设几近完成

北虹桥
完成度：70%

南虹桥

核心区
完成度：100%

西虹桥
完成度：50%

空间瓶颈
↓
差异定位

大虹桥　　南虹桥

虹桥三问－贰：真的要全拆吗？

有关部门及相关规划提出11k㎡中可拆面积为8k㎡。

南虹桥，真的要全拆吗？

溯：历史脉络

工业1.0老工厂　　产业转移的见证　　先进的物流园区

纪王镇、诸翟镇撤并而成　　　300年前，江南地区盐业运输枢纽　　中华人民共和国成立后，各个时期的工业遗存

寻：上海城市特色提取

拆光？　　留存什么？

shopping 外
天空　　建筑
国际人群　　商务
设计　大学　电影
陆家嘴　城隍庙　南京路　租界　虹桥
电影　美食　bar　人民广场

神经网络算法分析

步行空间　建筑　公园　天空
草坪　树木　道路　人群

步行空间　建筑　草坪　人群　天空　公园　道路　树木

上海老城区的主要城市特色为建筑和绿地
外围地区特色被削减，上海味遗失 ➡ 城市快速扩张，如何借虹桥激活上海特色？➡ 虹桥的特色，上海的特色，过去与未来的特色。

解：虹桥水都文化

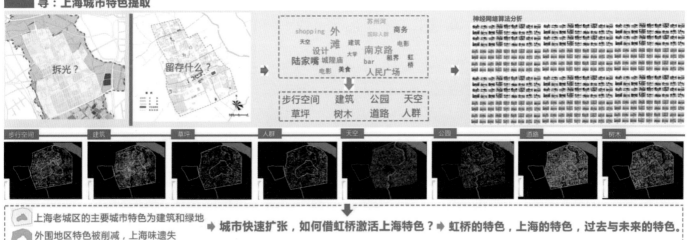

水与城市

桥 BRIDGE
盐仓浦桥、红卫桥、高潮浦桥、张申浦桥、筑塘海桥

河 RIVER
姚壁港、王川泾、红卫河、纪翟浦

居 LIVING
莫家浜、西南泾、南横泾、冯家 浜、诸家泾、百聚树村

浦
桥
滨泾
泾

水与生产

水与生活

居居居
居居居
居　居

建筑与水被围墙阻隔

空无一人的河岸

联
↓
离

留住南虹桥的水乡文化特色
以水重塑生态人文纽带
↓
水网密布水乡
＋
高定位商务区

水与生态

水与历史

历史文化资源分类	历史文化资源点	占比
桥、井	宾春临桥	50%
	徐家桥	
	盐仓浦桥	
	天柱桥	
	倪井	
寺庙	大圆通寺	30%
	红莲寺	
	关帝庙	
其他建筑	宋家北碉堡	20%
	张家住宅	

■ 虹桥三问 – 叁：未来面孔与诉求是什么？

新时代发展背景下人口规模与结构发生巨变

南虹桥的未来面孔与诉求是什么？

人口结构变动	人口规模扩大	人口区位调整
80%	**21万**	**16000**

人口结构规模巨变
由于产业结构升级，现有近8成人口面临更替；届时片区将变成一个容纳23万人口的城市新区；人口的区位调整达到了16000人。

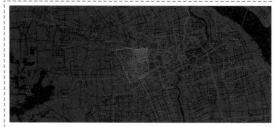

职住平衡需求迫切
居住者异地就业指数、就业者异地居住指数的学术理想值分别为30%、50%，现状远远突破了极限，职住平衡的压力很大。

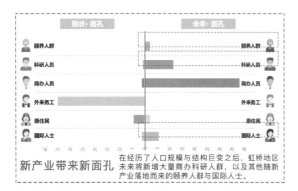

新产业带来新面孔
在经历了人口规模与结构巨变之后，虹桥地区未来将新增大量商办科研人群，以及其他随新产业落地而来的颐养人群与国际人士。

（现状·面孔 / 未来·面孔：颐养人群、科研人员、商办人员、外来务工、原住民、国际人士）

 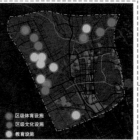

设施难与定位匹配
虹桥地区的高等级设施以区级为主，难以满足人群需求，且不符合世界第六大城市群地区中心的定位。

（区级体育设施 / 区级文化设施 / 教育设施）

商创人士　国际人士　颐养人群　本地居民　短途旅客

职住平衡 智慧高效
快速疏散 人文特色 **设施生活圈**
交通便捷 海绵城市
社区多元
文化融合 住房多元 绿色低碳友好

未来社区需求多元
逐一梳理各类人群对新虹桥提出的诉求，总结出多种需求，最突出的是职住平衡、设施生活圈和社区多元三方面。

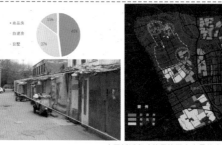

业缘社会逐步解体
由于拆迁和功能置换带来大量的人群迁移，业缘社会迁移，社区之间彼此隔离严重。

职住平衡·多元融合

面对现实的问题，要满足未来多元人群的多样需求，必须做到

054

■ 规划定位

虹桥三问			
发展之问：发展瓶颈何在？	创新驱动、特色鲜明的城市新中心 — 生产		长三角的智慧产业高地 上海国际医教中心
特色之问：真的要全拆吗？	重塑人文生态纽带，留住水乡特色 — 生态	创新驱动、人文生态复合、职住平衡 国际商务拓展区	全球生态宜居城市样板 吴淞江生态廊道重要节点
人本之问·未来面孔诉求？	职住平衡，多元融合的高品质生活 — 生活		职住平衡、多元融合的 新型产业社区典范

生态专题

虹桥生态价值分析

吴淞江：联通沪苏的重要生态走廊

吴淞江，发源于太湖，由西向东，穿过江南运河，在今上海市外白渡桥汇入黄浦江。虹桥位于吴淞江中下游，是吴淞江生态走廊上的重要节点。

吴淞江沿岸重点地段空间评价

片区	生态指标			文化指标
	水质	绿化	亲水程度	文化浓厚程度
太湖	★★★	★★★	★★★	★
淀山湖古镇群	★★	★★	★★★	★★★
青浦郊野	★★★	★★	★★	★
虹桥地区	★★	★	★★	★★
上海老城区	★	★	★★	★★★
外滩地区	★★	★★	★★	★★★

综合评价

洼地

太湖　淀山湖　青浦郊野　虹桥地区　上海老城区　外滩地区

虹桥地区
吴淞江廊道上的**洼地**

水脉　绿脉　文脉

吴淞江：长三角地区的重要文化名片

兴起　开埠　1949后　改革开放　2018　未来

高岸是镇　华界至河口民居　产业转移
因水而兴　工业兴貌　河水污染

空间要素：山水、自然湿地
环境风貌：自然程度高，生态化

空间要素：水、民居、园林
环境风貌：自然空间与人类活动融合度高，空间宜人

空间要素：厂房、农田
环境风貌：历史根基深厚，但厂房缺乏保护和整体利用，和水绿融合不够

空间要素：里弄、水、社区公园、文化设施
环境风貌：生活氛围浓厚，人水关系密切

空间要素：主题公园、田园
环境风貌：自然程度高，生态环境良好但缺乏整体规划

空间要素：外白渡桥、历史建筑群、博物馆
环境风貌：水与城市中心结合，成为城市的纪念与象征

虹桥生态系统分析

虹桥地区现状水系

图例
水域
规划范围

- 水网以吴淞江、蟠龙港为骨架向四周发散
- 核心区以防护水道为主
- 拓展区以历史河道和人工灌溉水渠为主

虹桥地区现状绿地

吴淞江景观休闲走廊

图例
公园绿地
防护绿地
农业

- 西侧存在多个大尺度生态斑块
- 东侧存在吴淞江、嘉闵高架生态走廊
- 被倒U形郊野绿环包被

虹桥地区现状文化

打造吴淞江文化名片的关键在于大虹桥，解决大虹桥洼地问题的关键在于南虹桥！

- 文脉、水脉相伴相生
- 绿脉断裂

绿脉
水脉　文脉

▷ 通过六项因子对基地内工业建筑进行评价

▷ 提出三种应对策略

▷ 文化资源点评估
- 滨水类历史文化遗存众多
- 现状资源点保护利用率不足45%

历史文化资源点		占比
桥、井	黄蓉桥等	50%
寺庙	大国寺等	30%
其他建筑		20%

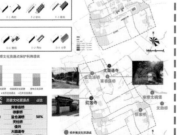

虹桥生态骨架构建

盐仓浦　吴淞江
王川泾　纪鹤河
双鹤浦　防护水系
蟠龙港　防护水系
徐泾港

图例
水域
规划范围

高压线生态走廊
吴淞江
王川泾　纪鹤河
郊野绿环　双鹤浦
蟠龙港　防护水系
嘉闵生态走廊

图例
水域
规划范围

吴淞江
虹桥机场

吴淞江
虹桥机场

产业专题

产业专题着力解决了三个问题：

1. 南虹桥是否仅仅是大虹桥的配套区？　2. 南虹桥如何使大虹桥突破发展限制？　3. 南虹桥应当发展怎样的产业？

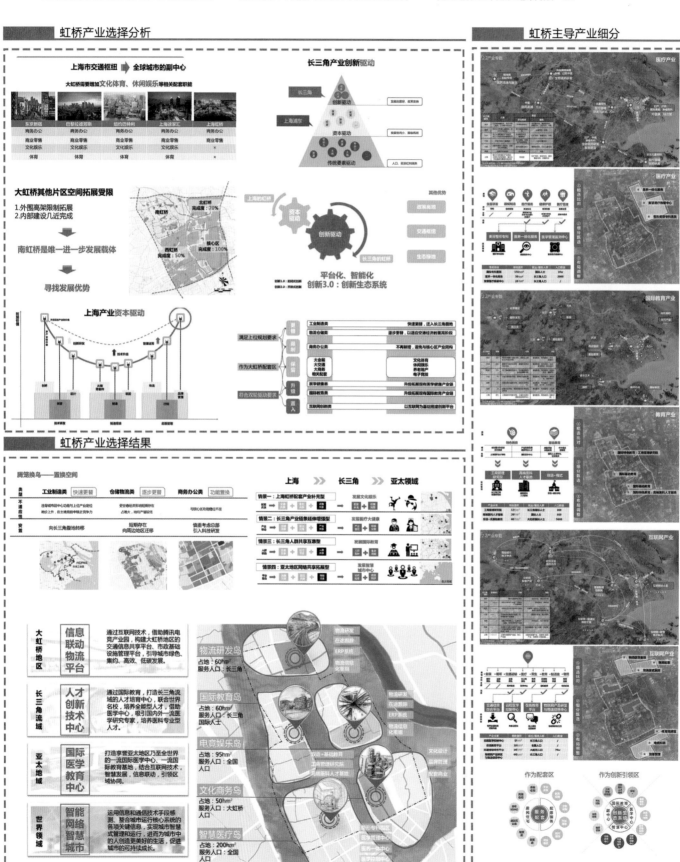

▌▌▶ 职住平衡专题

虹桥地区存在居住结构不合理、供需错位的现实问题。原因包含：规划住宅结构不合理，缺少租赁住房。居住与就业存在严重的结构性不平衡。

而虹桥因其特殊的交通区域位置，有其独特的职住平衡内涵，这也给虹桥地区的住房供给及生活圈营造带来特殊的要求。

▌ 虹桥·职住平衡的内涵解析

● 学术界理想的职住平衡

学术界普遍认为的"职住平衡"衡量的两个指数——
平衡指数：
　　本地就业人口 / 本地常住人口 = 0.8-1.2

独立指数：
　　本地就业常住人口 / 常住人口 = 0.6-0.7
　　　　　　　　　　　　　　　　——Cervero R.

学术普遍认为的
职住平衡　一定区域内
就地 居住就业人口 / 就业人口 = 60%—70%

大虹桥理想的
学术普遍认为的
职住平衡　一定区域内
就地 居住就业人口 / 就业人口 ？

● 如何理解大虹桥的职住平衡

高铁时代下的同城效应
上海—中国"跨省上班族占比最高的城市"

↓
虹桥枢纽便捷交通
30min通达9个城市

↓
虹桥住房需求
向长三角城市转移

大虹桥：未来的就业中心
＋
便捷的交通联系
＋
周边市镇用地优化潜力

↓
虹桥住房需求
向周边市镇转移

与30min通勤圈内城市 **形成职住平衡新格局**
就地 居住就业人口 / 就业人口 <60%（学术理想值）

与周边新市镇 **形成职住平衡新格局**
就地 居住就业人口 / 就业人口 <<60%（学术理想值）

● 大虹桥理想的职住平衡

◆ 空间层面

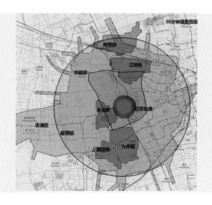

与 周边新市镇
形成职住平衡新格局

◆ 指标层面

就地居住就业人口 / 就业人口 = **40%—50%**

虹桥地区规划就业岗位：65万
虹桥地区规划常驻人口：48万

就地居住就业人口 ≈ **30万**（±3）

国际案例借鉴

表-区域的在地就业居住人口占比

区域	在地就业居住人口 /就业人口（%）
北京首都机场及周边（2014）	32.5-53.3
上海临港新城（2017）	51.6
芝加哥（2017愿景）	50

▌ 职住平衡导向下的住房供给

职住平衡

人群需求　←　　住房供给 数量
　　　　　⇄　　　住房供给 结构

● 未来人群住房需求

参考文献：
1. 王晓虎. 浦东新区外籍人口集聚与国际社区建设[D].复旦大学,2011.
2. 刘凌雯,沈丽君,吕晓."全龄化"养老社区规划布局探索[J].规划师,2016,32(10):99-102
3. 方圆. 上海市租赁住房需求层次与总量分析[D]. 上海财经大学,2011.

● 未来常住人口类型与占比

表-相近规模、产业类型区域的就业人口构成

各行从业人群占比	商务金融	科研创新	综合服务	文化教育	房地产业	休闲娱乐
芝加哥卢普区商务区	53	10	24	10	10	10
洛杉矶机场商务区	40	10	12	20	10	10
伦敦金丝雀码头地区	39	5	10	5	23	12
迪拜杰贝阿里自贸区	50	8	10	10	5	5

● 职住平衡下的住房供给

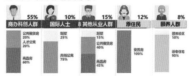

职居融合的生活圈营造

● 多层级、职居融合的社区模式

按照三个空间层级进行规划，构建具有一定自足性、相对完整的职、居、医、游等功能复合的新型产业社区。

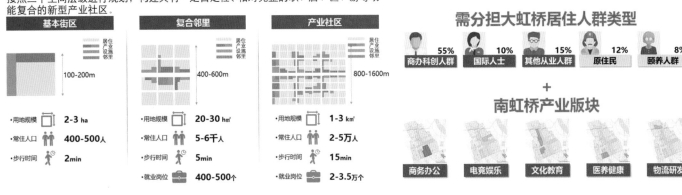

基本街区

100-200m

- 用地规模　2-3 ha
- 常住人口　400-500人
- 步行时间　2min

复合邻里

400-600m

- 用地规模　20-30 hm²
- 常住人口　5-6千人
- 步行时间　5min
- 就业岗位　400-500个

产业社区

800-1600m

- 用地规模　1-3 km²
- 常住人口　2-5万人
- 步行时间　15min
- 就业岗位　2-3.5万个

● 职居融合的复合产业社区

需分担大虹桥居住人群类型

- 商办科创人群　55%
- 国际人士　10%
- 其他从业人群　15%
- 原住民　12%
- 颐养人群　8%

+

南虹桥产业版块

- 商务办公
- 电竞娱乐
- 文化教育
- 医养健康
- 物流研发

产业社区　多级复合·职居融合

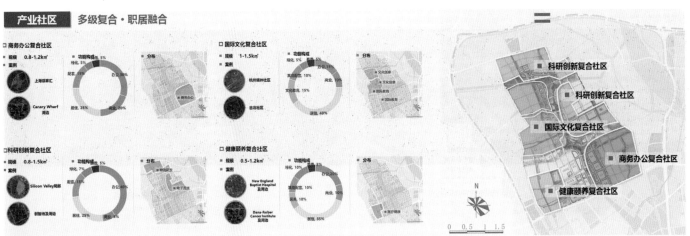

□ 商务办公复合社区
- 规模　0.8-1.2km²
- 案例　上海徐家汇／Canary Wharf 周边

□ 科研创新复合社区
- 规模　0.8-1.5km²
- 案例　Silicon Valley 周边／剑桥镇及周边

□ 国际文化复合社区
- 规模　1-1.5km²
- 案例　杭州植物园／古北社区

□ 健康颐养复合社区
- 规模　0.5-1.2km²
- 案例　New England Baptist Hospital 及周边／Dana-Farber Cancer Institute 及周边

- 科研创新复合社区
- 科研创新复合社区
- 国际文化复合社区
- 商务办公复合社区
- 健康颐养复合社区

0 0.5 1 1.5

公服设施　自足均好·多元共享　5-10-15分钟生活圈

◆ 基础保障类——自足均好

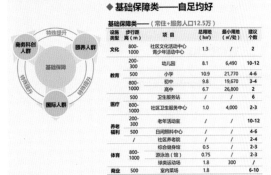

基础保障类——（常住+服务人口12.5万）

设施类型	步行距离(m)		总用地(hm²)	最小用地(m²/处)	建议个数
文化	800-1000	社区文化活动中心 青少年活动中心	1.3	/	2
教育	200-300	幼儿园	8.1	6,490	10-12
	500	小学	10.9	21,770	4-6
	500	初中	9.8	19,670	3-4
	800-1000	高中	6.7	26,800	2
医疗	500	卫生服务站	/	/	6
	800-1000	社区卫生服务中心	1.0	4,000	2-3
养老福利	200-300	老年活动室	/	/	10-12
		日间照料中心	/	/	4-6
		社区养老院	/	/	2-4
体育		综合健身馆	0.5	/	2-3
	800-1000	游泳池(馆)	0.75	/	2-3
		球类运动场	1.8	300	/
商业	500	室内菜场	1.8		6-10

◆ 特殊提升类——多元共享

特殊提升类——（常住+服务人口12.5万）

生活圈	设施类型	步行距离(m)	项目	设置形式
商务人才生活圈	文化	800-1000	文化角落（E-图书馆|兴趣聚落）	综合
	教育	500	兴智|技能培训学校	综合
	体育	/	基础+私营体育活动场馆 健体绿道公园	综合
国际文化生活圈	文化	800-1000	国际社区文化中心（书法等）	共享&综合
	教育	500	国际教育 儿童教育|兴趣培训	综合&独立
			养育托管点	综合
	体育	/	健体绿道公园	共享
健康颐养生活圈	文化	500	老年学校&活动中心	综合
	文化	/	健康医疗中心	独立&综合
	医疗养老（智慧）	/	O2O生活服务中心	共享&综合
		/	文化信息中心	共享
	体育	/	健体绿道公园	共享

15分钟生活圈
公共服务设施用地

0 0.5 1

未来社区　将街道还给人

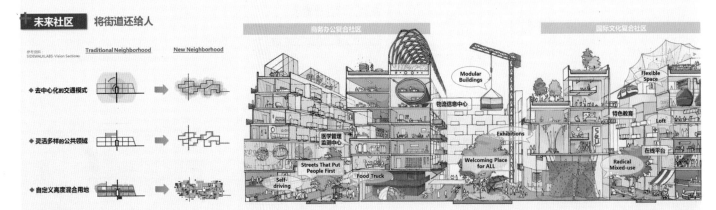

参考资料：
SIDEWALK LABS-Vision Sections

Traditional Neighborhood　→　New Neighborhood

- ◆ 去中心化的交通模式
- ◆ 灵活多样的公共领域
- ◆ 自定义高度混合用地

商务办公复合社区　　国际文化复合社区

Modular Buildings
物流信息中心
Flexible Space
特色教育
Loft
医学管理监测中心
Exhibitions
在线平台
Radical Mixed-use
Welcoming Place for ALL
Streets That Put People First
Food Truck
Self-driving

交通专题

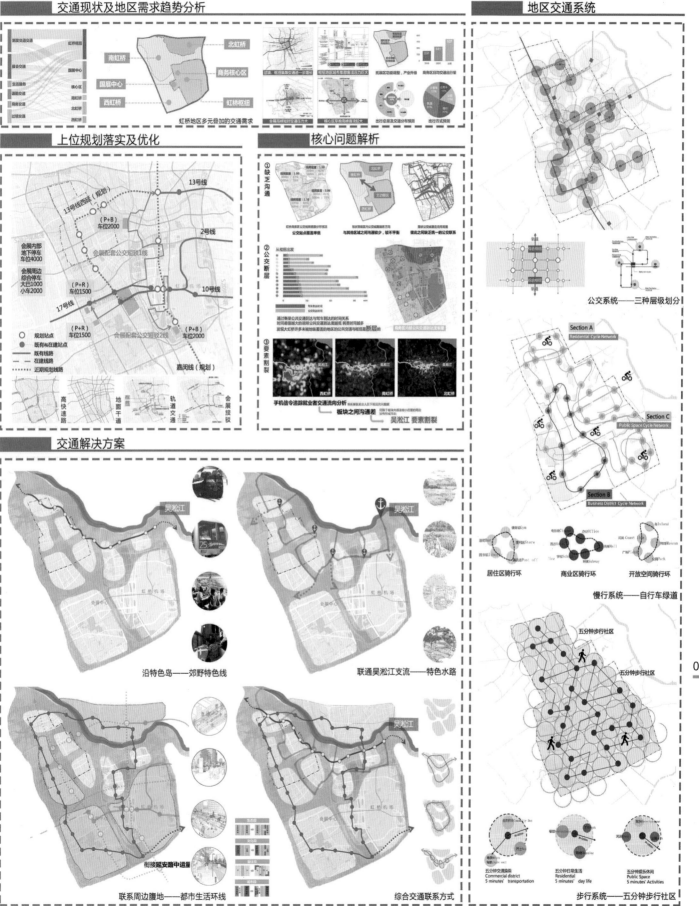

方案构思

人本之问

⬇

交通、职住专题：
高效通达、未来样板

⬇

宜居宜游宜业都市慢境

特色之问

⬇

生态专题：三脉复合，多岛共生

⬇

一源多脉生态之岛

发展之问

⬇

产业专题：双轮驱动、智慧引领

⬇

互联研发虹桥之智

 理念分析

南虹桥地区近年来已做过多轮规划研究，最近的一轮为 2017 年完成的《南虹桥地区规划优化方案》，虽然是初步方案，但其中的规划理念先进，提出的四大空间策略务实，我们想知道在新的"智岛·慢境"概念下，现有的《南虹桥地区规划优化方案》是否有可以借鉴或突破的地方。

2015年 规划优化

2016年 战略规划

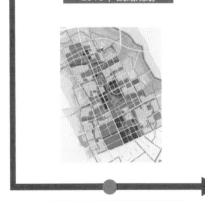

2017年 规划优化

互联研发虹桥之智　智

一源多脉生态之岛　岛

宜业宜居都市慢境　慢境

智·岛·慢境

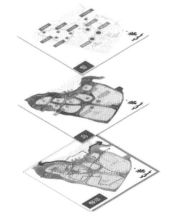

● **2017版南虹桥规划优化**

一湾引苏河

一翼链虹桥

一带活社区

一里领上城

智岛·慢境

《闵行区南虹桥地区规划优化方案》

一湾引苏河
一翼链虹桥
一带活社区
一里领上城

原策略：在南虹桥内部引入一条苏州河生态廊道，营造南虹桥更好的生境人居开放空间。

策略优化：以苏河为源，依托水、绿、文三脉形成上海西区多岛共生的区域开放空间新格局。

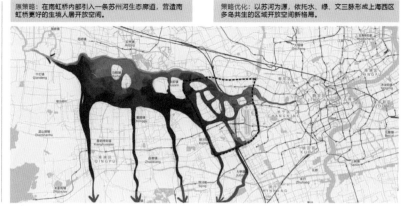

我们认为，苏州河是一条上海城市内最重要的生态走廊，我们要引入的"一湾"应该面向整个上海西部，为区域提供更好的生境人居开放空间。基于这个想法，我们对整个虹桥片区的生态骨架做出了调整，以苏州河为源，梳理生态骨架，在虹桥内打造虹桥长滩和五个生态小岛。同时也在在上海西部形成更完整的生态骨架，形成多岛共生的区域开放空间新格局。

《闵行区南虹桥地区规划优化方案》

一湾引苏河
一翼链虹桥
一带活社区
一里领上城

原策略：构筑大虹桥层面公服翼，南虹桥内部产业公服濡合活力翼，链接南虹桥与虹桥核心区。

策略优化：以生态骨架为基础，在虹桥长滩重点发展国际医教，在五个生态之岛发展特色主题产业，结合产业布局，打造产业/生态/公服高复合的发展纽带，实现智城、慢城联动发展。

第二大策略是一翼链虹桥，我们通过调整废弃用地的结构，打通一条联系南虹桥和核心区的生态走廊，再在之上复合产业集群、公服等功能，实现南虹桥与核心区更有机的联系。

《闵行区南虹桥地区规划优化方案》

一湾引苏河
一翼链虹桥
一带活社区
一里领上城

原策略：在南虹桥内部塑造贯通生活圈的可漫步、可骑行的乐活绿环。

策略优化：依托中运量，联系各个组团和资源点，打造虹桥慢生活空间。

第三大策略是一带活社区，它提出要在南虹桥内部塑造贯通生活圈的可漫步和骑行的乐活绿环；而我们希望将视野拉大，依托中运量，形成一个串联郊野绿环和虹桥各组团的游憩流线，打造出专属虹桥的慢生活空间。

《闵行区南虹桥地区规划优化方案》

一湾引苏河
一翼链虹桥
一带活社区
一里领上城

原策略：引入复合功能，小街区密路网等理念，打造引领上海发展的样板街区。

策略优化：完全步行化、空间多尺度、公服去中心化的开发板街区。

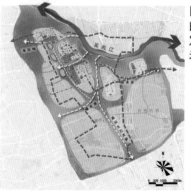

第四大策略是一里领上城，我们在上一轮提出的复合功能、小街区密路网等理念上，进一步引入构建去层级化的交通模式、灵活多样的公共领域和自定义高度混合的用地布局，打造出引领未来发展的上海新样板。

① 圆通寺
② 盐仓浦古街
③ 文创研发港
④ 电商港
⑤ 人才港
⑥ 腾讯电竞岛
⑦ 电竞体育场馆
⑧ 文化港
⑨ 文化办公港
⑩ 总部办公港
⑪ 国际医疗中心

用地图

社区模式

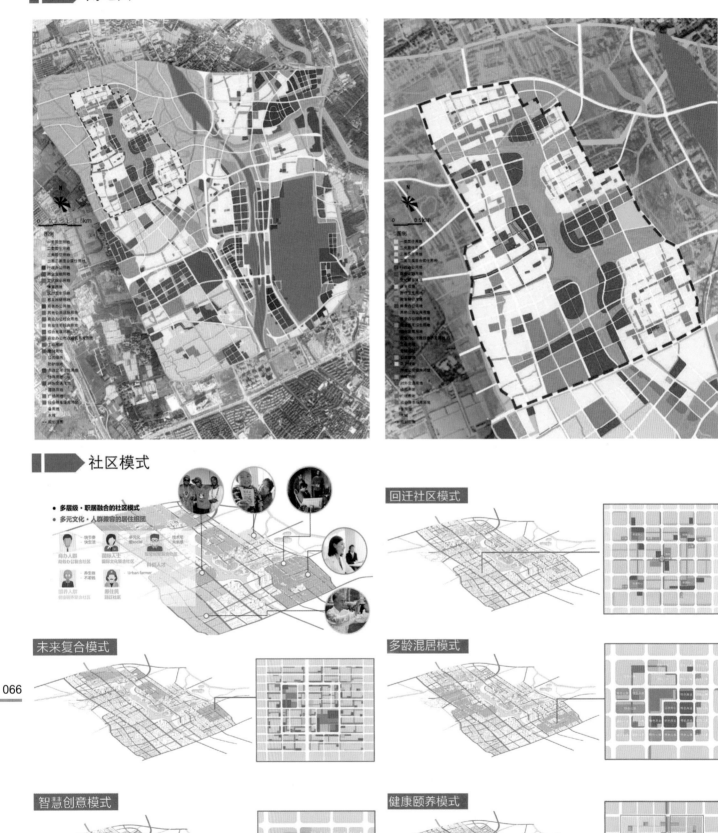

回迁社区模式

未来复合模式

多龄混居模式

智慧创意模式

健康颐养模式

系统介绍

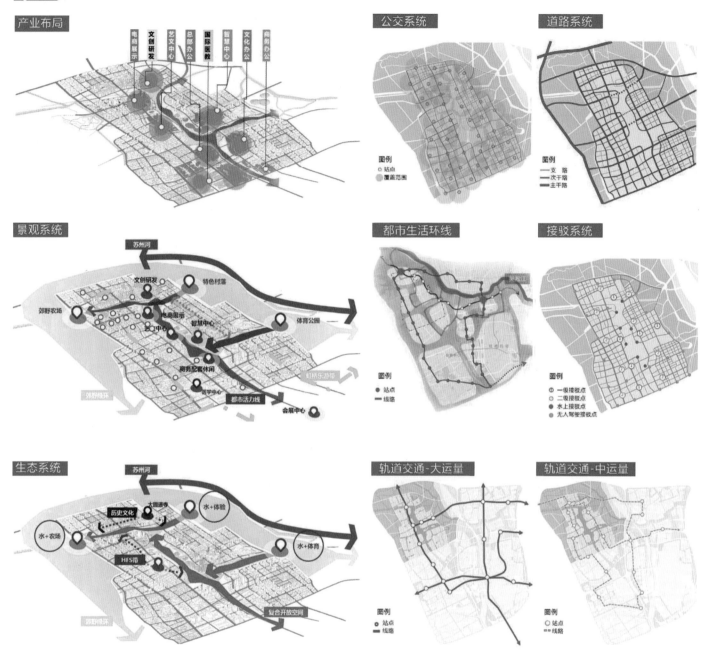

产业布局

电商展示　文创研发　艺文中心　总部办公　国际医教　智慧中心　文化办公　商务办公

公交系统

图例
○ 站点
● 覆盖范围

道路系统

图例
—— 支路
—— 次干路
■■ 主干路

景观系统

苏州河
文创研发　特色村落
郊野农场
电商展示　智慧中心
艺文中心
商务配套休闲
体育公园
医学中心
郊野绿环
都市活力线
虹桥乐游带
会展中心

都市生活环线

东松江

图例
● 站点
—— 线路

接驳系统

图例
① 一级接驳点
① 二级接驳点
● 水上接驳点
● 无人驾驶接驳点

生态系统

苏州河
历史文化　大圆通卷　水+体验
水+农场
HFS带
水+体育
郊野绿环
复合开放空间

轨道交通-大运量

图例
○ 站点
■ 线路

轨道交通-中运量

图例
○ 站点
┅┅ 线路

产业系统　→　新产业

社区系统　→　新社区

景观游线　→　老记忆

水绿系统　→　老味道

我们对产业、社区、景观和水绿系统进行归纳梳理，提取各系统中的亮点，分别总结为新产业、新社区与老记忆、老味道四大主题，并以此展开了接下来四个重点地段的详细设计。

新产业——重点地段设计

应对自上而下的南虹桥产业发展要求，腾讯企业入驻智慧港。南虹桥作为未来的城市样板，会呈现出什么样的产业空间呢？是这样传统的总部办公高强度高密度的集聚型，还是巨无霸式低密度集群建设型呢？

我们认为，腾讯作为引领性的未来企业，不会是这两种形态。

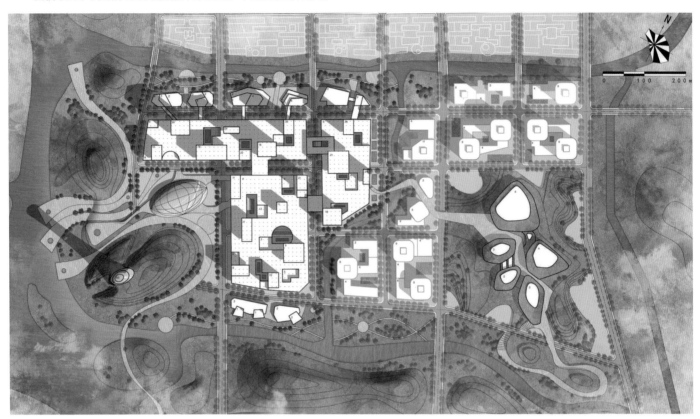

空间生成——集群化

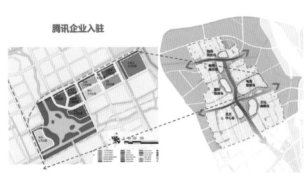

腾讯企业入驻

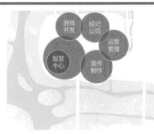

集群化

大小结合
相互协作
簇群发展

核心功能区

在产业布局上，核心功能区将以智慧中心为核心，各相关产业大小结合，相互协作、簇群发展。

集聚高密度　　集群低密度

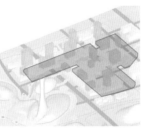

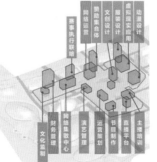

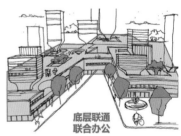

底层联通
联合办公

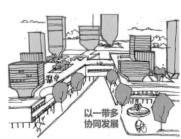

以一带多
协同发展

生长性

生态共享

标志引领

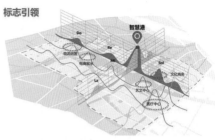

生长性

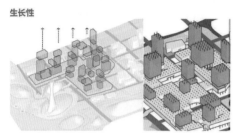

生态共享

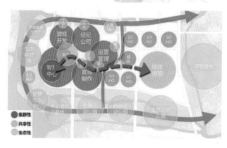

生长性

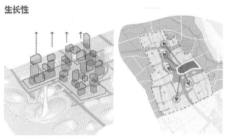

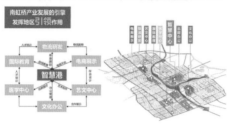

作为引领性的腾讯，更加重要的是承担它的社会责任，实现成为最受尊敬的互联网企业的远景目标。那么独一无二的腾讯产业能为城市空间提供什么呢？

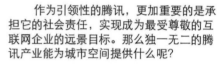

生态共享

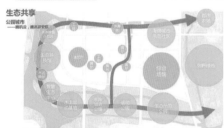

标志引领

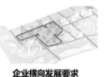

企业横向发展要求
集群化

城市空间要求
生态共享

企业横向发展要求
生长性

城市空间要求
标志引领

鸟瞰图

新社区——重点地段设计

在南虹桥重现江南地区傍水而居、人与自然和谐共处的生活画像，研究全新适合未来生活的社区生活新模式

■ 新模式源起

南虹桥地区水网密布，生态本底极具特色

水网以吴淞江、蟠龙港为骨架向四周发散。核心区以防护水道为主，拓展区以历史河道和人工灌溉水渠为主。

南虹桥是水网最优地区，规划面积 8% 以上为水域。研究地区水网分布，很容易回忆起江南特有的水乡面貌。因此我们希望能留住这里的水乡气息。

我们以经典的《平江图》作为江南地区规划的蓝本，提取其布局规律，结合未来技术，逐步生成社区新模式。

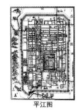

平江图

四大布局规律

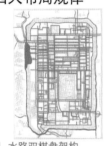

1. 水路双棋盘架构

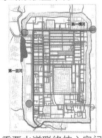

2. 重要水道联络核心空间

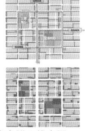

3. 公共服务与主要商务结合交通干线布置

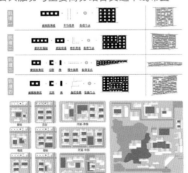

4. "建筑+巷弄+节点" 组织空间肌理

■ 新模式应用

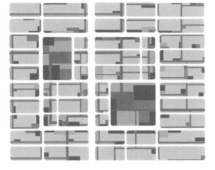

考虑容积率和功能的要求在传统空间肌理上做出了调整，结合将建筑置入场地

用地

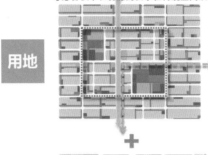

如何在基于理想模式基础上应对现实建设的挑战？

建筑

新的模式分区
新的交通系统
新的公园体系

未来生活试验田……

■ 新模式系统分析

(1) 新的模式分区

基本模式 FAR：0.8

模式变体 FAR：4

基于平江府提炼出的基本模式

平衡容积率而产生的模式变体

两者比例 2:3

总体容积率 2.5

■新模式系统分析

（2）新的交通系统

1. 全步行化的街道——将机动交通放置在地下

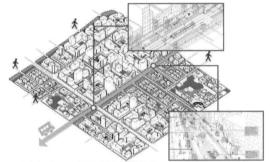

2. 过境交通——多种交通方式复合

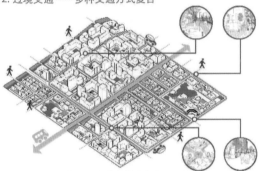

3. 自动驾驶环线——结合公共服务节点

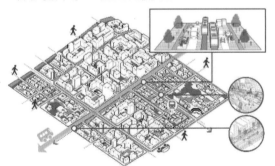

4. 中运量——串联公共服务核心

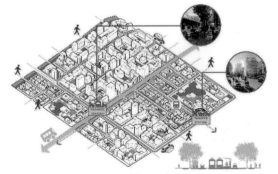

5. 结合站点周边环境，打造有趣的换乘中心

（3）新的公服体系

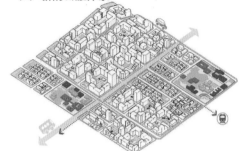

1级——公服和社区娱乐核心（结合换乘站点）

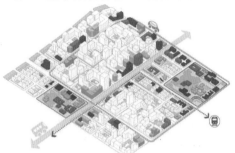

2级——结合自动驾驶车道环线的公服商业点

3级——网络化布局的点状公服

老记忆——重点地段设计

　　南虹桥地区工业遗存丰富，虹桥老记忆值得适当地保留。我们选取了工业遗存最为丰富、风貌相对较好的一个地段为代表地段进行深入设计，探索如何保留虹桥记忆。基地内的工业遗存时间跨度长，许多年代的厂房都能在场地内寻得踪迹。

　　此外，厂房周边的职工宿舍、茂密的林荫道也承载了独具特色的生产生活记忆。

Step 1 拆改留评价	Step 2 建筑改造和保护	Step 3 串珠成线
改造可行性	功能置入	场地设计
风貌	结构改造	节点串联
质量	立面优化	水绿复合
代表性	设施完善	

虹桥老记忆 ➤ 城市新名片

场地特色、愿景

● 南虹桥丰富的工业遗存

● 分布集中、时间跨度长的发展痕迹

● 地区特色、生产生活记忆的见证

工业遗存评价

选取包括风貌、改造可行性等4个因子对现有工业遗存进行了评价得到基地内工业遗存的拆改留。

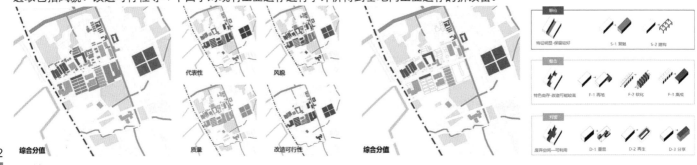

厂房改造模式

将基地厂房分为包括小型仓库、大跨厂房等，并提出了改造的意向。

小型仓库：	室内放映厅、手作工坊、展厅
大跨厂房：	屋顶网球场、体育馆、会议厅、创客中心
生产车间：	商业、餐饮设施、图书馆、展厅、博物馆
厂房连廊：	参观廊道、小型展示空间
厂房墙柱：	景观标志
空旷场地：	场景展示、露天演出、音乐会

规划方案设计

总体结构　　　　　功能分区　　　　　景观体系　　　　　重要节点

● 重点地段平面

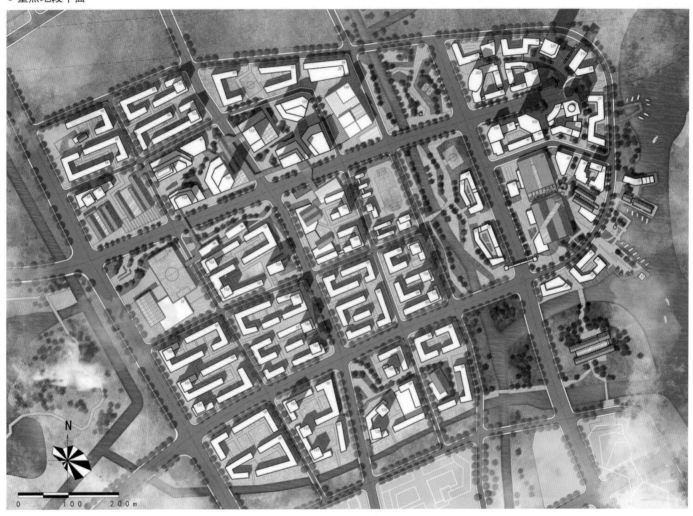

N

0　100　200 m

● 重要节点

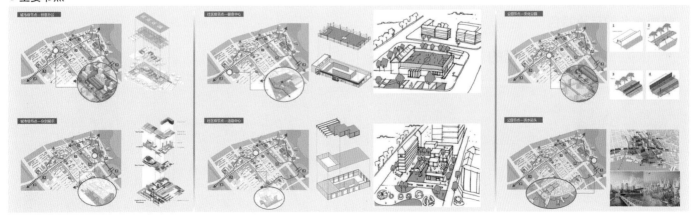

老味道——重点地段设计

N
0 100 200m

基地解读-地段选址

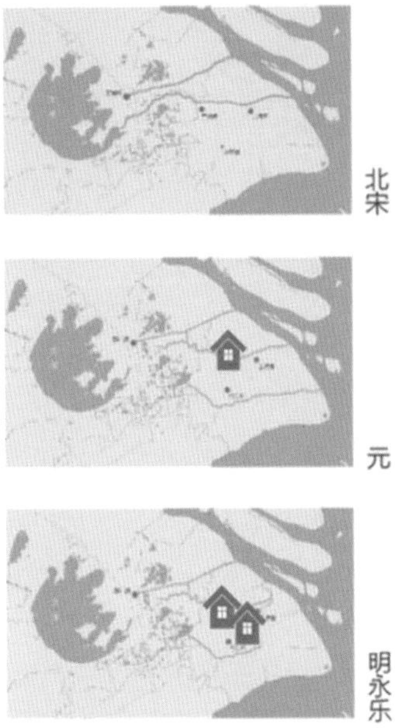
北宋
元
明永乐

- 江浙水乡的独特韵味

兴起
2018
2035

基地分析-要素提取

虹桥水乡的三重特色

- 水陆交织、纵横交错的鱼骨状街巷体系

基地分析-要素提取

● **丰富的**滨水历史遗存

● **地域性的**特色文化

广场华尔兹
百年银杏
锵锵小锣鼓
煌煌皮影戏
漆器画
草编
祭祖
手工
水巷
民间风俗

宗教文化

宗教文化

宗教文化

民俗文化

民俗文化

民俗文化

方案设计-空间解析

● 水陆交织、鱼骨状的街巷体系

● 沿水岸恢复旧时尺度，重构文化记忆

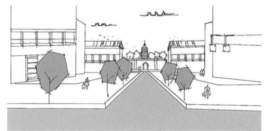

● 沿公共空间注入新兴业态，重构地区活力

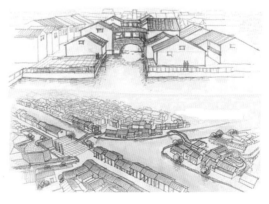

实施管控

开发机制

● 产业系统——招募吸引 组织反哺

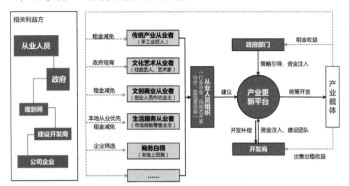

● 景观系统——政府主导 内外交涉

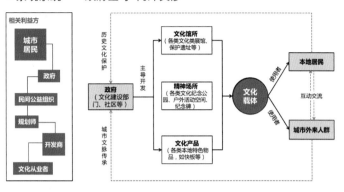

● 生态系统——政府引领 利益共享

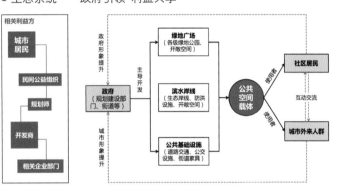

● 社区系统——上下共进 合力推新

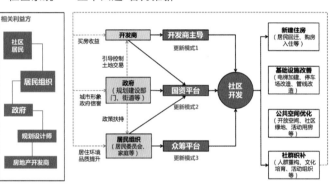

● 参与主体

总结出各机制运营中的六大主要利益相关方，串联其间的合作联系

实现政府方、建设方、投资方、公益方、公众方、设计方的信息一体

● 反馈平台

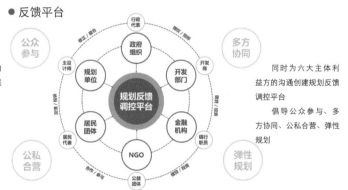

同时为六大主体利益方的沟通创建规划反馈调控平台

倡导公众参与、多方协同、公私合营、弹性规划

开发时序

点穴

近期，以腾讯电竞岛、虹桥医学中心开发为契机，带动周边地区先行（发展）

通络

中期，由政府出资，整治生态环境，基础设施先行，进一步吸引特色企业入驻

活域

远期，进一步完善公服配置，实现宜居宜业宜游的空间规划，辐射全域，打造引领未来、世界一流的品质生活

分区管控

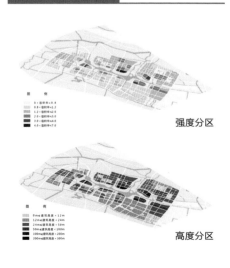

强度分区

高度分区

答"虹桥三问"

发展之问：发展瓶颈何在？
特色之问：真的要全拆吗？
人本之问：未来面孔诉求？

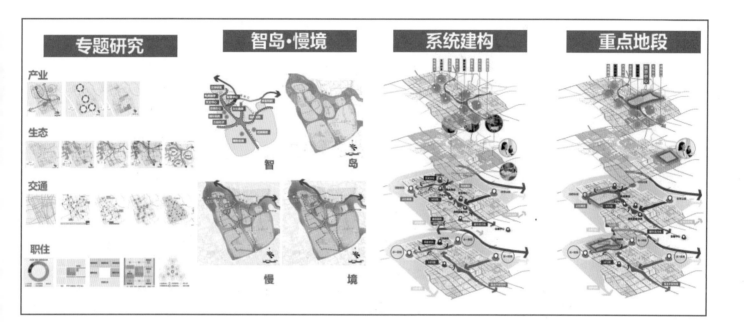

针对虹桥三问，我们在每个步骤，交出了怎样的答卷？

■ 第一，对于发展之问，我们认为最大瓶颈在于空间制约，所以虹桥内部必须差异化定位寻求突破。南虹桥应该借力资本和创新双轮驱动模式，形成创新引领技术集群，从单一起步到抱团发展，形成差异化的特色组团联动上海和长三角，最后我们以腾讯电竞港为例，塑造了一个智慧、生态的新产业、新空间。

■ 第二，对于特色之问。我们认为南虹桥需要留住水乡基因，延续工业记忆。梳理出一条衔接吴淞江与郊野绿环的生态骨架，并复合水绿文三脉，形成沿吴淞江的若干生态之岛。在此基础上构筑我们的特色水绿系统和景观游线，并以盐仓浦和电商展示港为例。留住水乡味道，延续时代记忆，打造新空间。

■第三，关于人本之问。我们认为要满足未来多元人群的多样需求，必须要做到职住平衡、多元融合。因此在专题里，我们研究人群需求及住房供给，通过构建新型交通与用地模式，将街道等公共空间还给人，塑造休闲而高效的宜居虹桥；以三级复合的街区模式符合各类人群的需求，并打造新型未来社区；以文化商务岛展示既有未来感又极具地域特色的全新生活方式，打造新社区新空间。

在过去的百年中中国的城市化道路一直追随西方的脚步。从宏大叙事的扩张化城市建设，到内涵式精细化发展的存量规划时代。站在这个新世纪的规划路口，我们希望南虹桥成为中国特色发展道路上浓墨重彩的一笔。

我们的期许中的南虹桥 ——
必将是虹桥的，他把握高效集约的建设理念，提供宜居宜业的生活场所；
必将是上海的，他通过大江南水乡特色的展现，传承乡愁和情怀；
必将是中国的，他引领新时代的技术飞跃，造就全新的动力引擎和智慧高地；
必将是世界的，他将以高品质的内涵化发展向世界呈现展示文化自信的中国面孔！

大展虹图
THE BLUEPRINT OF HONG QIAO

西安建筑科技大学建筑学院

王宇轩　高　晗　蒋放芳　李竹青　李　晓　冯子彧

廖锦辉　贾　平　吴文正　曹庭脉　谭雨荷　田载阳

指导教师：任云英　李小龙　郑晓伟

本次规划对象——上海虹桥商务区拓展片，是一个承载着国家理想、城市使命的特殊区域，但它也正处于自身跨越式发展的初期阶段。面对规划对象"发展目标"与"综合现状"之间的巨大"落差"，规划难以通过"分析现状 - 提出问题 - 解决问题"的常规思路有效开展工作。故本规划尝试以"大展虹图"为主题，通过国际案例分析、前沿理论研究等方法，优先探索并阐释片区未来发展之"愿"；进而在规划愿景及目标体系的引领下，横向提出人群、产业、交通、生态、社区、公服、文化七大研究专题，纵向形成"条件分析 - 机遇探索 - 策略构建"的逻辑推演步骤，构建横、纵交叉的二维矩阵与总体框架。在此框架体系的统筹组织、引导下，逐次开展系统研究、策略集成、总体布局、详细地段设计以及专项设计等工作，期望实现"虹桥百年问，西建七愿答，六题集八策，宏图换侬家"的规划效果。

The present plan focuses on the expansion of Shanghai Hongqiao business district , a special region in its initial stage of leap forward development, embracing the country'sideal and the city's mission. Due to the huge gap between the development goals and the overall reality, it is difficult to work through the conventional mechanism of "status quo analysis— problem location--problem solution". Therefore, the plan attempts to give priority to exploration and explanation of the vision of the future development of the region by means of international case analysis and latest theory research, and then, under the guidance of the vision and target system, seven major studies of crowd,industry, transportation, life, community, public service and culture are put forward in hopes to establish the framework of "condition analysis—opportunity exploration—strategy construction" so as to bring every essential into effective function in the framework. Under the overall organization and guidance of the framework, system research, strategy integration, overall layout, detailed location design and special design are carried out step by step. It is expected to respond to the quest of Hongqiao with expertise that we boast of in solving the challenges for the construction of better homes for our children and our grandchildren.

基地认知

区位概况

基地概况

【研究范围：虹桥商务区 /86.6km²】
【基地范围：虹桥拓展区 /10.4km²】

　　上海虹桥商务区（简称大虹桥）位于上海中心城区西部，总占地面积 86.6 平方公里，涉及闵行、长宁、青浦、嘉定四个区，其中主功能区（核心区）面积 26 平方公里。

　　随着国家《长江三角洲城市群发展规划》颁布，将上海定位为全球城市，大虹桥的发展正式纳入国家战略，大虹桥迈向第六大世界级城市群地区中心的新定位也越发清晰。

　　与此同时，上海的辐射能力一直受到质疑，主要是大虹桥以西的地块有空白地带，也就是本次毕业设计的基地所在的大虹桥扩展片。

　　本次设计的基地所在的大虹桥扩展片，用地主要隶属于华漕镇，由于原来的规划将其定位为新市镇建设用地，定位偏低，而且涉及原有居民、工业等的搬迁问题，启动速度较为缓慢。目前，随着大虹桥整体地位的提升，该拓展片区迎来新的发展机遇，同时，这片近 8 平方公里的建设用地，也成为上海中心城区最大的一片集中发展建设用地，是大虹桥乃至上海发展的重要载体和最为宝贵的资源。

命题解读

命题一：国家使命
这里是一个肩负着国家使命的地方。

命题二：城市理想
这里是一个追逐着城市理想的地方。

命题三：上海样板
这里是一个有着巨大潜力，即将成为上海样板的地方。

命题四：协同创新
这里是一个信息爆炸，理念先进，协同创新的地方。

研究思路

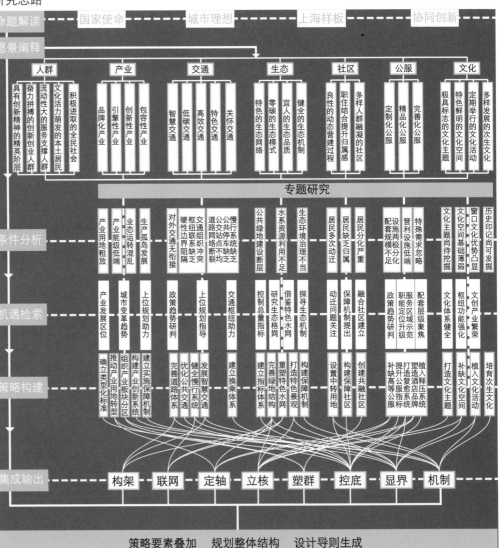

愿景阐释

人群之愿

美国-曼哈顿商务区　　芝加哥-卢普商务区　　东京-新宿商务区　　巴黎-拉德芳斯商务区　　伦敦-伦敦市

  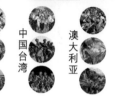

约翰 洛克菲勒　大川功　克兹拉弗斯　雅克维哈　理查德斯坦利　杰卡戴蒙　马克卡尼　福岛康博

加拿大　中国台湾　澳大利亚

农业 0.1%
其他 1.4%
商人与企业主 4.5%
蓝领工人 14.4%
白领 27%
高级知识专业者 26.8%
中间职业 25.8%

巴黎拉德芳斯人口职业结构大致比例

社会保险制度	社会保险制度	社会保险制度
养老保险制度	养老保险制度	养老保险制度
健康保险制度	健康保险制度	医疗保险制度
家庭补贴制度	工商保险制度	失业保障制度
社会救济制度	失业保障制度	社会救济制度
失业保障制度	政府援助项目	
残疾社会		
保障制度		

英国　美国　瑞典
国　国　典

《国民经济和社会发展第十三个五年规划纲要》

构建产业新体系的原则

坚持创新驱动　坚持两化融合　坚持开放合作
坚持绿色低碳　坚持结构优化　坚持人才为本

区域经济发展战略规划坐标

地理区位坐标
资源禀赋坐标
市场坐标
社会发展坐标

《中国制造2025》

原则	目标体系
市场主导，政府引导	创新能力
立足当前，着眼长远	质量效益
整体推进，重点突破	两化融合

区域经济和产业发展突破口

以特色资源为基础
从特色品牌产业突破
以传统产业为基础
从发展规模型产业突破
以潜在资源为基础
从新兴产业突破

上海 陆家嘴中央商务区

金融产业集聚
总部经济发达
要素市场发达
产业梯次合理
商务服务业发达

■ 商务 65%
■ 居住 13%
■ 配套 22%

北京 朝阳中央商务区

国际金融集聚
文化创新能力
促进产业融合
总部经济发达

■ 商务 60%
■ 居住 20%
■ 配套 20%

纽约-曼哈顿中央商务区

13%
10%
24%
53%

■ 专业服务业
■ 艺术娱乐
■ 体产业
■ 零售业

伦敦-金丝雀码头

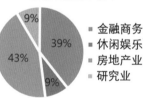

9%
39%
43%
9%

■ 金融商务
■ 休闲娱乐
■ 房地产业
■ 研究业

巴黎-拉德芳斯中央商务区

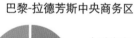
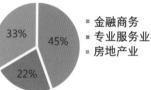

33%
45%
22%

■ 金融商务
■ 专业服务业
■ 房地产业

东京-新宿中央商务区

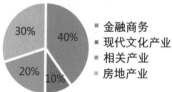

30%
40%
20%
10%

■ 金融商务
■ 现代文化产业
■ 相关产业
■ 房地产业

交通之愿

伦敦自行车高架快速路系统
伦敦市政府拟投入巨资修建自行车空中专用高速公路网络。解决问题：
1. 增加通勤者的速度，安全和舒适程度、同时尽量减少在道路上停靠等待的次数；2. 充分利用了铁路上方的空间，所以减少了架桥及隧道的费用；3. 节能低碳环保；4. 疏通通勤高峰的巨大交通量。

贡多拉与水城威尼斯
贡多拉已经成为城市文脉特色的体现。她的小巧灵活使人们可快速穿梭在城市的角角落落。水系交通为城市的交通快速流动提供了极大的帮助。解决问题：
1. 充分利用了城市水系，造型优美的船体形成了城市的文化特色；2. 节能低碳环保；3. 促进了人流的快速流动。

斯德哥尔摩安宁化交通
起源于20世纪60年代的北欧，倡导将街道空间回归行人使用。实施道路分流规划，实行街道物理限速，物理交通导向，改善住区环境。斯德哥尔摩安宁化交通采用实体限制、速度限制和街道布局设计。通过对道路中央的交通岛和人行道拓宽窄化道路。通过树木缩短视野，使司机减速。

前沿理论
《基于轨道交通接驳的自行车停车设施布设算法研究》
自行车停车设施接驳轨道交通布局原则：1. 停车场在规划布置时应首先考虑停车性质，给予准确的定位，便于后期规划时综合考虑周围的因素，合理设置停车场的规模。2. 对于轨道交通周边的自行车停车场的设置应当兼备柔性和弹性，自行车停车场规模不应过大。3. 自行车停车场在设置时，一般15~20m为一段。
《城市轨道交通与其他交通方式的衔接及评价研究》
衔接的模式：1. 平行换乘：轨道站点公交站点以地下通道或人行天桥的方式连接。2. 重合换乘：轨道交通以地下或地上形式位于公交线路的正下方或正上方，通过自动扶梯进行换乘。3. 交叉换乘：理想换乘位置是在交汇处借助过街天桥和地下通道实现换乘。

尖端技术

无人驾驶云轨　　真空高速轨道　　智能停车　　磁悬浮汽车

生态之愿

生态+: 生态+产业、生态+交通、生态+人居。

零碳: 城市碳排放量与自身碳吸收能力之间的平衡状态。

智慧生态城市: 是生态城市与智慧城市良好的结合，遵循生态学原则，城市应用与服务管理用最新的信息化技术、智能运用，实现人、自然、环境和谐共存，可持续发展的宜居城市形式。

EOD+TOD+SOD: 以生态环境提升为核心引擎、以公共交通建设为支架、以公共服务提升为辅助带动地区发展。

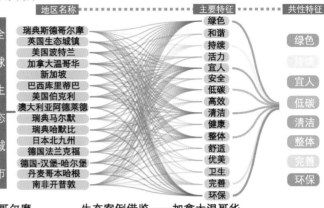

生态案例库

城市绿地斑块**全覆盖** 绿化管理**市场化**
滨河带状公园**网络化**
城市空间立体绿化**精细化**

生态案例借鉴——新加坡

绿化覆盖率50%
人均公共绿地18.74平方米

城市滨河绿色廊道
城市滨水口袋公园
城市空间立体绿化
城市亲水开放空间

生态案例借鉴——瑞典斯德哥尔摩

零碳的发展标准　可持续的发展模式
完善的生态保障机制　清洁的再生能源

能源再生模式图

生态案例借鉴——加拿大温哥华

公共空间**层次分明** 多维度可持续发展
生态品质**宜人宜居** 绿色健康

社区之愿

当代国际社区发展分析
历史沿革分析

布伦特兰报告 (Brundtland Report) 1987
里约峰会 (Rio Summit) 1992
消除贫困和可持续发展会议 (MDG Adoption) 2000
世界可持续发展峰会 (WSSD Joburg) 2002
2015发展议程 (Post. 2015 Dev. Agenda) 2015

联合国第一届人居大会 (1976)

人居一是在当时居住问题严峻的背景下召开的，目的是促使各国交流技术和经验，推进人居领域内的国家政策制定和国际合作。与会国家一致认为，住房和城镇化是全球议题。本次会议通过了《温哥华人类住区宣言》以及《温哥华行动计划》。

联合国第二届人居大会 (1996)

人居二是在日益迅猛的城市化给人类带来严峻挑战的背景下召开的，会议主题围绕"人人拥有合适的住房"和"全球城镇化进程中可持续的人居发展"进行探讨。本次会议通过了解决城乡人类住区的有关问题的《伊斯坦布尔宣言》和《人居议程》。

联合国第三届人居大会 (2016)

人居三会议中预测，到2050年，将有70%的世界人口居住在城市，基于此提出"全人类的可持续城市与住所"概念。核心议题是探讨由于全球快速城镇化以及气候变化等所面临的挑战和解决方案。本次会议通过了《基多宣言》以及《新人居议程》。

未来趋势分析

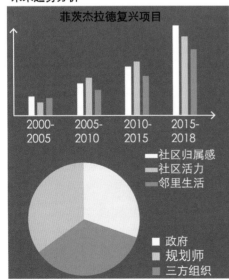

非茨杰拉德复兴项目

2000-2005　2005-2010　2010-2015　2015-2018

社区归属感
社区活力
邻里生活

政府
规划师
三方组织

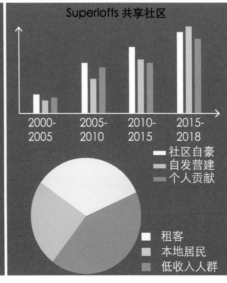

Superlofts 共享社区

2000-2005　2005-2010　2010-2015　2015-2018

社区自豪
自发营建
个人贡献

租客
本地居民
低收入人群

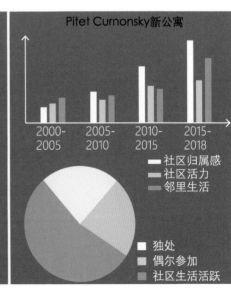

Pitet Curnonsky新公寓

2000-2005　2005-2010　2010-2015　2015-2018

社区归属感
社区活力
邻里生活

独处
偶尔参加
社区生活活跃

公服之愿

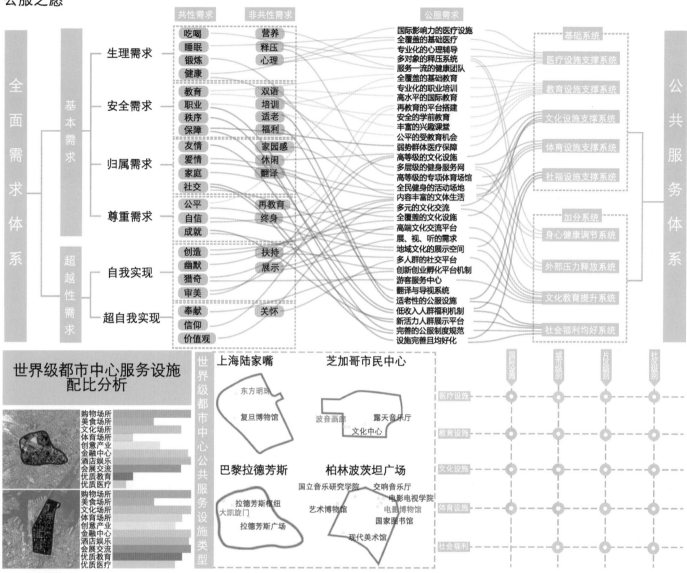

文化之愿

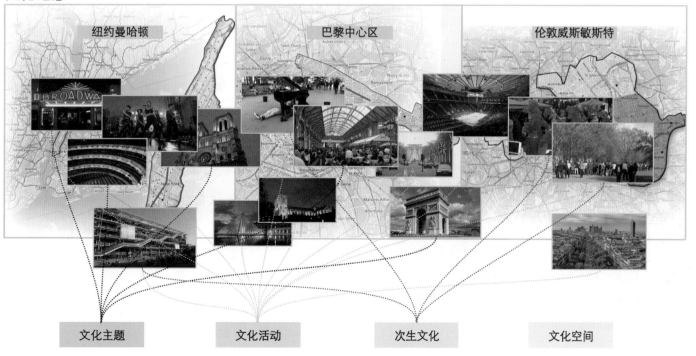

条件分析
交通条件分析

产业条件分析

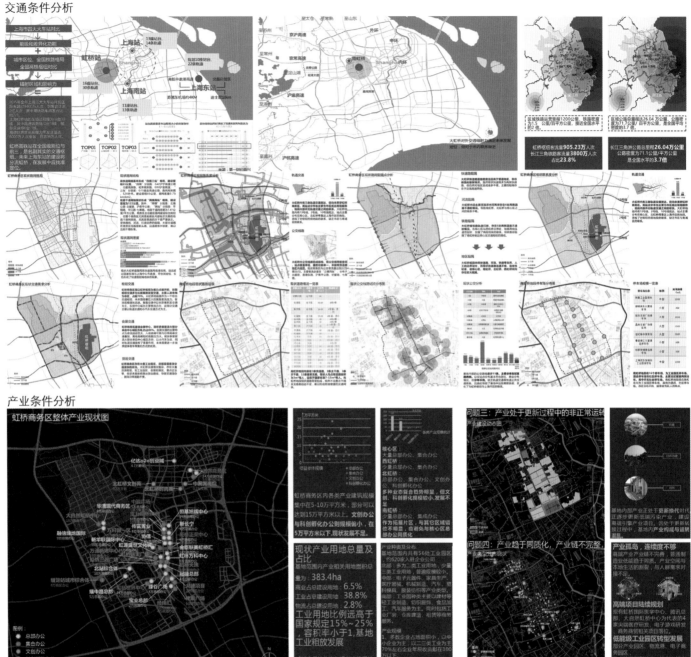

生态条件分析

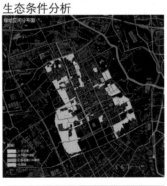
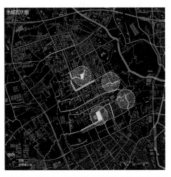
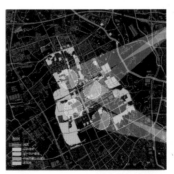
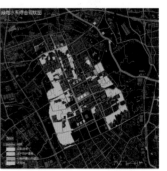

用地代号	用地性质	面积（hm²）	比例
G 1	公园绿地	2.55	0.25%
G 2	生产防护绿地	1 6.08	1.54%
H	待建绿地	2.2	0.21%

河流名称	长度（km）	滨河绿地长度(km)	比例
盐仓浦	1.4	0	0
姚登港	1.2	0.27	22.5%
红卫河	1.7	0.84	50%
北友谊河	1.5	0.07	4.7%

生活污水污染

水中垃圾漂浮

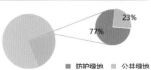
23%
77%
■ 防护绿地 ■ 公共绿地

社区条件分析

动迁小区空间分布图

工作日

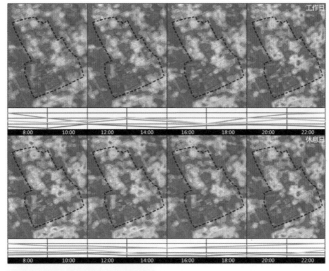

休息日

居住环境综合质量评价

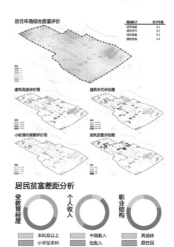

各类动迁小区空间占比

8.5%	12.5%	15%	19%
33% (66.67hm²)		12%	

根据对基地内部及周边动迁小区内居民的调查发现，超过三成的居民搬迁超过两次。反映出地块内严重的更新时序混乱问题。

居民贫富差距分析

受教育程度   个人收入   职业结构

本科以上 / 中高收入 / 高退休
小学及本科 / 低收入 / 原住民
小学及以下 / 低保户 / 上班族

通过居住环境综合评价及对基地人口结构的调查可看出：贫富差距仍十分明显，导致社区间割裂现象明显。

公服条件分析

公共服务设施空间分布图

基于建设用地的公服覆盖叠加图

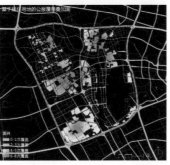

国际医疗、国际学校分布图

文化条件分析

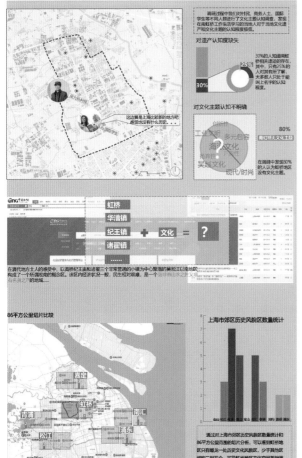

调研过程中我们对居民，商务人士、国际学生客人等不同人群进行了文化主题认知调查，发现在虹桥工作生活学习的当地人对于当地文化遗产和文化主题的认知程度较低。

对遗产认知度缺失

30%的人知道虹桥相关遗迹的存在，只有25%的人对其有所了解，大多数人只知于其名字的认知程度。

30%   25%

对文化主题认知不明确

工业文明 / 多元包容 / 现代/时尚 / 吴越文化

南虹桥无文化主题 80%

在调研中也发现80%的人认为虹桥地区没有文化主题。

虹桥 / 华漕镇 / 纪王镇 / 诸翟镇 ＋ 文化 ＝ ？

在清代地方士大夫的参与下，以高桥纪王庙诸翟三个非常营造的小镇为中心聚集的巢纽江以南地区构造了一个前清雅韵的概念区。该区内经济状况一般，民生相对殷实。

86平方公里切片比较

历史文化风景区
历史文化名村
历史文化名镇

上海市郊区历史风貌区数量统计

通过对上海市郊区历史风貌区数量统计和86平方公里的切片分析，可以看出虹桥地区只有寥寥一处历史文化风貌区，少于其他地区域的二到五个，可见虹桥地区文化空间缺乏的现状。

汉口

🏛 长江和汉水交汇处

华中腹地，"九省通衢"，先借长江之利，可以内进外出、通江达海，成为商业贸易的集散地。蜀锦吴绫、西飘燕脂、吴逴楚调、秦俗赵风，汉口文化百态纷呈。

法兰克福

✈ 拥有德国最大机场，同时是欧洲第三大空港

🚢 缅因和菜茵两河汇流

作为欧洲最大的交通枢纽，法兰克福是欧洲的重要门户。法兰克福共有87间不同国家的领事馆。不同风格的人类文明交融，多元的城市文化应有尽有。

宁波

🏛 中国大运河南端出海口，世界第四大港口

自从唐宋宁波就有频繁的海上通商活动，有"万里之舶，五方之贾"，设随着港口经济的繁荣形成了包容内外的港口文化。

上海虹桥？

✈ 大中华区航空枢纽
🚄 华东地区规模最大的铁路客运枢纽。

纵观古今中外枢纽地区，都会成为文化多元的地区，有上海虹桥虽然尚未形成文化氛围，但却有虹桥枢纽这样一个窗口作为孕育多元文化的种子。

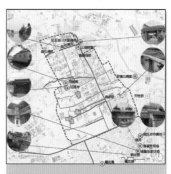

历史印记汇总表

线性印记	备注
河流	六条，总长度10.6km，其中盐仓浦河是以前盐仓运输的重要水道。
冈身	约6000年前形成此身。冈身从今嘉定区外冈，经至今奉贤区江海，直达柘林。

点状印记	备注
桥、井、塘	
黄春庙桥	
徐家桥	（清）属闵行区不可移动文物。
鹤龙桥	（清）闵行青浦界桥，闵行区文保单位。
盐仓浦桥	
天柱桥	
倭井	抗击倭寇斗争的历史遗迹。
蟠龙塘	以其"委蛇曲折如龙之盘"而得名。
文化建筑、构筑物	
纪王庙	（宋）因汉朝功臣纪信而得名。
坞城庵	传吴王所筑，清初有庵，后立庙祀郎食其。
红莲寺	
诸翟关帝庙	始建于明，扩建于清，兴盛于清末民初。
蟠龙塘	（清）将改造为蟠龙新天地。
侯氏贞节牌坊	横额有刻字，属闵行区不可移动文物。
诸翟张家住宅	属闵行区不可移动文物，现为老人活动中心。
柴塘北调曾	
典型工业遗存	
上海钢管厂	20世纪70~80年代产业转移的产物，沿河形成特色工业风貌记忆。

基地及其周边仅存碎片化的历史印记，他们或多或少承载了不同时期的事件和人们的记忆，如今却并未有组织地发掘、保护、展示并利用起来。

机遇检索
交通提升之机

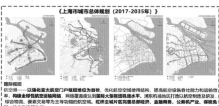

《推动共建丝绸之路经济带和21世纪海上丝绸之路的愿景与行动》

进一步提升上海全球枢纽的地位

《长江三角洲城市群发展规划》

完善城际综合交通网络

《上海市城市总体规划 (2017-2035年)》

《虹桥商务区发展 "十三五" 规划》

上海市西部地区的交通疏解中心

进一步提升上海全球枢纽的地位

1. 打造集铁路、公路、民航、城市交通于一体的综合客运枢纽
2. 构建以上海为中心的多层级机场体系，深化机场群与综合交通运输体系的融合

1. 强化亚太航空枢纽地位，打造多层次航空运输网络
2. 强化上海铁路枢纽作为国家铁路网主框架地位
3. 构建多模式公共交通系统

构建上海市西部交通疏解中心

产业振兴之机

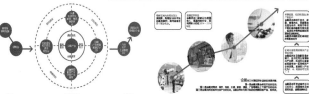
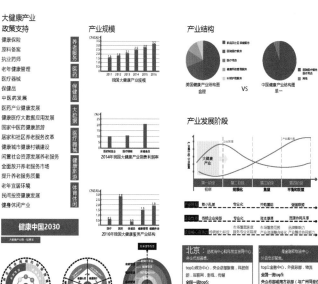

大健康产业

政策支持 / 产业规模 / 产业结构

健康中国2030

电子竞技产业

上海展馆分布:
上海14大展馆分布在浦东、虹桥、漕河泾等地。上海展览会场馆较为分散。

浦东新国际VS基地国展中心:

浦东新区新国际博览中心是上海老牌会展中心。
主要对外，提高国际化水平，作为浦东新区的门户展示平台。

虹桥国家会展中心是目前上海会展的最高级。
因为其地处虹桥，除了对外展示平台的定位，还有"与相关产业联动发展"的要求。鼓励中等规模展馆向专业化发展，引导小型展馆开辟特色经营、转型发展。

面向国际的更加多元开放的国家展示窗口&城市名片

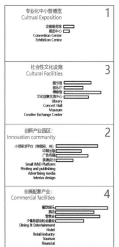

专业化中小型博览 1
Cultural Exposition

社会性文化设施 3
Cultural Facilities

创新产业园区 2
Innovation community

会展配套产业 4
Commercial facilities

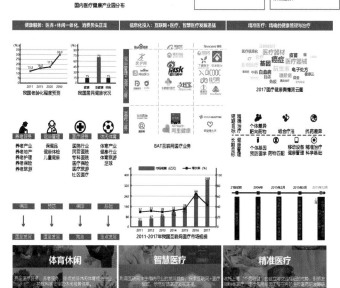

体育休闲　智慧医疗　精准医疗

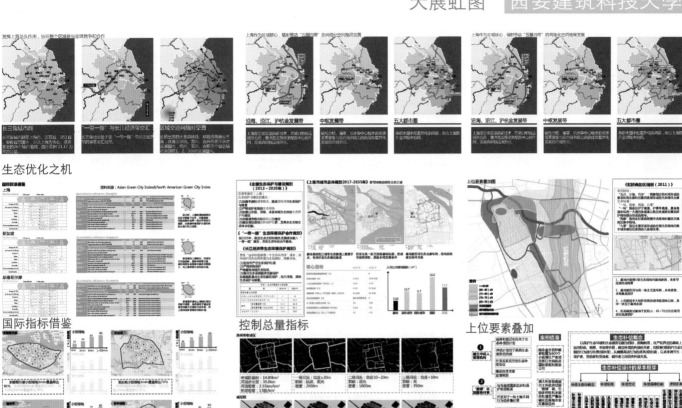

生态优化之机

国际指标借鉴　　控制总量指标　　上位要素叠加

研究生态格网　　借鉴特色水网　　探寻生态机制

配套提升之机

政策趋势研判　　职能定位升级　　文化激活之机

社区共融之机

动迁问题关注　保障机制提出　融合社区建立　　文化体系健全　枢纽功能强化　文创产业繁荣

策略构建—产业发展振兴

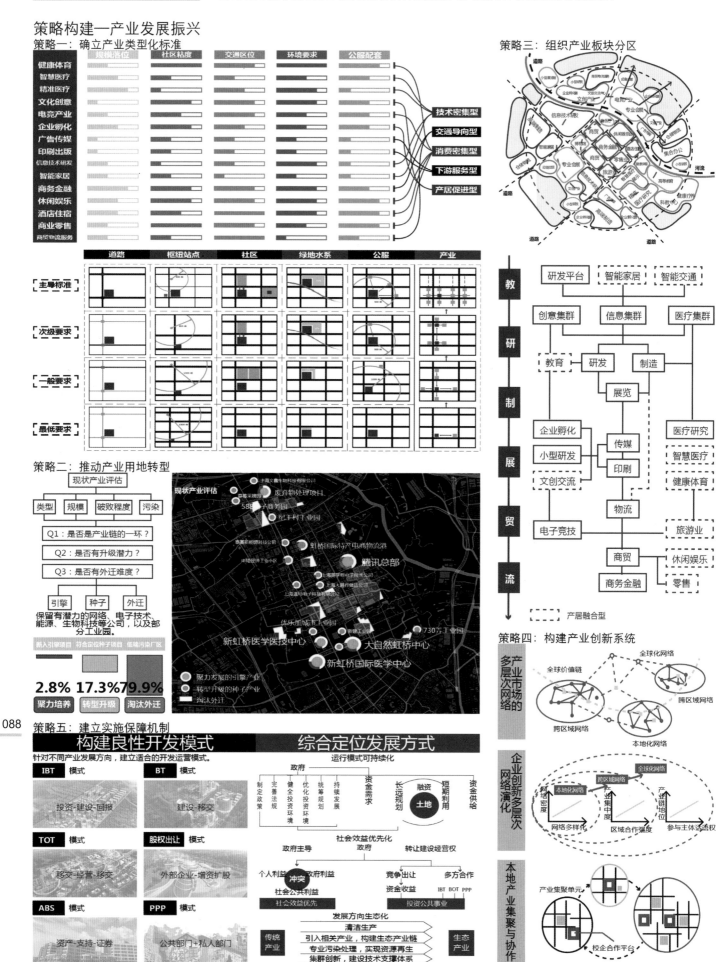

策略一：确立产业类型化标准

	规模落位	社区粘度	交通区位	环境要求	公服配套
健康体育					
智慧医疗					
精准医疗					
文化创意					
电竞产业					
企业孵化					
广告传媒					
印刷出版					
信息技术研发					
智能家居					
商务金融					
休闲娱乐					
酒店住宿					
商业零售					
商贸物流服务					

- 技术密集型
- 交通导向型
- 消费密集型
- 下游服务型
- 产居促进型

	道路	枢纽站点	社区	绿地水系	公服	产业
主导标准						
次级要求						
一般要求						
最低要求						

策略二：推动产业用地转型

现状产业评估

类型　规模　破败程度　污染

Q1：是否是产业链的一环？
Q2：是否有升级潜力？
Q3：是否有外迁难度？

引擎　种子　外迁

保留有潜力的网络、电子技术、能源、生物科技等公司，以及部分工业园。

新入引擎项目　符合定位种子项目　低端污染厂区

2.8%　17.3%　79.9%

聚力培养　转型升级　淘汰外迁

现状产业评估
上海文鑫生物科技有限公司
蓝莓采摘园
废弃物处理项目
588号商务园
纪王村工业园
泰嘉新能源科技公司
虹桥国际特产电商物流港
中超经济开发工业小区
腾讯总部
上海英采药业电子科技公司
上海大易行精密公司
上海湖马电子科技有限公司
休乐加城市工业园
新虹桥医学医技中心
新建工业园
大自然虹桥中心
新虹桥国际医学中心
730号工业园

聚力发展的引擎产业
转型升级的种子产业
淘汰外迁

策略三：组织产业板块分区

教 研 制 展 贸 流

研发平台　智能家居　智能交通
创意集群　信息集群　医疗集群
教育　研发　制造
展览
企业孵化　传媒　医疗研究
小型研发　印刷　智慧医疗
文创交流　　健康体育
物流
电子竞技　　旅游业
商贸　休闲娱乐
商务金融　零售

产居融合型

策略四：构建产业创新系统

多产业多层次市场的网络

全球价值链　全球化网络
全球化网络　跨区域网络
跨区域网络　本地化网络

企业创新新多层次网络演化

本地化网络　全球网络
跨区域网络
网络密度　产业集中度　产业链地位
网络多样化　区域合作强度　参与主体话语权

本地产业集聚与协作

产业集聚单元
校企合作平台

策略五：建立实施保障机制

构建良性开发模式　　**综合定位发展方式**

针对不同产业发展方向，建立适合的开发运营模式。

IBT 模式
投资-建设-回报

BT 模式
建设-移交

TOT 模式
移交-经营-移交

股权出让 模式
外部企业-增资扩股

ABS 模式
资产-支持-证券

PPP 模式
公共部门+私人部门

运行模式可持续化

政府
制定政策　完善法规　优化投资环境　健全投资环境　统筹规划　持续发展　资金需求
长远规划　融资　短期规划
土地　资金供给

社会效益优先化
政府主导　政府
个人利益　政府利益
冲突
社会公共利益
社会效益优先
投资公共事业

竞争出让　多方合作
转让建设经营权
资金收益　IBT BOT PPP

发展方向生态化
传统产业　引入相关产业，构建生态产业链　生态产业
专业污染处理，实现资源再生
集群创新，建设技术支撑体系

策略构建—交通组织提升

策略一：完善道路体系

地面道路体系规划图

打造"四横六纵"的规划路网格局。

道路名称	道路等级	规划红线
纪潭路	主干路	40m
联友路	主干路	44m
华翔路	主干路	45m
申长路	主干路	45m
华江路	主干路	45m
绥宁路	主干路	40m
纪鹤路	主干路	40m
北青公路	主干路	40m
天山西路	主干路	40m
天山西路	主干路	45m

策略二：优化公共交通

公交系统规划图
置入公交新枢纽，激活公交新活力

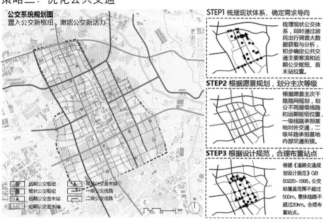

STEP1 梳理现状体系，确定需求导向

梳理现状公交体系，同时通过居民出行调查大数据获取与分析，初步确定公共交通主要客流和近期公交枢纽、首末站位置。

STEP2 根据愿景规划，划分主次等级

根据愿景主次干路级网络规划，划分不同层级线路和远期枢纽位置，一级线路承担基地对外交通，二级路网承担基地内部交通衔接。

STEP3 根据设计规范，合理布置站点

根据《城市道路交通规划设计规范》GB 50220-1995，公交站覆盖范围不超过500m，整体线路不超过20km，合理布置站点。

GB50220-95

02. 优化公共交通
轨道交通规划图

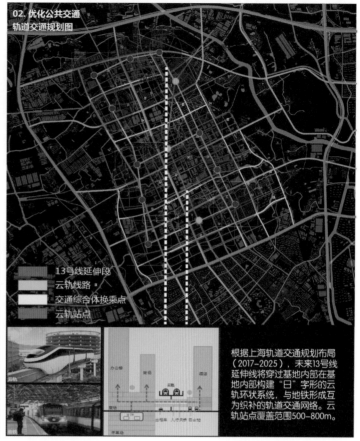

13号线延伸段
云轨线路Ⅱ
交通综合体换乘点
云轨站点

根据上海轨道交通规划布局（2017-2025），未来13号线延伸段将穿过基地内部在基地内部构建"日"字形的云轨环状系统，与地铁形成互为织补的轨道交通网络。云轨站点覆盖范围500-800m。

策略三：健全慢行系统

地面道路体系规划图

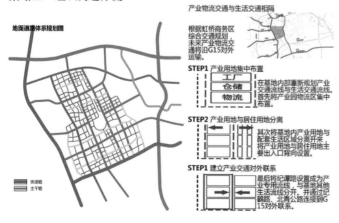

主要慢行道路
次要慢行道路
支路公交线路
主要慢行换乘点

坚持"行人优先发展、人车空间分离、人车和谐共存"的设计原则，根据现状慢行系统，构建慢行交通网络，引入微公交倡导绿色出行。

STEP1 构建慢行网络

提升重点区域周边慢行网络密度，增加步行/骑行路径选择

	密网间距	步行网络密度
公共中心/站点	80~120米	16公里/平方公里
生产服务区	100~150米	14公里/平方公里
一般性社区	120~180米	12公里/平方公里

STEP2 重构慢行空间

缩短重机动车道宽，鼓励3m窄车道，拓宽慢行空间
统筹利用人行道剩余空间，营造舒适的步行环境

策略四：发展智慧交通

智慧交通规划图

STEP1 建立信息共享的智能停车平台

依托移动智能大数据，建立信息共享APP，高效管理利用提车空间。

STEP2 预留智能存放空间，弹性更新

在智能停车场内部预留若干智能设备存放空间，建立弹性更新机制，在未来若干年内渐进式更新。

坚持打造以创新性为导向的智慧交通，建立以联友路-纪潭路为核心的"二横三纵"光伏充电路网格局。电动汽车未来可边行驶边充电。

快速路
主干路
次干路

主干路　次干路

策略五：组织交通分流

地面道路体系规划图

快速路
主干路

产业物流交通与生活交通相隔

根据虹桥商务区综合交通规划，未来产业物流交通将沿G15对外运输。

STEP1 产业用地集中布置

工厂
仓储
物流

在基地内部重新规划产业交通流线与生活交通流线。首先将产业园物流区集中布置。

STEP2 产业用地与居住用地分离

其次将基地内产业用地与配套生活区域分离开将产业用地与居住用地主要出入口背向设置。

STEP1 建立产业交通对外联系

最后将纪潭路设置成为产业专用流线，与基地内生活流线分开。并通过纪鹤路、北青公路连接到G15对外联系。

策略六：建立换乘体系

地面道路体系规划图

快速路
主干路
次干路
支路

换乘接驳点	一级换乘点	水上巴士
		云轨
		地铁
	二级换乘点	水上巴士
		云轨
		公交
	三级换乘点	水巴/云轨
		公交/云轨
		水吧/地铁

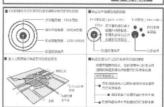

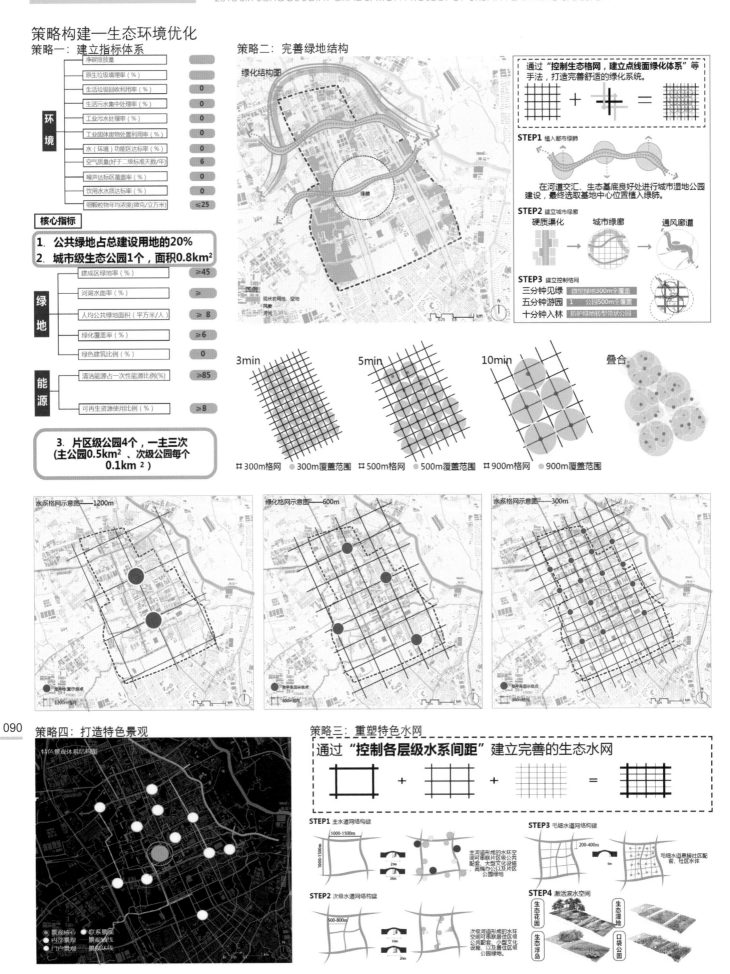

策略构建—生态环境优化

策略一：建立指标体系

环境		
净碳排放量		
原生垃圾填埋率（%）		
生活垃圾回收利用率（%）	0
生活污水集中处理率（%）	0
工业污水处理率（%）	0
工业固体废物处置利用率（%）	0
水（环境）功能区达标率（%）	0
空气质量（好于二级标准天数/年）	6
噪声达标区覆盖率（%）	0
饮用水水质达标率（%）	0
细颗粒物年均浓度(微克/立方米)	≤25

核心指标

1. 公共绿地占总建设用地的20%
2. 城市级生态公园1个，面积0.8km²

绿地		
建成区绿地率（%）	≥45
河湖水面率（%）	≥
人均公共绿地面积（平方米/人）	≥ 8
绿化覆盖率（%）	≥6
绿色建筑比例（%）	0

能源		
清洁能源占一次性能源比例(%)	≥85
可再生资源使用比例（%）	≥8

3. 片区级公园4个，一主三次
（主公园0.5km²、次级公园每个0.1km²）

策略二：完善绿地结构

绿化结构图

通过"控制生态格网，建立点线面绿化体系"等手法，打造完善舒适的绿化系统。

STEP1 植入都市绿肺

在河道交汇、生态基底良好处进行城市湿地公园建设，最终选取基地中心位置植入绿肺。

STEP2 建立城市绿廊

硬质渠化 → 城市绿廊 → 通风廊道

STEP3 建立控制格网

三分钟见绿　微型绿地300m全覆盖
五分钟游园　1　公园1500m全覆盖
十分钟入林　防护绿地转型带状公园

3min　　5min　　10min　　叠合

▦300m格网　●300m覆盖范围　▦500m格网　●500m覆盖范围　▦900m格网　●900m覆盖范围

水系格网示意图——1200m　　绿化格网示意图——600m　　水系格网示意图——300m

090

策略四：打造特色景观

特色景观体系构建图

策略三：重塑特色水网

通过"控制各层级水系间距"建立完善的生态水网

STEP1 主水道网络构建

主河道形成的水环境空间可串联片区级公共配套、大型文化设施、高端办公以及片区公园绿地

STEP2 次级水道网络构建

次级河道形成的水环境空间可串联居住区级公共配套、中小型文化设施、以及居住区公园绿地。

STEP3 毛细水道网络构建

毛细水道串接社区配套、社区水体

STEP4 激活滨水空间

生态花园　生态湿地
生态浮岛　口袋公园

通过叠加绿地和水系系统
建立特色景观体系

STEP1 ---------------- 打造都市景观核心
STEP2 ---------------- 构建游廊串珠特色景观环
STEP3 ---------------- 构建门户景观空间

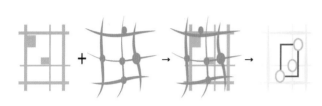

策略五：构建保障机制

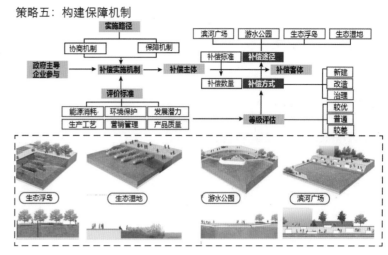

生态浮岛　　生态湿地　　游水公园　　滨河广场

策略构建一社区营建共融

策略一：设置中转用地

通过设置中转用地来解决当地居民多次动迁的困扰，在自己房子要被拆迁的时候，可以选择住在政府建造的中转小区里，解决因建设时序所带来的问题，让当地居民安心。

STEP1 建立中转用地使用机制

户型选择 → 周期选择
支付押金入住 ← 提交申请
终止用房 → 返还押金
→ 不返还押

STEP2 中转用地的选址分析

a.环境较好　b.基本设施　c.交通方便

STEP3 中转小区建设标准

a.适宜环境　b.老年服务设施

策略二：构建保障社区

通过构建保障社区解决职住分离问题，综合考虑土地使用模式，住房供给与选择模式，综合配套完善程度，评价地块内职住平衡指数。

职住平衡良好地块
职住平衡待提升地块

STEP1 优化土地使用模式

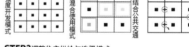

高强度开发模式　用地混合使用模式　居住结合公共交通

STEP2 调整住房供给与选择模式

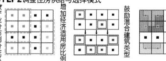

接产业分布划分住区　增加经济适用房比例　鼓励混合建筑类型

STEP3 完善综合配套服务

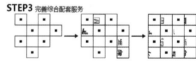

策略三：创建共融社区

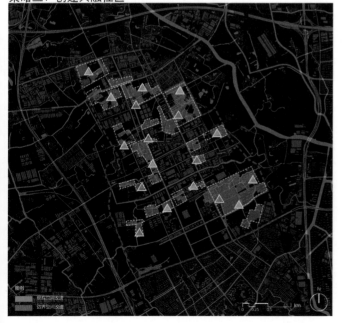

针对基地内不同人群间存在冷漠、割裂等现象，试图通过对现有空间进行改造和在有潜力的地方进行创建共融空间，达到多样人群的共融。

1. 对现有空间进行改造

STEP1 对现有空间进行选取

a. 小区绿地　b. 广场绿地

STEP2 根据问题，建立工具箱

a. 设施低效　b.植被匮乏　c.种类单一

a. 提高效率　b.增加植被　c.植入多样

STEP3 达到空间共融的目标

2. 创建新的共融空间

STEP1 潜力空间进行预判（边界）

a. 河流　b. 围墙

STEP2 在边界处建造新的共融空间

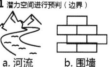

STEP3 达到空间共融的目标

配套公服现状概况与区划

公服概况

公服与配套现状问题综合图

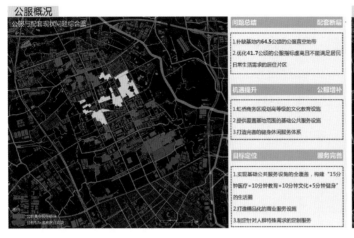

问题总结 ／ **配套断层**

1. 补缺基地64.5公顷的公服真空地带
2. 优化41.7公顷的公服指标虚高且不能满足居民日常生活需求的居住片区

机遇提升 ／ **公服增补**

1. 虹桥商务区规划高等级的文化教育设施
2. 提供覆盖基地范围的基础公共服务设施
3. 打造完善的健身休闲服务体系

目标定位 ／ **服务完善**

1. 实现基础公共服务设施的全覆盖，构建"15分钟医疗+10分钟教育+10分钟文化+5分钟健身"的生活圈
2. 打造精品化的商业服务设施
3. 制定针对人群特殊需求的定制服务

配套区划

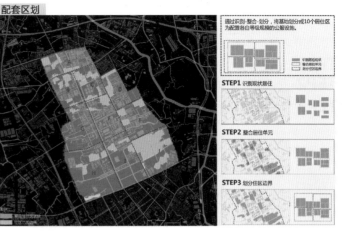

通过识别、整合、划分，将基地划分成10个居住区，为配套各自等级规模的公服设施。

STEP1 识别现状居住

STEP2 整合居住单元

STEP3 划分住区边界

五大提升具体策略

针对基地公服配置的现状，我们提出了五大策略。

策略一：补缺真空片区，根据规划层级配置片区级、住区级、小区级三级公服设施。

策略二：优化保留公服，对原有公服设施进行扩容，同时完善国际学校配置。

策略三：打造复愈系统，通过复愈空间设施植入、能量补给站供给、10分钟健身圈打造，塑造人性关怀空间。

策略四：塑造酒店品牌，打造特色主题民宿酒店、超星级酒店。

策略五：植入降压系统，分为倾诉型、发泄型、运动型、疏导型四大类型设施。对不同人群进行定制需求。

策略一：补缺真空片区

在公服配置区划的基础上，为64.5公顷的公服稀缺地区现状依据上位规划和《城市居住区规划设计规范》配置相应的公服设施。

STEP1 配置片区级公服设施

片区级	配置类型	配置数量
	体（体育馆）	1处
	文（文化中心）	1处

STEP2 配置住区级公服设施

住区级	配置类型	配置标准
	中	414~787 ㎡/千人
	幼（幼儿园）	225~645 ㎡/千人
	文（图书馆）	298~548 ㎡/千人
	体	125~245 ㎡/千人

STEP3 配置小区级公服设施

小区级	配置类型	配置标准
	小（小学）	432~870 ㎡/千人
	文（文化活动中心）	90~105 ㎡/千人
	卫（社区卫生站）	10~15 ㎡/千人
	老（社区养老设施）	220 ㎡/千人
	菜（菜市场）	600 以上

策略二：优化保留公服

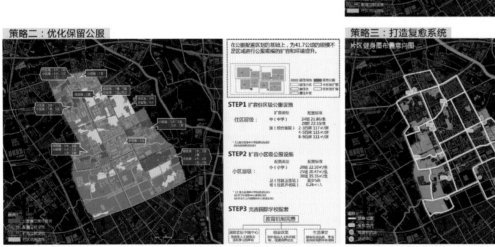

在公服配置区划的基础上，为41.7公顷的规模不足片区进行公服规模的扩容和环境提升。

STEP1 扩容住区级公服设施

住区层级	扩容类型	配置标准
	中（中学）	24班 21.86/生 28班 22.10/生
	幼（综合指数）	2-3班 117 ㎡/班 4-5班 115 ㎡/班 8-9班 111 ㎡/班

STEP2 扩容小区级设施

小区层级	配置类型	配置标准
	小（小学）	20班 22.10/生 25班 20.47/生 30班 19.35/生
	卫（社区卫生站）	0.26 ㎡/人

STEP3 完善国际学校配套

教育机制完善

策略三：打造复愈系统

片区健身圈布置意向图

针对城市居民身体及心理的亚健康问题，乐享全民健身模式，通过"复愈空间+能量补给+10分钟健身圈"的操作方法，进行治愈的关怀定制服务。

STEP1 复愈空间植入

STEP2 能量补给站有机结合

STEP3 10分钟健身圈打造

3min   5min   10min

策略四：塑造酒店品牌

酒店选址示意图

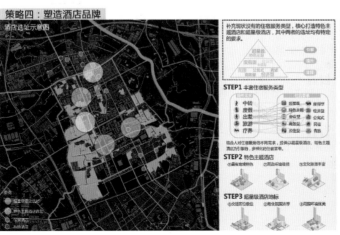

补充现状没有的住宿服务类型，核心打造特色主题酒店和超星级酒店，其中两者的选址均有特定的要求。

STEP1 丰富住宿服务类型

STEP2 特色主题酒店

STEP3 超星级酒店地标

策略五：植入释压系统

释压系统选址示意图

通过"倾诉型设施植入、发泄型设施辅助、运动型设施主导、疏导型设施配套"的方法，对高压人群的释压需求进行公服配套定制服务。

STEP1 倾诉型设施植入

STEP2 发泄型设施辅助

STEP3 运动型设施主导

STEP4 疏导型设施配套

文化激活策略

针对基地现有的文化资源，我们提出了四大激活策略。

策略一：打造文化主题，对不同文化主题进行划分，分为竞技、康养、科技三大主题。同时依现有产业设施及道路交通，划定主题范围。

策略二：补缺文化空间，植入文化资源，新增游戏竞技馆、演绎场馆等功能。植入文创空间，打造文创-居住-销售-展示空间混合模式。针对历史资源，实行维护优质资源，盘活存留资源，标识消失资源三大措施。最后以水为骨架，串联文化节点，并围绕不同类型的文化节点打造外部公共空间。梳理不同节点类型和层次，形成不同类型的路线。

策略三：植入文化活动，确定文化活动类型，根据文化主题定位，确周期性活动内容。同时植入文化活动，包括竞技、科创、康养等内容。

策略四：培育次生文化，发扬建筑、音乐、戏曲等次生文化。

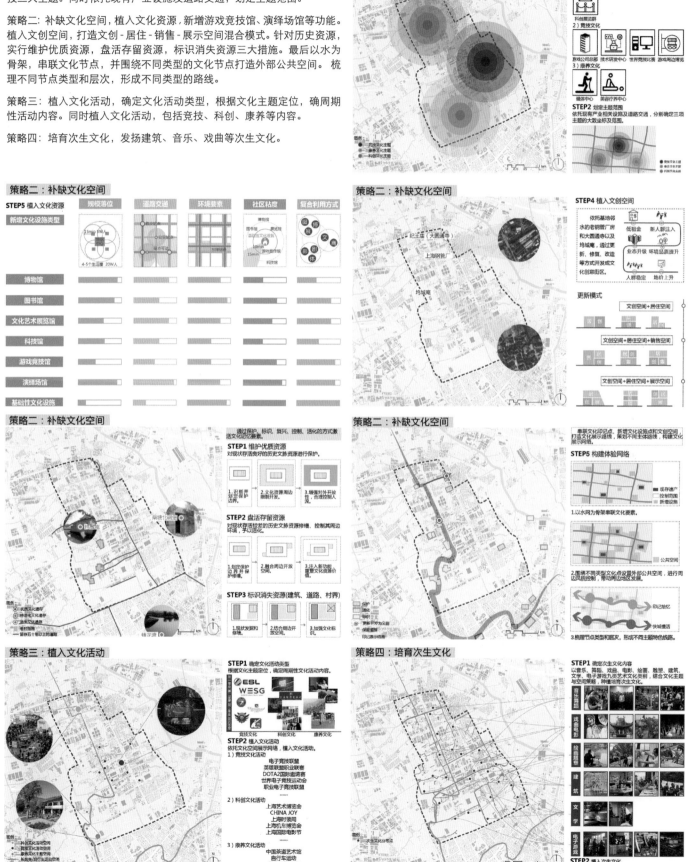

093

综合导则

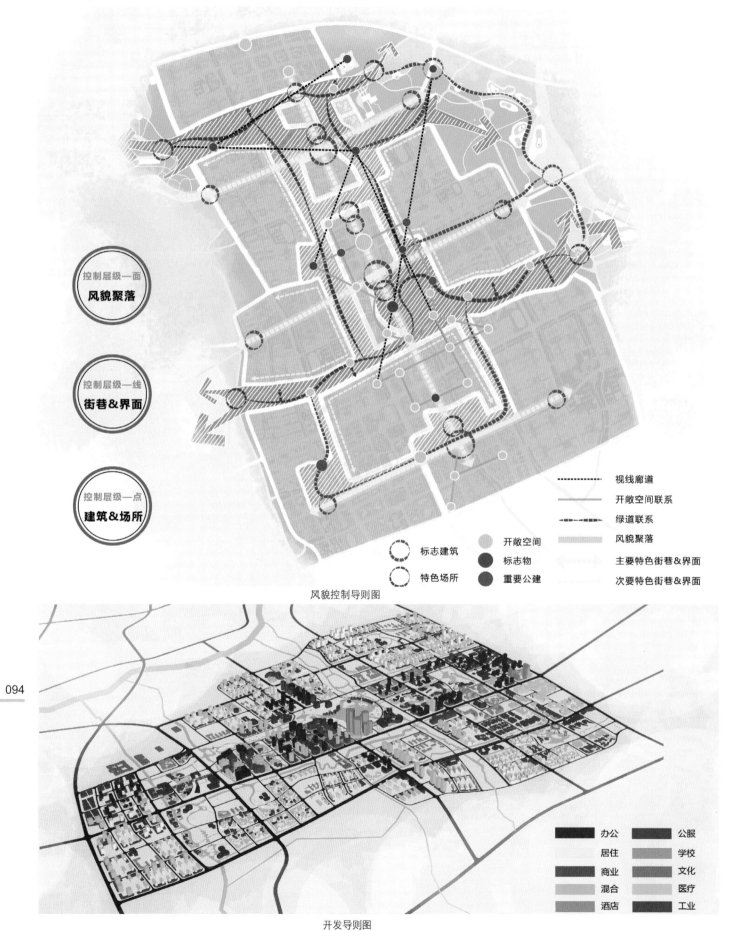

控制层级—面
风貌聚落

控制层级—线
街巷&界面

控制层级—点
建筑&场所

视线廊道

开敞空间联系

绿道联系

风貌聚落

主要特色街巷&界面

次要特色街巷&界面

标志建筑　　　开敞空间

特色场所　　　标志物

　　　　　　重要公建

风貌控制导则图

094

办公　　　公服

居住　　　学校

商业　　　文化

混合　　　医疗

酒店　　　工业

开发导则图

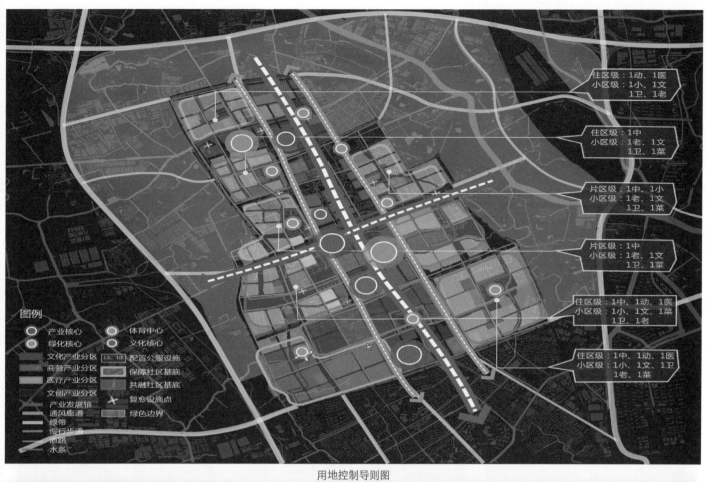

用地控制导则图

集成策略导则图

规划设计方案构建

系统结构图

交通系统

产业系统

绿地系统

水网系统

社服系统

文化系统

规划结构图

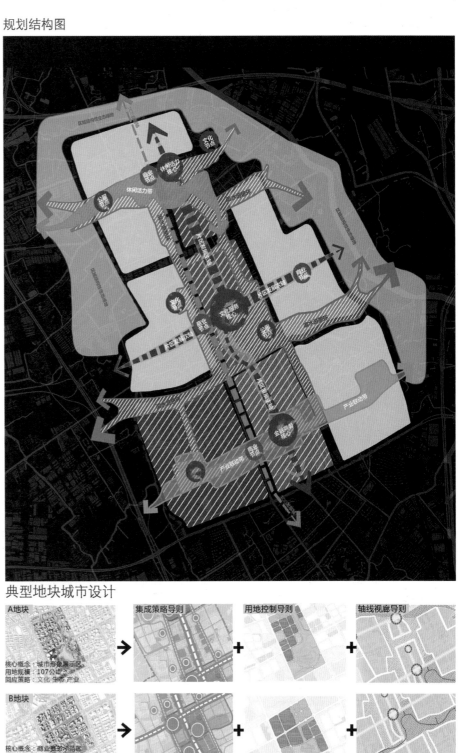

典型地块城市设计

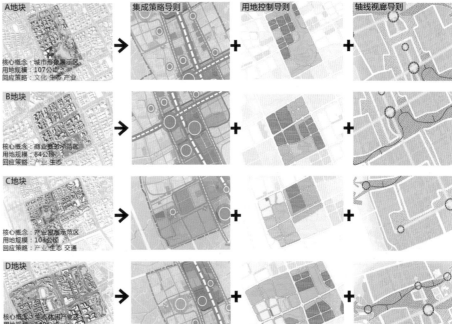

A地块

核心概念：城市形象展示区
用地规模：107公顷
回应策略：文化 生态 产业

B地块

核心概念：商业商圈示范区
用地规模：84公顷
回应策略：产业 生态

C地块

核心概念：产业发展示范区
用地规模：103公顷
回应策略：产业 生态 交通

D地块

核心概念：生态休闲产业区
用地规模：140公顷
回应策略：生态 产业

集成策略导则

用地控制导则

轴线视廊导则

总平面图

大圆通寺
印记收容站
创意生活馆
滨水商业街
博物馆
郊野公园
活动中心

D地块

元气社区
华溪体育公园
美术馆
少年宫
坞城庵

竞技馆
疗愈中心
市民广场
腾讯游戏基地
图书馆

A地块

地标酒店
虹桥巨幕
演艺中心

滨湖商业街
会馆

商业水街
国际学校
中心广场
创研中心
会展群落
精品酒店
国际医研中心
康养中心

C地块

B地块

0　125　250　500m

N

节点设计—城市形象展示区

基地概况

核心片区是整个南虹桥商务区的中心地段，其现状为大量拆除村庄及部分工厂，在规划中我们将其作为片区的文化核心、绿化核心，最高端的功能及建筑均聚集于此，其将成为带动虹桥发展的枢纽。

设计理念

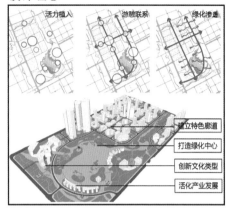

建立特色廊道
打造绿化中心
创新文化类型
活化产业发展

空间结构导则

慢行系统导则

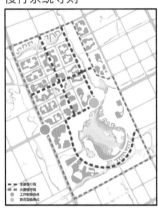

文化系统导则

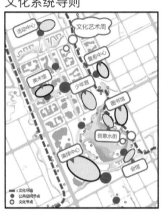

容积率控制导则

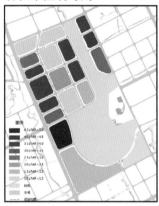

专题策略回应

文化类型	行为提取	空间类型		场所转化
科创文化	上海艺术博览会 上海时装周 CHINA JOY 上海国际电影节	建筑空间		演艺中心 展览馆
竞技文化	电子竞技联盟 英雄联盟职业联赛 DOTA国际邀请赛	公共空间 街巷空间		茶馆、运动馆 电竞馆 电竞中心
康养文化	中国茶道艺术 自行车运动 普拉提养生馆	节点空间		养生中心

文创空间+居住空间　　　文创空间+居住空间+商业空间　　　文创空间+居住空间+展示空间

效果图

城市设计导则

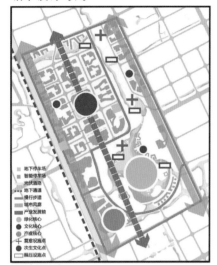

用地导则

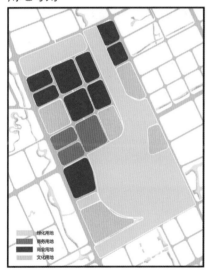

鸟瞰图

美术馆
群众艺术广场
综合艺术大楼
创意空中廊道

虹桥之巅大酒店
虹桥之心
虹桥之湾
浅水湾
综合演艺中心
休闲服务中心
综合演艺中心
虹桥大剧院

健康休闲中心
复愈中心
商务综合中心
市民文化广场
青少年宫
shopping mall
特色商业综合体
文化公园
中心图书馆
创意文化街
怡景湖心岛
观景小品
创意商业街

节点设计—商务商业示范区

基地概况

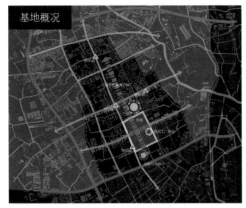

基地概况

重点城市设计 B 片区位于北青公路以北，处于南虹桥规划结构主轴南段，北承城市形象展示区南接大虹桥自然中心，定位为南虹桥商务区，承接片区商业商务研发职能，助力虹桥枢纽大商务大会展功能的完善。该区域目前有待改造升级的厂房一处，规划商业用地一处，规划高端工厂一处，水岸景观丰富，并有大量空余，待拆用地具备良好的条件承担其商务职能，有塑造南虹桥核心商务形象的潜力。

综合导则

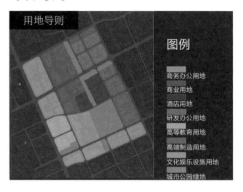

用地导则

图例

商务办公用地
商业用地
酒店用地
研发办公用地
高等教育用地
高端制造用地
文化娱乐设施用地
城市公园绿地

产业振兴方面，根据产业类型化标准，细分为教研板块、商展板块、综合商务板块、智慧研发板块 4 大板块，明确用地混合发展准则，并确定其具体开发模式

产业功能细分

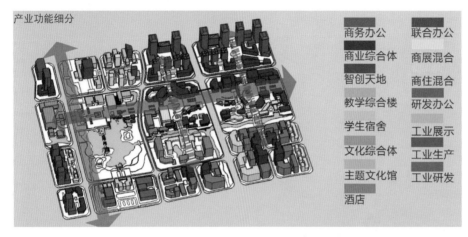

商务办公　　联合办公
商业综合体　商展混合
智创天地　　商住混合
教学综合楼　研发办公
学生宿舍　　工业展示
文化综合体　工业生产
主题文化馆　工业研发
酒店

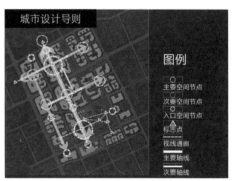

城市设计导则

图例

○ 主要空间节点
○ 次要空间节点
入口空间节点
标志点
视线通廊
主要轴线
次要轴线

功能复合模式

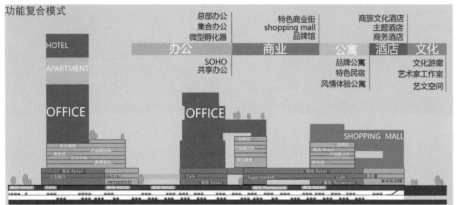

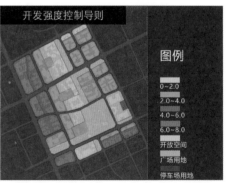

开发强度控制导则

图例

0~2.0
2.0~4.0
4.0~6.0
6.0~8.0
开放空间
广场用地
停车场用地

鸟瞰图

建筑高度控制导则

图例
- 0～18m
- 18m～50m
- 50m～80m
- 80m以上
- 开放空间
- 广场用地
- 停车场用地

慢行分区导则

图例
- 地铁换乘点
- 游船换乘点
- 骑行步行转换点
- 骑行路径
- 商业步行路径
- 滨水休闲路径
- 商务通勤路径
- 游船行驶路径
- 城市级水绿网

交通提升方面,确立慢行优先度分区,建立联系4大板块、9个交通换乘点、多个公共开放空间的高密度慢行网络

岸线设计导则

图例
- 商业休闲岸线
- 游船岸线
- 景观岸线
- 城市堤岸

依托场地水环境,打造2主3次纵横交织水网,结合片区功能 分段形成多类型岸线形式

片区总平面图

- 展创一体化平台
- 智慧研发片区
- 特色商业综合体
- 滨水休闲广场
- 滨水休闲游憩带
- 水街主题文化广场
- 高端商务片区
- 水街文化天幕
- 水街文娱大厦
- 特色商业水街
- 水街创意设计展屋
- 水街品牌体验环
- 水街文化塔
- 水街精品主题酒店
- 高端制造研发工厂

- 校企结合商务片区
- 健身休闲广场
- 创意展示广场
- 综合办公大楼
- 个性化第三空间
- 高校创意教育片区
- 小虹桥特色水景公园
- 小虹桥水景文化广场
- 高校创意办公楼
- 综合教研中心
- 创研文化大楼
- 地铁出入口

设计说明

基于基地原有两条主要水脉,延续增补三条,形成400m横纵交织水网,并结合核心水面打造文化主题公园,结合南北向主水流打造滨水休闲游憩带,进而,承接北面城市形象展示区的核心轴线,衔接南侧总部办公片区打造纵向品牌商业活力轴,并进一步深化轴线上精品水街段设计,打造临水立体化屋顶建筑、精品商业展示建筑及大型综合商业建筑三个层次,形成以休闲屋顶绿带、C形架空艺术廊桥拉结的第二界面。

101

水街活动策划

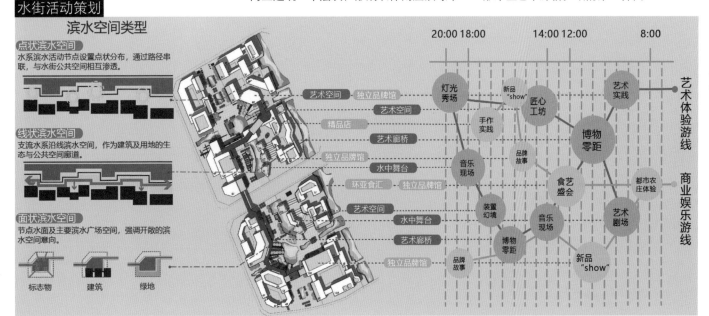

滨水空间类型

点状滨水空间
水系滨水活动节点设置点状分布,通过路径串联,与水街公共空间相互渗透。

线状滨水空间
支流水系沿线滨水空间,作为建筑及用地的生态与公共空间廊道。

面状滨水空间
节点水面及主要滨水广场空间,强调开敞的滨水空间意向。

标志物　建筑　绿地

20:00 18:00　　14:00 12:00　　8:00

艺术空间 — 独立品牌馆
艺术空间
精品店
艺术廊桥
独立品牌馆
水中舞台
环亚食汇 — 独立品牌馆
艺术空间
水中舞台
艺术廊桥
独立品牌馆

灯光秀场 — 新品"show"　艺术实践
匠心工坊
手作实践
博物零距
品牌故事
音乐现场　食艺盛会　都市农庄体验
装置幻境
音乐现场　艺术剧场
博物零距　新品"show"
品牌故事

艺术体验游线
商业娱乐游线

节点设计—产业发展示范区

基地概况

地块位于产业联动带与滨水游憩带的核心交汇处，为医教服务中心。东侧与金融商务核心相连。

地块东侧是外部蹄形绿地，内部有一核心绿地，四带联结核心。是环境优越的医疗、健康、运动区域。

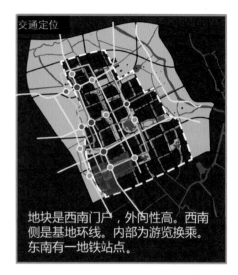

地块是西南门户，外向性高。西南侧是基地环线。内部为游览换乘。东南有一地铁站点。

基地现状

控制导则

【生态基底导则】
打造良好生态环境

【公共空间导则】
组织舒适公共空间

【人居环境导则】
构建健康生活网络

【道路交通导则】
完善便捷交通体系

规划解析

功能分区

片区结构

景观标志
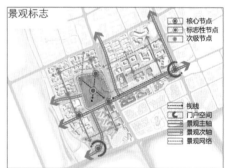

交通组织
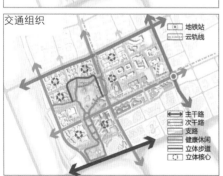

游线策划
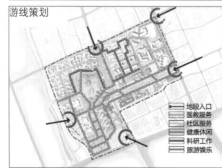

绿地系统
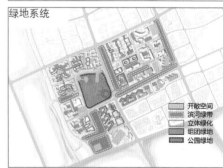

总平面图

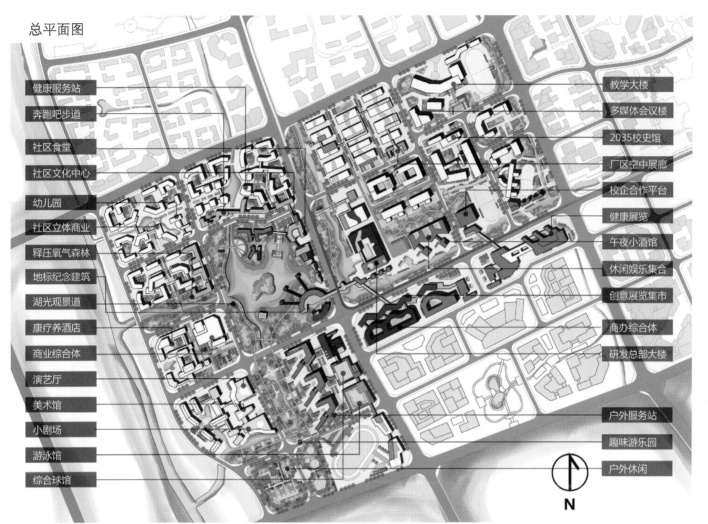

健康服务站
奔跑吧步道
社区食堂
社区文化中心
幼儿园
社区立体商业
释压氧气森林
地标纪念建筑
湖光观景道
康疗养酒店
商业综合体
演艺厅
美术馆
小剧场
游泳馆
综合球馆

教学大楼
多媒体会议楼
2035校史馆
厂区空中展廊
校企合作平台
健康展览
午夜小酒馆
休闲娱乐集合
创意展览集市
商办综合体
研发总部大楼

户外服务站
趣味游乐园
户外休闲

N

城市设计导则

图例：　道路　水系　建筑
保留改造水系　保留扩展水面　新塘水系
自然岸线　绿地边界　一级公共空间
二级公共空间　三级公共空间　绿地开敞空间
视线通廊　开敞节点　标志节点
健康社区　学校　医院　生活服务设施
文化娱乐设施　绿色休闲带　地面通道
主要立体通廊　局部立体通廊　休憩节点
地铁线路　地铁站点　站点控制范围
一级道路　二级道路　三级道路
一级界面　二级界面　规划范围
停车场　交通节点

【城市设计导则】
严格控制，监督引导

节点示意

健康体系设置

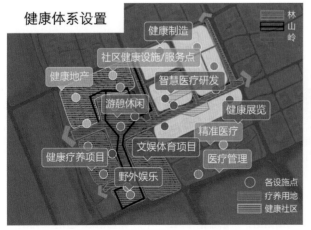

林
山
岭

健康制造
社区健康设施/服务点
健康地产
智慧医疗研发
游憩休闲
健康展览
精准医疗
健康疗养项目
文娱体育项目
医疗管理
野外娱乐

各设施点
疗养用地
健康社区

鸟瞰图

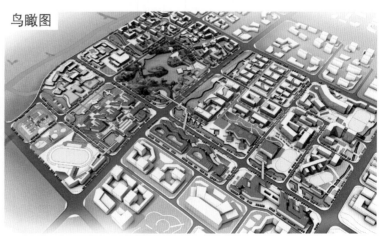

节点设计—生态休闲示范区

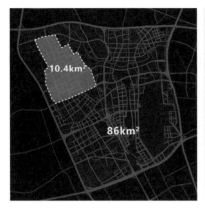

10.4km²

86km²

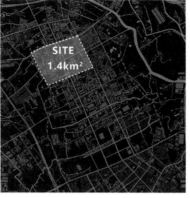

SITE
1.4km²

基地概况

　　重点城市设计片区位于基地北部，面积约 1.4km²，北邻盐仓浦，东至纪翟路，联友路从片区中穿过。片区现状可概括为生态缺失、社区分化、公服断层、交通混乱等。

　　承接总体城市设计方案，片区位于北部联系绿带上，近 50% 用地为公共绿地，联系绿带将片区割分为三大板块，其功能分别为商务办公、休闲娱乐、混合住区。

　　片区设计将作为生态建设和社区建设的示范片区，探讨生态与不同功能板块之间的有机融合。通过回应构建生态网络、打造特色景观以及构建多元融合的混合住区等多项策略，进行空间建构，形成示范片区的设计方案。

技术路线

现状分析	生态缺失	社区分化	公服断层	交通混乱
功能定位	休闲娱乐	商务办公	混合居住	健康复愈
策略回应	蓝绿网络	特色景观	多元社区	公服提升
空间建构	蓝绿延展	节点标识	滨水衔接	游廊串联

核心理念

设计概念

乐活宜居
生态文明

生活 Living
社区 Community
活力 Active
美丽 Beautiful
洁净 Clean
多元 Multivariate
绿色 Green
旅游 Tourism
联系 Connection

构建蓝绿网络　依托现有水系，延展、拓宽、疏浚河道，建设高密度蓝绿网络

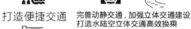
打造便捷交通　完善动静交通，加强立体交通建设，打造水陆立体交通高效换乘

优化公共环境　整治现状存量公共空间，强化特色节点，建立公共空间网络

提升生活品质　整合社区，完善配套，打造多元共融的全龄化智慧生态社区

多元空间　　便捷交通
社区融合　　丰富生活
自我提升　　健康复愈
年轻乐活　　健康休闲

社区专题

1 混合社区构成

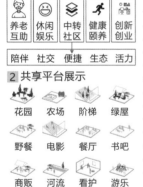

养老互助　休闲娱乐　中转社区　健康颐养　创新创业
陪伴　社交　便捷　生态　活力

2 共享平台展示

花园　农场　阶梯　绿屋
野餐　电影　餐厅　书吧
商贩　河流　看护　游乐

生态专题

1 水结合的原则

	社区	商业办公	运动公园
水的曲度	□	△	○
水的宽度	△	□	○
水的深度	△	□	○
高度变化	□	△	○
联通密度	□	○	△
水网密度	○	□	△
植物关系	□	△	○
道路关系	△	□	○
建筑关系	□	○	△
水岸软硬	□	△	○
水岸活动	○	□	△
开放程度	□	△	○

2 水岸工具箱

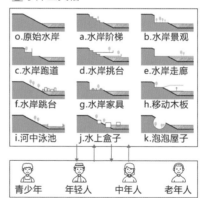

o.原始水岸　a.水岸阶梯　b.水岸景观
c.水岸跑道　d.水岸挑台　e.水岸走廊
f.水岸跳台　g.水岸家具　h.移动木板
i.河中泳池　j.水上盒子　k.泡泡屋子

青少年　年轻人　中年人　老年人

3 岸线剖面展示

1.节点Ⅰ—水上漂

2.节点Ⅱ—水中游

3.节点Ⅲ—水下潜

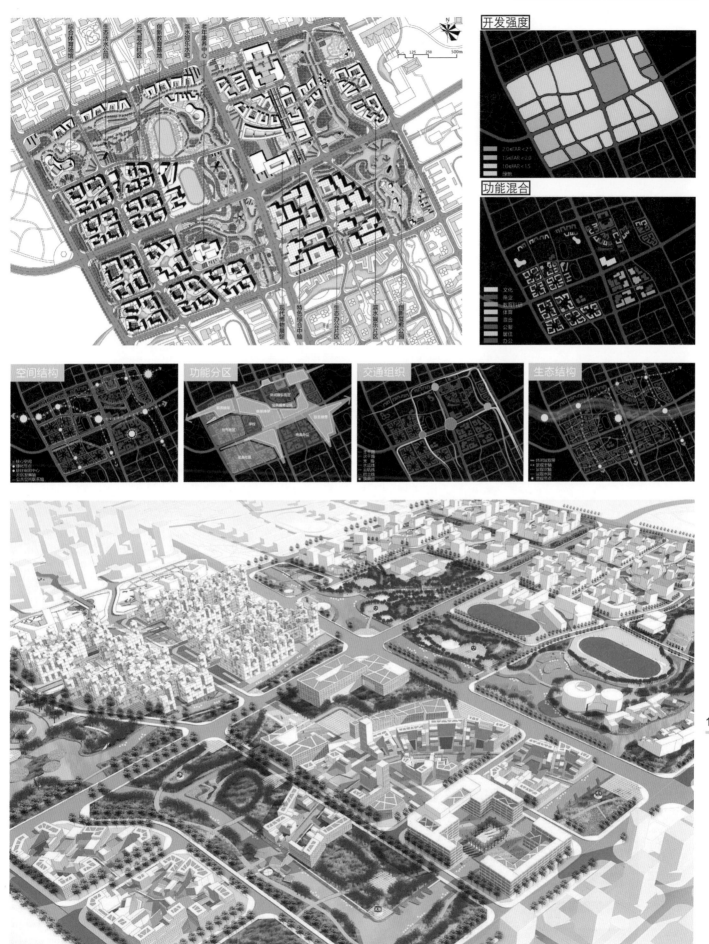

开发强度

2.0≤FAR<2.5
1.5≤FAR<2.0
1.0≤FAR<1.5
绿地

功能混合

文化
商业
教育科研
体育
混合
公服
居住
办公

空间结构

功能分区

交通组织

生态结构

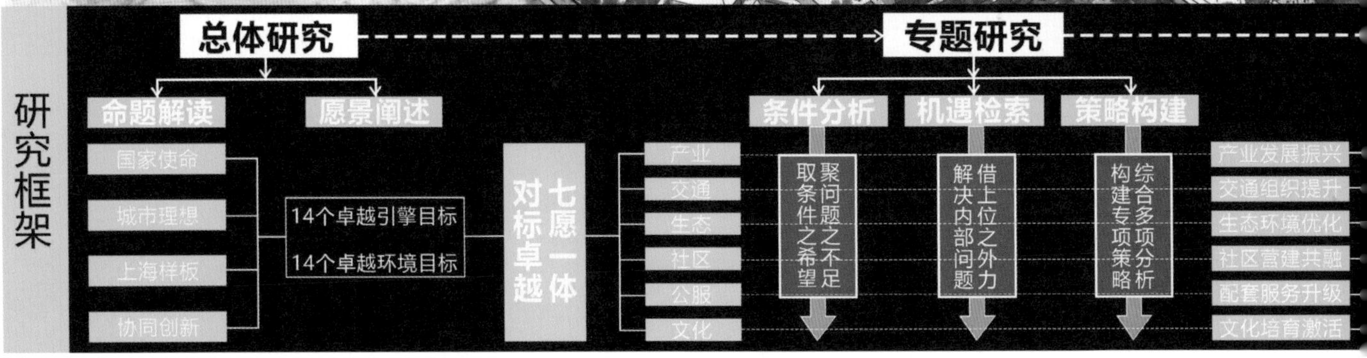

研究框架

总体研究　　　　　　　　　　　　专题研究

命题解读　　愿景阐述　　　　　　条件分析　　机遇检索　　策略构建

国家使命　　　　　　　　　　　　　　　　　　　　　　　　　　　　产业发展振兴

城市理想　　14个卓越引擎目标　　产　业　　取聚　　解借　　构综　　交通组织提升
　　　　　　　　　　　　　　　　交　通　　条问　　决上　　建合
上海样板　　14个卓越环境目标　　生　态　　件题　　内位　　专多　　生态环境优化
　　　　　　　　　　　　　　　　社　区　　之之　　部之　　项项
协同创新　　　　　　　　　　　　公　服　　希外　　问外　　策分　　社区宜建共营
　　　　　　　　　　　　　　　　文　化　　望足　　题力　　略析　　配套服务升级

七愿一体
对标卓越　　　　　　　　　　　　　　　　　　　　　　　　　　　　文化培育激活

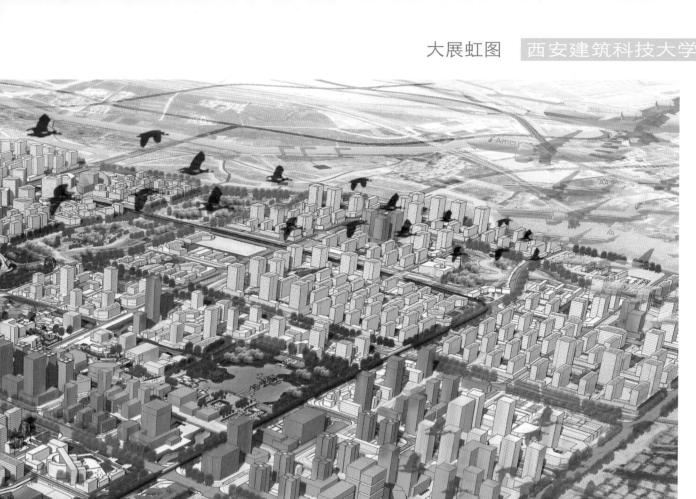

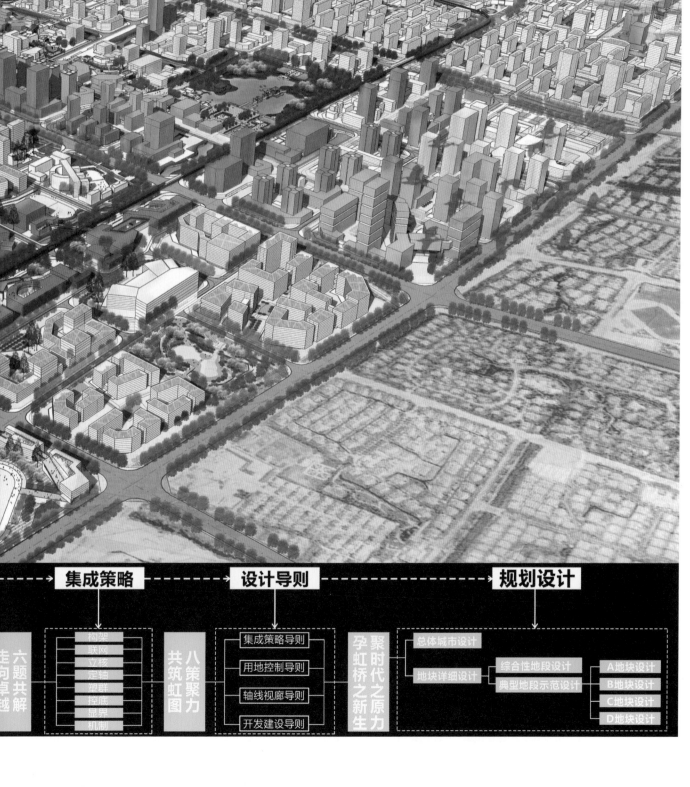

上海样板、未来城市
THE MODEL OF SHANGHAI, THE CITY OF FUTURE

同济大学建筑与城市规划学院

张康硕　张欣毅　刘育黎　贺怡特　周叶渊

王雪妍　杨明轩　顾嘉懿　姚诗雨

指导教师：耿慧志　刘　冰　田宝江

同济大学方案以"上海样板、未来城市"为主题，从"新功能、新交通、新生态、新生活"四个方面回应"大虹桥·新空间"的设计要求。规划方案在对传统的用地布局、产业引导、交通组织、绿地景观、社区融合等专项内容进行深入细致的考量与统筹安排基础上，还涌现了很多亮点，如运用定量分析方法，确定城市通风廊道的格局和宽度，并对整体用地布局进行优化；在多元交通模式规划中充分考虑了未来共享交通、无人驾驶等新技术、新模式对城市形态和功能布局的影响，并在规划布局中进行考虑和预留；考虑不同人群的需求和活动特征，打造包容和谐的多元社区和居住模式，营造新型生活空间，生产、生活、生态有机共融，和谐发展。

Tongji university group draws a blue print ,the theme of which is "the model of Shanghai, the city of future" , divided into, "new function, new transportation, new ecology, new life" ,four aspects to respond the title of "big-Hongqiao new-space". Based on the careful consideration and overall arrangement of the traditional landuse layout, industrial guidance, traffic organization, the green landscape, community integration and other special contents, the planning also has emerged a lot of bright spots, such as using quantitative analysis method, determining the pattern and width of the Urban Ventilation Channel , and optimizing the whole land layout; In the planning of multi-transport mode, it has a full consideration for impact of new technologies and new traffic modes, such as shared transportation and unmanned driving in the future, on urban form and function layout. These elements were considered in the planning layout. Considering the needs and characteristic activities of different groups of people, it creates a multi-community and residential mode which is harmonious and inclusive. With this new type of living space, the ecology, the production and the living will be integrated organically and develop harmoniously.

虹桥商务区拓展片城市设计

新·空间——城市设计鸟瞰图　小组成果

大虹桥·新空间——总体城市设计

指导教师

 耿慧志老师　 刘冰老师　 田宝江老师

学生团队

 张康硕　 张欣毅　 刘育黎　 贺怡特　 周叶渊　 王雪妍　 杨明轩　 顾嘉懿　 姚诗雨

城市设计鸟瞰图

虹桥商务区拓展片城市设计

新·空间——概念解析　小组成果

大虹桥·新空间——区位分析

设计说明

　　上海正逐渐迈向卓越的全球城市。未来的虹桥商务区将会成为全国三横两纵国家城镇体系规划中的节点；虹桥商务区也将成为长三角的枢纽，通过串联省会城市及各主要城市的多条发展轴带，逐步增强与长三角的联系；虹桥商务区还将成为上海城镇体系规划中的重要对外门户，将为上海内部的发展提供强有力支持。

　　设计基地虹桥商务区拓展片位于商务区西北角，南虹桥范围内，总面积10.3km²，距核心区6.8km，是未来大虹桥空间规划、交通规划、生态规划的重要组成。

　　带着对上海虹桥深沉的热爱和对未来美好的憧憬，本学期同济大学团队分别从新功能、新交通、新生态与新生活四个方面对进行了深入剖析与规划设计，书写了"上海样板，未来城市"的全新面貌。

区位分析

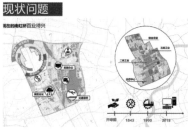

现状问题

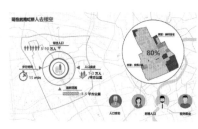

理念框架

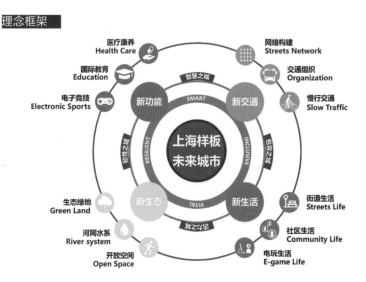

虹桥商务区拓展片城市设计

新·空间——城市设计总平面　小组成果

大虹桥·新空间——城市设计总平面

城市设计总平面图

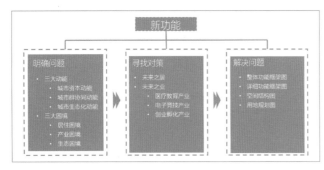

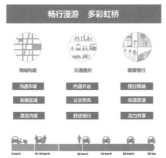

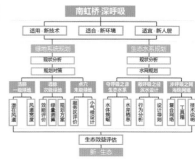

三大动能

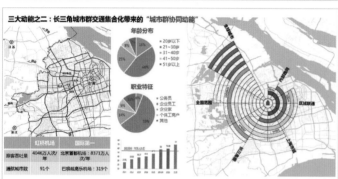

三大困境

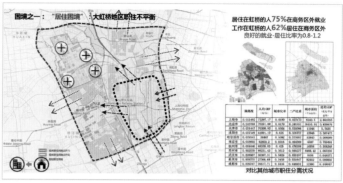

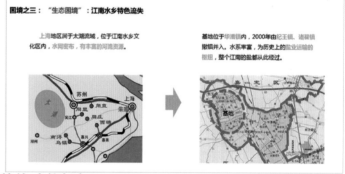

用地布局

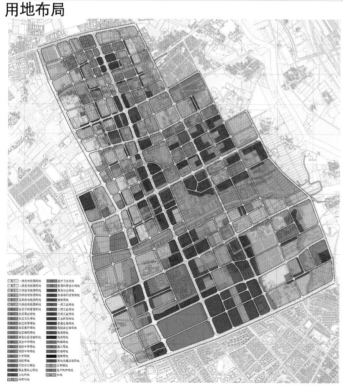

整体功能框架

一带三核　　　　　四大居住
　承虹桥　　　　　　接虹桥

国际教育　　　　　生态十字
　优虹桥　　　　　　活虹桥

113

医疗产业基础

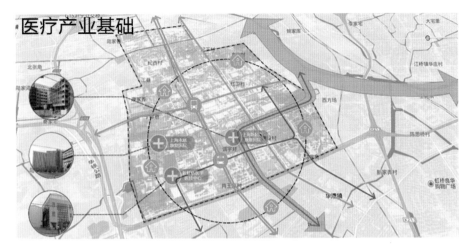

国际教育基础

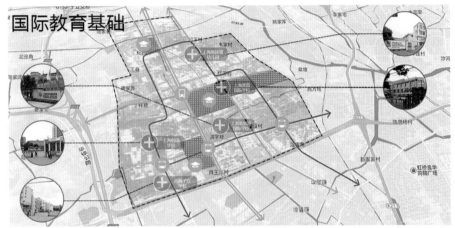

电子竞技基础

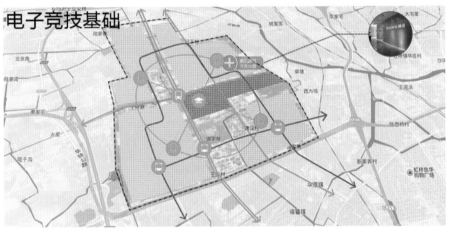

创业孵化基础

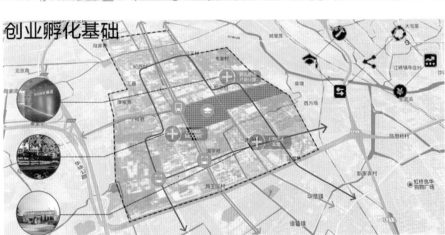

详细功能框架

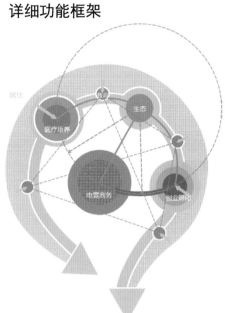

整体空间结构

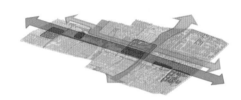

原电竞地块控规图

深化后电竞地块控规图

电竞综合服务区总平面图

电竞产业综合服务区总平面图

步行系统设计成果

电竞社区设计成果

机动车系统设计成果

二次元公园设计成果

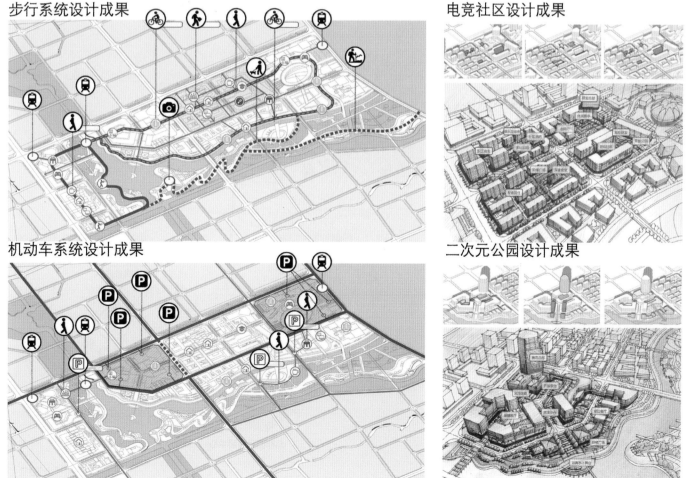

虹桥商务区拓展片城市设计

新·交通——综合交通体系规划　张欣毅

目标策略——畅行漫游 多彩虹桥

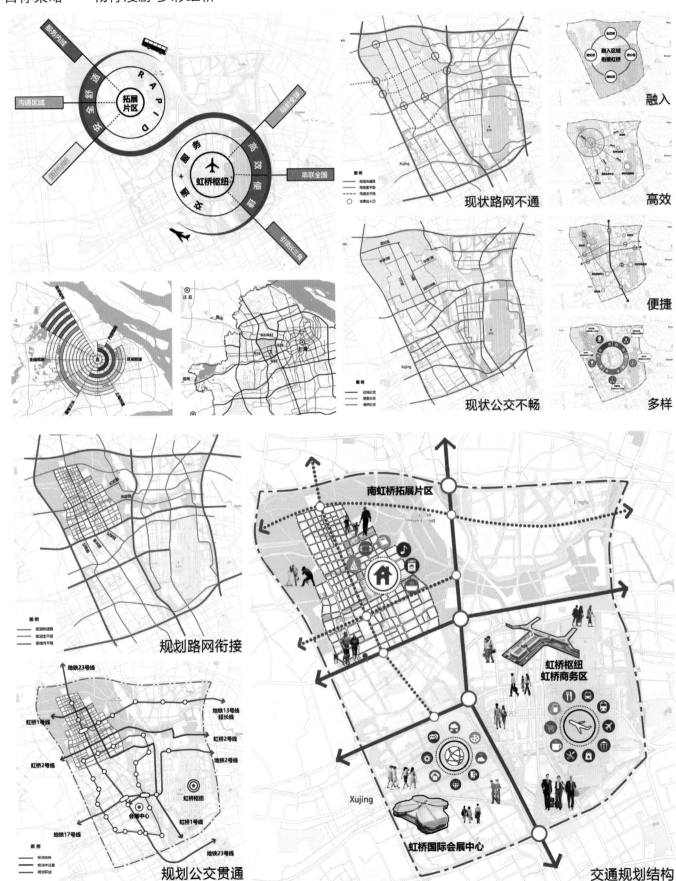

融入

高效

便捷

多样

现状路网不通

现状公交不畅

规划路网衔接

规划公交贯通

交通规划结构

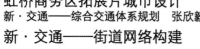

虹桥商务区拓展片城市设计
新·交通——综合交通体系规划　张欣毅
新·交通——街道网络构建

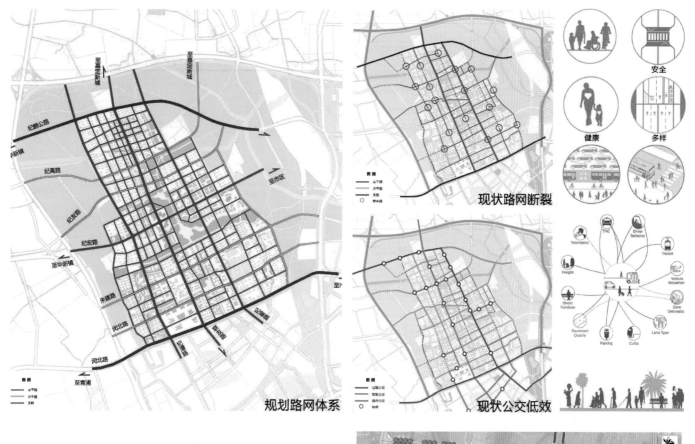

规划路网体系

现状路网断裂

现状公交低效

开放街区设计

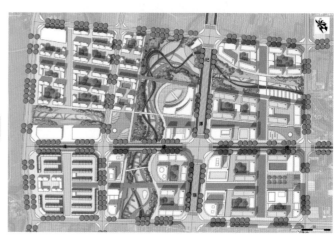

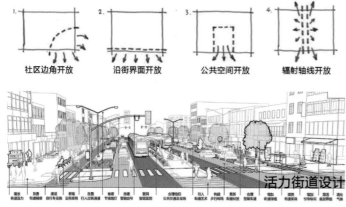

1. 社区边角开放　2. 沿街界面开放　3. 公共空间开放　4. 辐射轴线开放

活力街道设计

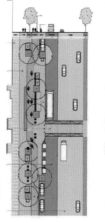

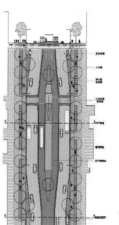

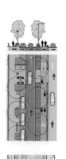

安全　健康　多样

虹桥商务区拓展片城市设计

新·交通——综合交通体系规划　张欣毅

新·交通——多模式交通组织

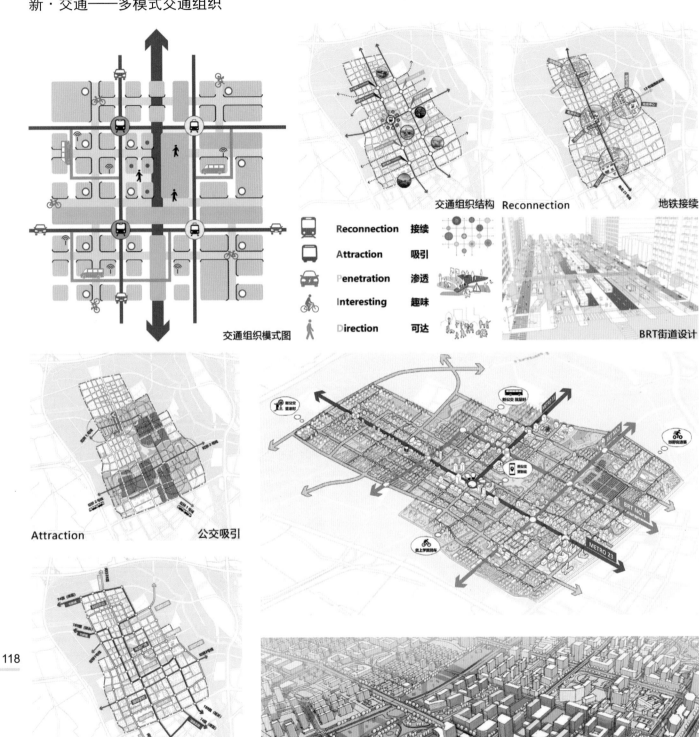

交通组织结构　Reconnection　地铁接续

	Reconnection	接续
	Attraction	吸引
	Penetration	渗透
	Interesting	趣味
	Direction	可达

交通组织模式图

BRT街道设计

Attraction　公交吸引

Penetration　智慧渗透

智慧公交设计

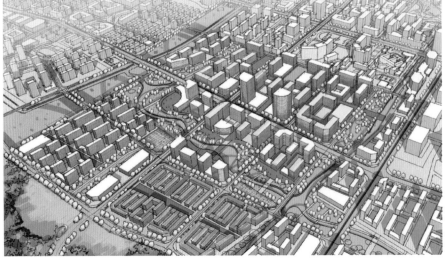

新交通·智网联

基于 MaaS 的多模式交通组织及网络建构　　刘育黎

交通技术发展现状及趋势

 互联网技术突破
出行模式变革

 汽车产品技术突破
行业结构变革

 智慧交通系统融合
商业模式变革

现在　　　未来

基于**移动互联网**的共享交通方式逐步发展，包括共享单车、分时租赁汽车等模式。

自动驾驶将促成整个汽车服务行业的模式变革，整个汽车行业的销售结构从私家车向共享汽车发展。

共享出行服务的高保障性，以及出行的低价格成本将使共享出行的综合竞争优势大大高于拥有私家车。

MaaS (Mobility-as-a-Service，出行即服务) 模式

基地内条件

路网　　　　　公共交通　　　　　功能结构　　　　　公共空间

新型交通方式的
空间和设施需求

充电桩　　地下汽车泊位

电子围栏区
建筑前区

上落客停靠港湾
建筑前区

节点设计

以社区生活区为例

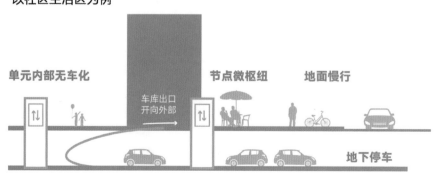
单元内部无车化　　节点微枢纽　　地面慢行
车库出口开向外部
地下停车

组织模式和网络构建

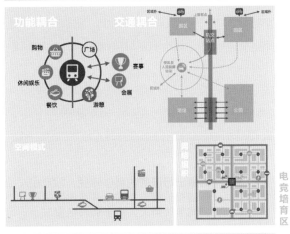

电竞培育区

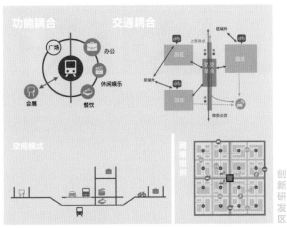

创新研发区

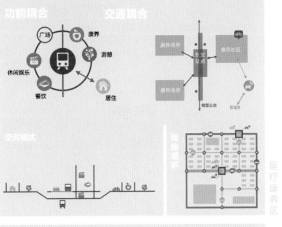

医疗康养区

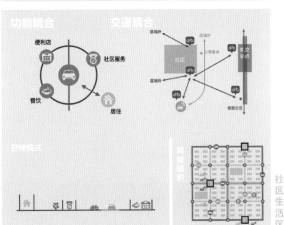

社区生活区

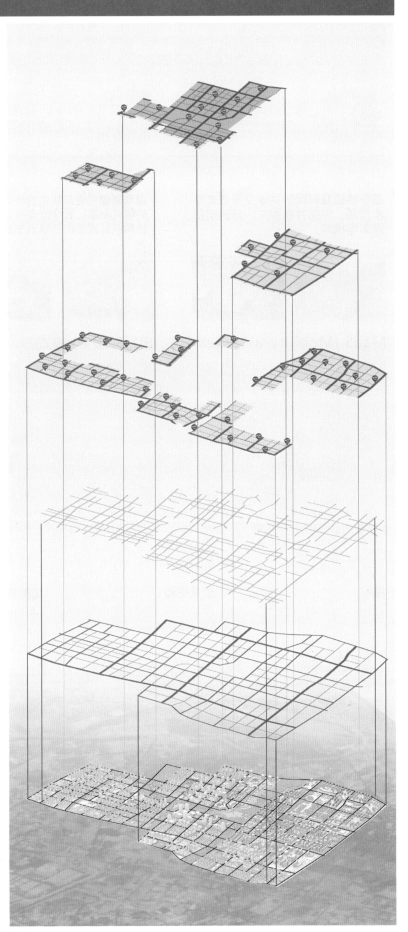

新交通·智网联

典型区域设计

🚲 共享单车电子围栏

🚶 小区步行出入口

🚗 停车场出入口

👫 小区内无车空间

社区节点微枢纽

🚲 💍 社区服务

🚗 🍜 餐饮

🚌 🏪 便利店

0　50　100m

未来发展前瞻

- 汽车共享市场将会以每年**34.8%**的比率增长至2024年。
- 预计到2040年，全球汽车总数的**39%**将为共享。

私家车辆 ↘　　共享车辆 ↗

日常出行中，如果可以使用无人驾驶车辆系统，你会用它取代何种交通方式？

私家车　50%
公共交通　31%
出租车　22%
自行车　10%
其他　2%

来自10个国家的6500名受访者
来源：Arthur D. Little，Future of mobility 3.0

情境设想：
未来，规划区中私家车数量将减半，代之以无人驾驶的共享车辆

现在基地内半数私家车所需泊位=

$$\frac{区域内人数×1/2}{平均每户人数×平均每户拥有车辆数}$$

$$=40000$$

半数私家车变为共享车辆所需泊位=

$$\frac{区域内人数×1/2×日均出行次数×高峰小时系数×分担率×泊位比}{平均载客量×车辆利用率}$$

$$≈3000$$

人口数以 210 000 计
其他值取上海数据估算

原有泊位配置
80 000 个

私家车泊位
40 000 个

释放停车空间

共享汽车泊位
3 000 个

释放约一半的停车空间

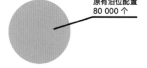

地下停车场　　　社区商业/社区服务

沿街停车位

商业外摆/口袋公园

未来的停车场布点设想

健康慢行必要性

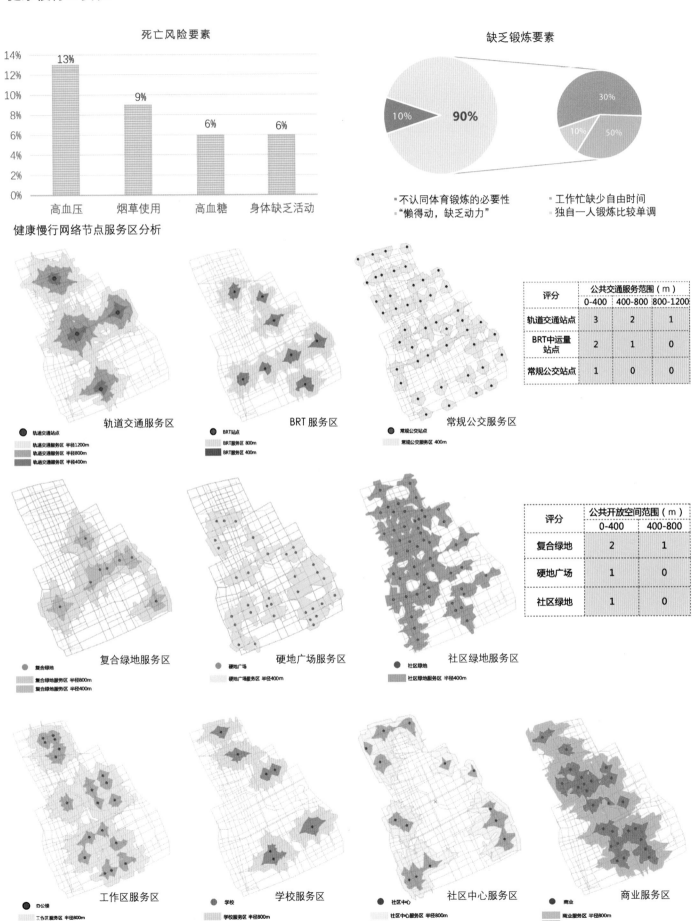

死亡风险要素

缺乏锻炼要素

■ 不认同体育锻炼的必要性　　■ 工作忙缺少自由时间
　"懒得动，缺乏动力"　　　　■ 独自一人锻炼比较单调

健康慢行网络节点服务区分析

轨道交通服务区

● 轨道交通站点
　轨道交通服务区 半径1200m
　轨道交通服务区 半径800m
　轨道交通服务区 半径400m

BRT 服务区

● BRT站点
　BRT服务区 800m
　BRT服务区 400m

常规公交服务区

● 常规公交站点
　常规公交服务区 400m

评分	公共交通服务范围（m）		
	0-400	400-800	800-1200
轨道交通站点	3	2	1
BRT中运量站点	2	1	0
常规公交站点	1	0	0

复合绿地服务区

● 复合绿地
　复合绿地服务区 半径800m
　复合绿地服务区 半径400m

硬地广场服务区

● 硬地广场
　硬地广场服务区 半径400m

社区绿地服务区

● 社区绿地
　社区绿地服务区 半径400m

评分	公共开放空间范围（m）	
	0-400	400-800
复合绿地	2	1
硬地广场	1	0
社区绿地	1	0

工作区服务区

● 办公楼
　工作区服务区 半径800m
　工作区服务区 半径400m

学校服务区

● 学校
　学校服务区 半径800m
　学校服务区 半径400m

社区中心服务区

● 社区中心
　社区中心服务区 半径800m
　社区中心服务区 半径400m

商业服务区

● 商业
　商业服务区 半径800m
　商业服务区 半径400m

健康慢行网络节点综合评价

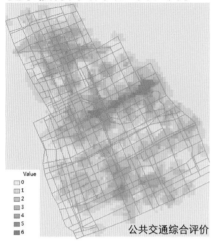

公共交通综合评价

开放空间综合评价

慢行交通构建原则

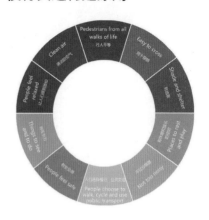

健康慢行网络构建

日常步行网络

日常步行需求：上班通勤、日常购物
密度：10~14km/km²
步行道平均间距：150~200m

跑步锻炼网络

跑步锻炼需求：锻炼身体、上班通勤
环线：3~5km
时间：30min

休闲漫步网络

休闲漫步需求：休闲放松、亲子
环线：1~2km
环境偏好：生态宜人

骑行网络

日常骑行需求：上班通勤、日常购物
密度：8~12km/km²
骑行道平均间距：170~250m

不同人群慢行网络

本地人群慢行网络

工作人群慢行网络

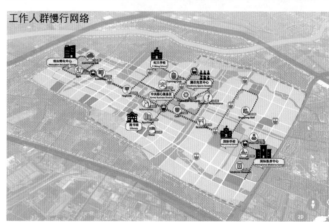

外地游客慢行网络

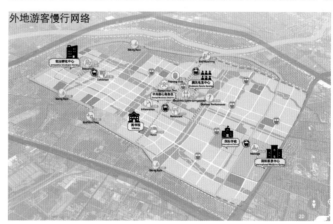

健康慢行空间设计（节点）

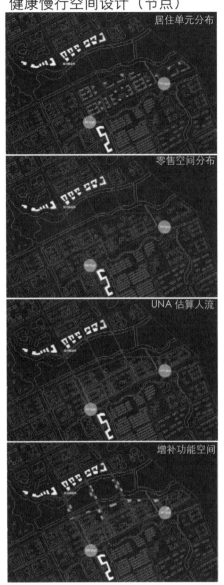

居住单元分布

零售空间分布

UNA 估算人流

增补功能空间

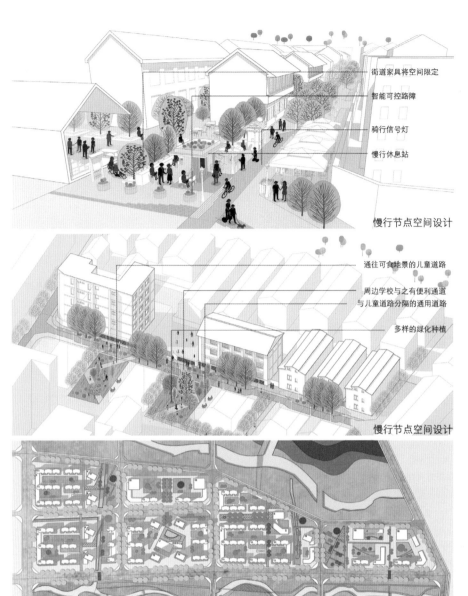

街道家具将空间限定

智能可控路障

骑行信号灯

慢行休息站

慢行节点空间设计

通往可食地景的儿童道路

周边学校与之有便利通道
与儿童道路分隔的通用道路

多样的绿化种植

慢行节点空间设计

节点平面图

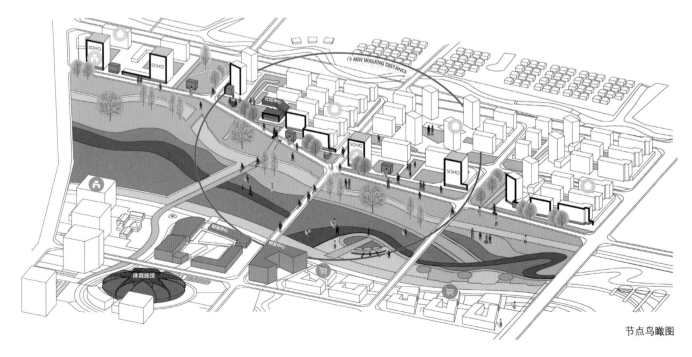

节点鸟瞰图

虹桥商务区拓展片城市设计

新·生态——绿地系统规划　周叶渊

目标策略——让高密度城市深呼吸

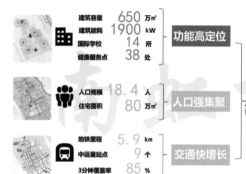

建筑容量	650	万m²	功能高定位
建筑能耗	1900	kW	
国际学校	14	所	
健康服务点	38	处	
人口规模	18.4	人	人口强集聚
住宅面积	80	万m²	
地铁里程	5.9	km	交通快增长
中运量站点	9	个	
3分钟覆盖率	85	%	

高度人工化的高密度城市地区

城市如何深呼吸？

绿地　　水系

清肺	通脉	点穴	守呼吸之源	敞呼吸之径	渗呼吸之网
构建生态通风主廊道	打通高效绿地新网络	激活社区生活多节点	固守生物栖息水岸	活化多样滨水空间	渗透城市雨时降水

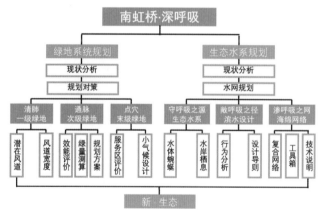

南虹桥·深呼吸

绿地系统规划 / 生态水系规划

- 清肺 一级绿地：潜在风道、风道宽度
- 通脉 次级绿地：效能评价、绿量测算、规划方案
- 点穴 末级绿地：服务区评价、小气候设计
- 守呼吸之源 生态水系：水体蜿蜒、水岸栖息
- 敞呼吸之径 滨水设计：行为分析、设计导则
- 渗呼吸之网 海绵网络：复合网络、工具箱、技术说明

新·生态

规划对策

针对绿地系统的三个层次策略：清肺、通脉、点穴，分别对应自上到下的三级绿地体系。

3个维度

清肺——一级绿地结构

通脉——次级绿地结构

点穴——末级绿地系统

新·生态——绿地系统现状分析

现状分析——地块外

对基地周边的生态基质情况进行了多层次的分析。现状大范围基质条件良好，外围具有城市深呼吸的本底条件，生态潜力大。

现状分析——地块内

廊道断裂
基地内的现状生态问题严重、生态连续性低，水系资源丰富
斑块缺失
状公园服务半径，人均绿地面积稀少

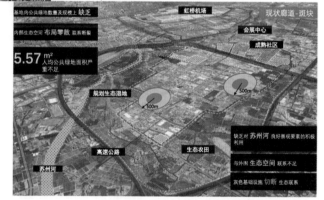

与东西北侧的生态基底联通

利用生态要素提供生物栖息地

串结成网，发挥生态高能效，提高绿地附加价值

与苏州河的景观要素形成良好的联系，绿地结构与苏州河之间具有视线通廊

补充丰富多元景观体系

从大型公园到口袋公园打造多层级的生态系统

虹桥商务区拓展片城市设计

新·生态——绿地系统规划　周叶渊

新生态·清肺——一级绿地结构

清肺
构建生态通风主廊道

传统绿地方案构建

重要廊道尺度论证

廊道选择

总平面图

相同风环境的多尺度模拟（夏季常风向常风速条件）：

潜力风道构建

Step1: 主导风向特征分析

进气通道与主导风向呈一定偏角
排气通道与主导风向保持一致

通风效率最大，与主导风方向呈
20°~30°夹角

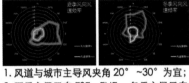

1. 风道与城市主导风夹角 20°~30° 为宜；
2. 夏季主导风向 ESE、ENE，冬季主导风向 NNE、NNW

Step2: 确定作用空间与补偿空间

作用空间：
指需改善风环境或降低污染的地区

补偿空间：
指产生新鲜空气或局地风系统的来源地区

空气引导通道：
指将空气由补偿空间引导至作用空间的连接通道，即风道

上海城市温度反演图
数据日期：2017年7月20日
数据来源：https://glovis.usgs.gov/app

补偿空间 1 大 3 小；作用空间连续

人体高度舒适风速

舒适度：
$$ssd=(1.818t+18.18)(0.88+0.002f)+(t-32)/(45-t)-3.2v+18.2$$

平均气温 t = 31.6℃

湿度范围 f=45%-65%

适宜风速 v = 0.91-1.37m/s

Step3: 空气引导潜力区域

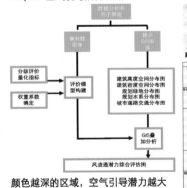

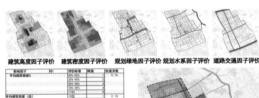

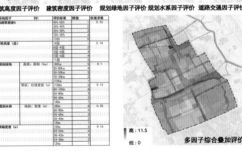

高：11.5
低：0

多因子综合叠加评价

颜色越深的区域，空气引导潜力越大

Step4: 获得潜力风道构建图

Step5: 对比初步绿地方案

修正前

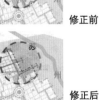
修正后

虹桥商务区拓展片城市设计

新·生态——绿地系统规划　周叶渊

新生态·通脉——次级绿地结构

通脉
打通高效
绿地新网络

次级结构：生态结构效能指标评价

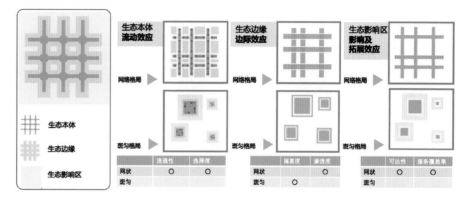

	生态本体流动效应		生态边缘边际效应		生态影响区影响及拓展效应	
网络格局			网络格局		网络格局	
斑匀格局			斑匀格局		斑匀格局	

生态本体
生态边缘
生态影响区

	流通性	选择度		隔离度	渗透度		可达性	服务覆盖率
网状	○		网状			网状	○	○
斑匀			斑匀	○		斑匀		

次级结构：合理绿量确定

样本城市

来源：世界卫生组织全球城市人均公共绿地面积统计2014

奥斯陆　　悉尼　　　新加坡　　斯德哥尔摩　巴黎
1344人/km²　407人/km²　7789人/km²　148人/km²　24000人/km²
14.5m²/人　6.4m²/人　37.6m²/人　68.3m²/人　24.8m²/人

哥本哈根　伦敦　　布加勒斯特　维也纳
7010人/km²　5250人/km²　3769人/km²　4530人/km²
10.1m²/人　22.8m²/人　21.0m²/人　15.5m²/人

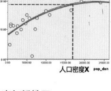

avg_green 人均绿地面积Y
$Y=1/1000X^2-2.274×10^{-3}X+10.701$

人口密度X pop_den

南虹桥地区
人口密度：2.1万人/km²
小结：绿量规模324hm²
一级：139hm²
次级：185hm²

次级绿地结构规划图

新生态·点穴——末级绿地结构

点穴
激活社区生活新节点

末级结构：基于服务区的绿地校核

一级绿地服务区　　　　二级绿地服务区

500m / 800m　　　300m / 500m　　　覆盖 / 无覆盖

末级绿地类型一：社区公园　末级绿地类型二：生境花园　末级绿地类型三：都市农园　绿色基础设施效益评估

社区公园

生境花园

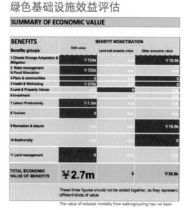
都市农园

SUMMARY OF ECONOMIC VALUE

BENEFITS Benefits groups	BENEFIT MONETISATION		
	GVA value	Land and property value	Other economic value
1 Climate Change Adaptation & Mitigation	¥720k		¥18.8k
2 Water management & Flood Alleviation	¥725k		0
3 Place & communities			0
4 Health & Well-being	¥370k		0
5 Land & Property Values		0	
6 Investment			
7 Labour Productivity	¥1.3m		
8 Tourism			0
9 Recreation & leisure			¥19.9k
10 Biodiversity			0
11 Land management	0		
TOTAL ECONOMIC VALUE OF BENEFITS	¥2.7m	0	¥38.6k

These three figures should not be added together, as they represent different kinds of value

The value of reduced mortality from walking/cycling has not been

虹桥商务区拓展片城市设计

新·生态——生态水系规划　王雪妍

新·生态——水网规划

水网现状分析

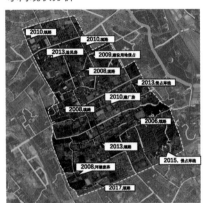

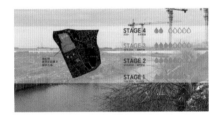

基于水文模型的水网规划

Step1：基于 DEM 和 ArcGIS 的水文模型构建

水文流向图例说明

East ……20=1
South East ……21=2
South ……22=4
… …
North East ……27=128

Step2：水网疏通

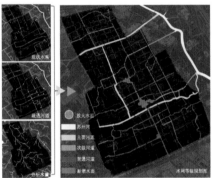

Step3：水利循环

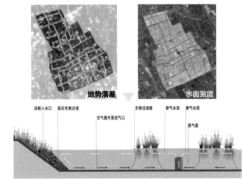

新生态·守呼吸之源——水岸设计

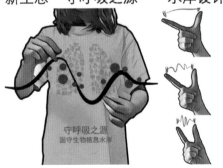

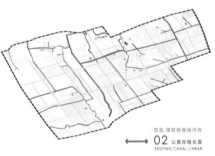

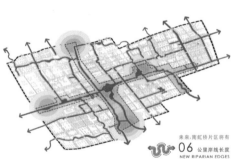

虹桥商务区拓展片城市设计
新·生态——生态水系规划　王雪妍

新生态·敞呼吸之径——滨水空间

活呼吸之沿
活化多样滨水空间

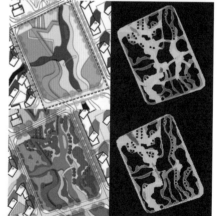

滨水空间路径验证

滨水空间整体整合度中间高、南北低，符合城市功能定位

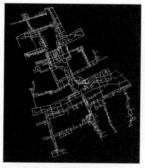

社区邻里型节点

公共活动类　社区邻里类　自然生态类

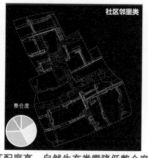
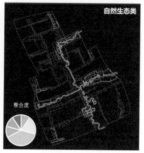

自然生态型节点

公共活动类、社区邻里类整合度匹配度高，自然生态类需降低整合度

滨水空间活动策划

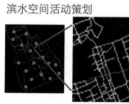

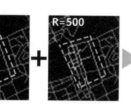

R=200　R=500

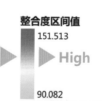

整合度区间值
151.513
High
90.082

129

节点活动按照人流集聚程度排序

人流集聚程度低
Low density

人流集聚程度高
High density

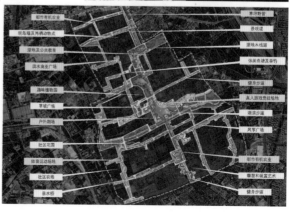

虹桥商务区拓展片城市设计

新·生态——生态水系规划　王雪妍

新生态·渗呼吸之网——海绵网络

渗呼吸之汇
渗滞城市瞬时降水

根据 model & map 确定复合海绵道位置及流向

水文流向图

水文水量图

DEM高程图

卫星图

复合海绵网路工具箱

01 开敞绿地　05 混凝土河

02 V形街道　06 韧性绿带

03 下沉广场　07 街道缝隙

04 绿色街道　08 林荫道

地势较低街道——金辉路

Dry, Normal

Rain Event

Cloud Burst

复合海绵网路技术路线

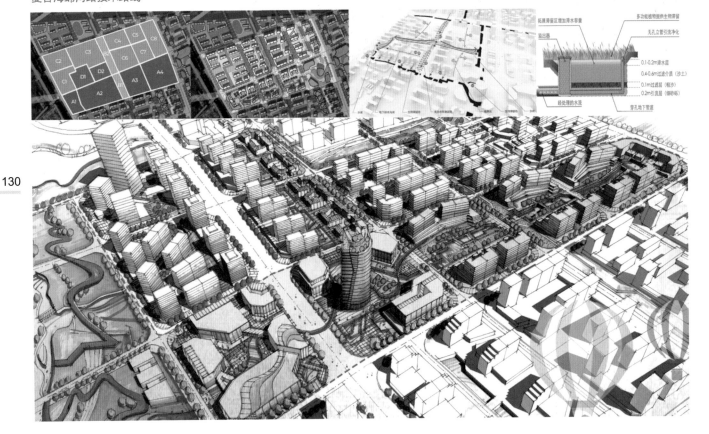

新生活·居住困境

困境一·上海市商品房高价少量

对比近十年上海市的商品房数据，可看出商品房售价连续上涨，而开发量整体呈下降趋势，表明商品房市场购买力不足。而上海市的房价收入比远高于世界主要城市中位数，购房压力很大。

房价及房价收入比关系

	上海	世界主要城市
房价收入比	20.8	8.2（中位数）
房价水平	50300	53000（东京）

上海市商品住宅开发量（万平方米）

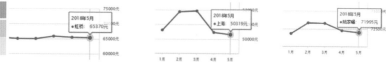

上海市新建商品住宅平均单价

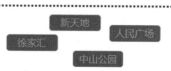

困境二·虹桥地区居住配套不足

南虹桥住宅开发示意

大虹桥地区缺乏足够的居住配套，如核心区居住面积仅占开发面积的 3%，而拓展区现有住宅面积以安置房和商品住宅为主，总量不足且种类过于单一。南虹桥地区未来将成为大虹桥区域内部唯一的大面积可开发用地（逐步拆迁中），这使它成为了解决大虹桥地区居住需求问题的最佳选择。这一结论与目前虹桥地区的上位规划也是契合的。

困境三·虹桥地区职住失衡

南虹桥职住失衡示意

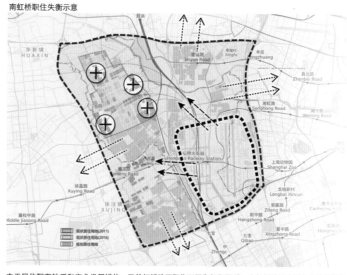

由于居住配套缺乏和产业发展错位，目前虹桥地区职住不平衡问题严重。大虹桥地区本质上缺乏足够的居住配套。居住在虹桥的人 75% 在商务区外就业工作，在虹桥工作的人 62% 居住在商务区外，这一数据远超出良好的就业 - 居住比（0.8-1.2）。

上海市商品住宅开发量（万平方米）

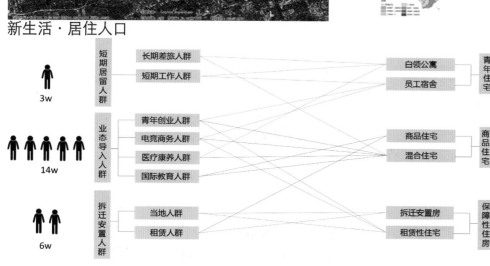

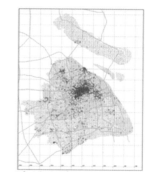

新生活·居住人口

选址方案

按前期规划成果，考虑到本方案所述的面向青年创业群体的保障性质租赁住房的服务人群和选址特点，局部地区城市设计选址于南虹桥地区西北侧，创新创业功能核心西侧。总面积 30 hm²，含九个地块。参考总用地功能规划，中央地块为学校，西侧四个地块为保障性质租赁住宅，东侧四个地块为商品房住宅。

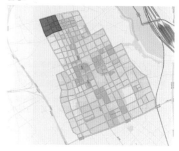

新生活 · 居住模式

居住模式分区

居住模式分区图

商品住宅社区
原住居民社区
混合居住社区
青年保障社区

居住模式示意

青年保障社区：为青年创业人群提供保障性质租赁住房的社区。

人才住房　　　交往空间

混合居住社区：居住功能与商业娱乐、商务办公等功能高度混合的社区。

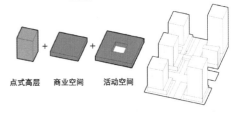

点式高层　　商业空间　　活动空间

商品住宅社区：以商品住宅开发为主，提供大虹桥地区的居住配套。

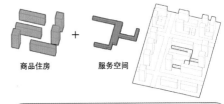

商品住房　　　服务空间

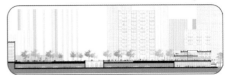

商品住宅社区：原住居民社区：拆迁安置小区和原住未迁小区的集合，面向回迁人群和原住未迁人群。

现状住房　　回迁住房　　公共空间

新生活 · 面向青年创业者的保障性质租赁住宅

租赁为主的青年居住模式

青年人由于收入、就业等因素，需要租赁性质的住宅来提供购买商品房前暂时居住的场所。作为在购房之前的过渡阶段，这一过程并不都是短暂的，从刚入职的微薄收入，到有独立购房的经济能力，在这期间青年人都需要以租房这种形式来解决居住问题。

合租方式　→　独立居住

"保障性质租赁住房"实际上与公租房概念相近，但不完全重合。其面向对象是"青年创业群体"，其主要作用是为创业功能区提供居住功能和生活服务，在设计上尽量从青年创业者的人群特点出发，旨在满足其居住、生活等方面的需求。

此类住房建造来源应由政府所属机构或政府批准的机构（如创新创业园区）通过新建、收购等方式多渠道筹集。其建设可采取整体开发或在传统居住区中配建相结合的方式。

政府提供　建设单位　租赁价格较　限定租住　公有产权
政策支持　开发建设　同级住房低　期限和权力　私有住权

申请　　补贴后　　限定　　期满　　新群体
入住　　缴租　　租期　　退租　　入住

新生活·面向青年创业者的保障性质租赁住宅

青年创业群体的居住需求调查

动卧空间面积分配

选项	小计	比例
紧凑的起居室、宽敞的卧室	22	14.3%
宽敞的起居室、紧凑的卧室	131	85.7%
本题有效填写人次	153	

厨卫面积分配

选项	小计	比例
紧凑的起居室、宽敞的卧室	38	24.8%
宽敞的起居室、紧凑的卧室	115	75.2%
本题有效填写人次	153	

卧室朝向的需求

选项	小计	比例
较强烈希望朝南	51	33.3%
可以接受朝北	102	55.7%
本题有效填写人次	153	

可接受租金收入比

选项	小计	比例
七成以上	0	0%
五成左右	81	53.1%
三成以下	72	46.9%
本题有效填写人次	153	

优先牺牲的降价条件

选项	小计	比例
区位条件	88	57.5%
室内空间品质	65	42.5%
本题有效填写人次	153	

对停车位的需求

选项	小计	比例
不需要	16	10.2%
有无均可	90	60.6%
比较需要	47	30.7%
本题有效填写人次	153	

装修设计要求

选项	小计	比例
装修成本低	39	25.5%
家电设备齐全	30	19.6%
容易清洁和保持卫生	131	85.6%
材料、设备耐用	93	50.8%
装修档次高	21	13.7%
隔声等私密性好	66	44.4%
本题有效填写人次	153	

户外公共空间活动

选项	小计	比例
乘凉、晒太阳	39	25.5%
球类运动	35	23.1%
跑步	90	60.6%
散步	93	50.8%
聊天等静止活动	20	13.4%
遛狗	61	41.2%
本题有效填写人次	153	

从需求出发的规划设计导向

选址 → 基础设施齐全，交通便利
公共服务 → 配备图书馆、健身房、咖啡馆等
户型、面积 → 多居室小户型为主
套内设计 → 标准层高，全装修设计
公共空间 → 实用的公共空间

新生活·保障性质租赁住宅设计要点与设计方案

设计要点·室内公共空间选择

青年群体对室内公共空间的使用一般为聚会等集体活动和锻炼身体等单体活动，经过调查，青年群体一般选择完整的大型空间或分散的小型空间，较少选择互相影响的连续空间。

设计要点·户外公共空间行为

青年群体在户外公共空间的活动以跑步等动态活动和集会等集体活动为主，且具有私密性活动的潜在需求。公共空间要求空间丰富、分区明显。

设计要点·住宅选型示例

青年群体出于节约房租和方便交流的意愿，选择合租比例大。且大多数希望有较大的卫生间和起居室，较小的厨房和卧室。基于此，设计此可组合的合租户型。

模块形式：

核心块：
厨房＋卫生间＋起居室

中间块：
卧室 或 独立卫浴卧室

尽端块：
卧室 或
独立卫浴卧室

套型组合：

1核心块 ＋ 1单人块

1核心块 ＋ 2或多人块

局部地区设计方案

133

混合用地研究

建筑开发动态分析

居住

工业

设施

产业

基地开发动态

基地内部建筑中的大部分都已经或者即将开始征收、动迁工作。现状保留建筑与在建建区仅占 20% 左右，规划空间巨大。

水域
施工工工地
已拆范围
待拆范围
绿地
农用油
在建范围
保留范围
已批范围
动迁所范围

基地内部的保留建筑与在建地区集中于基地的南部，基地内部已经基本形成了分别以医疗、国际教育、商务、居住、工业为主要功能的九大城市空间组团。

现状导向的混合：

医疗 + 康养

研发 + 办公

贸易 + 物流

互联网 + 电竞

其次，较大的现状保留区域还有位于基地西北角的产业与农民新村组团。最后，基地西北地的纪王老街周别地区也是保留建筑的集中地区。

结论：基地现状保留的建筑大体相互隔离，缺乏土地的混合利用，土地集约性差。

二期功能用地图

N

功能用地

用地功能结构

宜居居住区

＋

北部创业孵化组团

＋

中部电竞商务组团

＋

南部医疗教育组团

混合功能排布模式

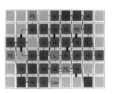

Hi 为高密度居住区

Li 为轻工业

C 为商业

PE 为小学

SE 为中学

H 为医院

L 为休闲娱乐场所

参考综合城市能源系统模型的高密度地区能源网络的最佳解决方式。基于生态**本底**的混合城市功能排布模型。

终期功能用地图

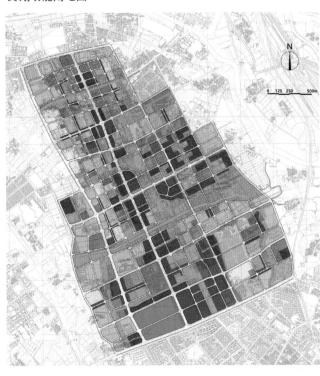

N

0　125　250　500m

Rc1 一类住宅组团用地
Rc2 二类住宅组团用地
Rc3 三类住宅组团用地
Rc4 四类住宅组团用地
Rc5 五类住宅组团用地
Rc6 六类住宅组团用地
Rc7 社区行政管理用地
Rc8 社区商业用地
Rc9 社区文化用地

Rd1 社区体育用地
Rd2 社区医疗用地
Rd3 社区福利用地
Rd4 其他社区设施用地
R5 完全中学用地
R6 高级中学用地
R7 初级中学用地
R8 小学用地
R9 幼托用地

C1 行政办公用地
C2 商业服务业用地
C3 文化用地
C4 体育用地
C5 医疗卫生用地
C6 教育科研设计用地
C7 商务办公用地
C8 社会福利设施用地
C9 宗教用地

M1 一类工业用地
M2 二类工业用地
M3 三类工业用地
M4 工业研发用地
W1 普通仓储用地
W2 危险品仓储用地
W3 物流用地
T1 铁路用地
T2 道路用地

T4 港口用地
T5 机场用地
T6 其他交通设施用地
S1 道路用地
G1 公共绿地
G2 生产防护绿地
E1 水域

用地混合适应性评价图

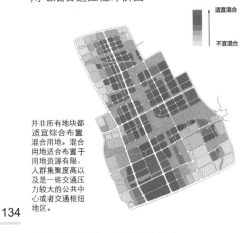

适宜混合

不宜混合

并非所有地块都适宜综合布置混合用地。混合用地适合布置于用地资源有限、人群集聚度高以及是一些交通压力较大的公共中心或者交通枢纽地区。

用地混合原则：多维度的混合

街区维度

建筑维度

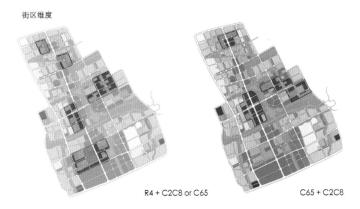

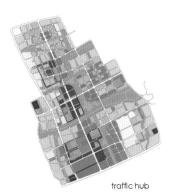

R4 + C2C8 or C65

C65 + C2C8

traffic hub

混合用地研究

新人群分析

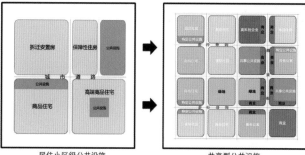

结论：混合分异的人群必然会导致多元复合的居住模式。

居住分析

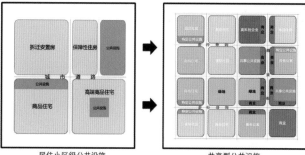

居住小区级公共设施
街区级公共设施
城市道路
居住隔离

共享型公共设施
人群导向型公共设施
pedestrian-oriented
街区层面融合

居住模式

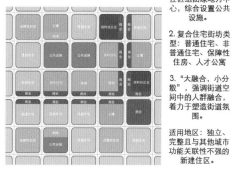

混合型小街区模式：
——街区混合，街坊分散的多人群混合小街区。

设计原则：1. 以居住区组团绿地为中心，综合设置公共设施。

2. 复合住宅街坊类型：普通住宅、非普通住宅、保障性住房、人才公寓

3. "大融合，小分散"，强调街道空间中的人群融合，着力于塑造街道氛围。

适用地区：独立、完整且与其他城市功能关联性不强的新建住区。

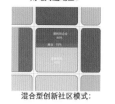

基于TOD的邻里节点模式：
——基于TOD的高度混合的邻里单元。

设计原则：1. 高强度混合利用。

2. 公共设施是社区吸引力与带动公交节点发展的核心。

3. 营造适合慢行的街道空间

适用地区：重要公交枢纽周边居住区。

设计原则：1. 住宅注重私密性要求，宜独立设置。

2. 办公要求开放、便捷且可识别性高，应沿街布置。

3. 商业布置既要作为联系办公与居住的纽带，其次也要注重与城市公共空间的对接。

适用地区：以知识创意产业为主题的科创用地周边地区。

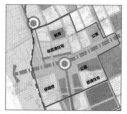

混合型创新社区模式：
——商业、办公、居住高度混合的人才创新社区。

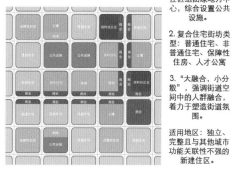

大街区的改良模式：
——结合绿带进行大街坊公共活动通廊建设。

设计原则：1. 以绿带等城市公共空间的建设为核心。

2. 在其周边综合设置社区功能，营造多阶层公用的公共活动通廊。

3. 在保证各街坊独立性的前提下，强调绿带周边公共空间的活力。

适用地区：已建住区以及已批项目地区。

居住系统结构图

一网
城市绿地网络

十二心
居住区公共中心

十四区
老镇区 + 南部别墅区 + 规划住区

四大模式
面向不同人群的
四种混合模式

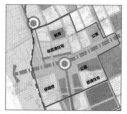

混合式小街区模式

TOD邻里节点

混合型创新社区

传统大街区改良模式

户型维度

办公部分

居住部分

商业商务办公垂直混合

青年住宅

商品住宅

共享空间 + 私密空间

混合人群住宅

混合模式汇总表

	人群导向	街区尺度	用地混合	住宅类型	设计原则	适宜建设地区	融合程度
混合型小街区模式	就业导入人群	小街区	街区层面混合	商业住宅	中心绿地	独立、完整且与其他城市功能关联性不强的新建住区	较高
	短期居住人才			人才公寓	复合住宅类型		
	拆迁安置居民			保障性住房	街道塑造		
混合型创新社区模式	短期居住人才	小街区	办公、居住、商业混合街坊	人才公寓	功能混合	科创用地周边地区	高
					低层商业		
					人才导向		
基于TOD的邻里节点模式	就业导入人群	小街区	街坊层面的多功能混合	混合收入住宅	邻里公共中心	重要公交枢纽周边居住区	高
	短期居住人才			人才公寓	用地高度混合		
				混合使用住宅	上、中、下三层开发		
大街区的改良模式	就业导入人群	大街区与小街区相结合	街区层面混合	商品住宅	公共活动轴线	已建住区以及已批项目地区	中
	短期居住人才			人才公寓	公服沿轴布置		
	拆迁安置居民			保障性住房	城市绿地引入		

混合用地研究

绿地流线：

鸟瞰图

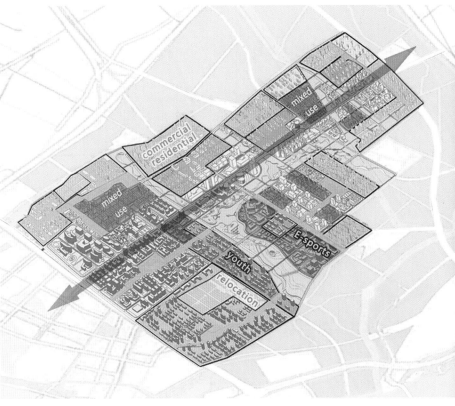

人群流线：

1. 混合型小街区模式

养老社区	国际社区	安置社区

4. 混合型创新社区模式

多模式办公	花园式产业园区	多功能混合

2. 传统大街区改良模式

安置房组团：农耕社区	中央绿带：活力集聚	青创社区：功能混合

3. 基于 TOD 的邻里节点模式

高强度功能混合	设施吸引力	慢行街道空间

街道鸟瞰图

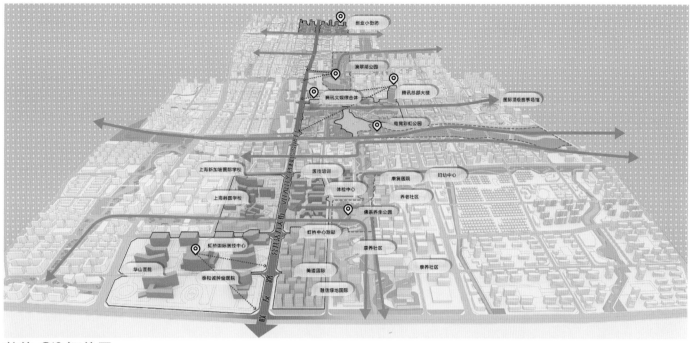

整体 GIS 评价图

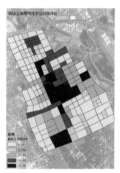     

设计导则

 舒适Comfortable
提供开放、舒适、易达的空间环境体验，增进市民交往交流，提升社区生活体验，鼓励创意与创新。

 安全Safe
行人车辆各行其道、有序交汇、安宁共享，保障各种交通参与者人身安全，保障交通活动有序进行。

 绿色Green
促进土地资源集约、节约，倡导绿色低碳，增进居民健康，促进人工环境与自然环境和谐共存。

 智慧Intelligent
整合街道设施进行智能改造，提供智行协助、安全维护、生活便捷、环境智理服务。

 功能复合
增强沿街功能复合，形成活跃的空间界面。

活动舒适
街道环境设施便利、舒适，适应各类活动需求。

空间宜人
街道空间有序、舒适、宜人。

视觉丰富
沿街建筑设计应满足人的视角和步行速度视觉体验需求。

风貌塑造
街道空间环境设计注重形成特色，塑造地区特征，展现时代风貌。

历史传承
依托街道传承城市物质空间环境，延续历史特色与人文氛围。

 交通有序
协调人、车、路的时空关系，促进交通有序运行。

  慢行优先
维持街道的人性化尺度与速度，社区内部街道宁静共享。

步行有道
为行人提供宽敞、畅通的步行通行空间。

过街安全
提供直接、便利的过街可能，保障行人安全、舒适通过路口或横过街道。

 骑行顺畅
保障非机动车，特别是自行车行驶路权，形成连续、通畅的骑行网络。

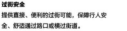   **设施可靠**
提供可靠的街道环境，增加行人安全感。

资源集约
集约、节约、复合利用土地与空间资源，提升利用效率与效益。

绿色出行
倡导绿色出行，鼓励步行、自行车与公共交通出行。

生态种植
提升街道绿化品质，兼顾活动与景观需求，突出生态效益。

绿色技术
对雨水径流进行控制，降低环境冲击，提升自然包容度。

 设施整合
智能集约改造街道空间，智慧整合更新街道设施。

 出行辅助
普及智能公交、智能慢行，促进智慧出行，协调停车供需。

 智能监控
实现监控设施全覆盖、呼救设施定点化，提高安全信息传播的有效性。

 交互便利
设置信息交互系统，促进社区智慧转型。

 环境智理
加强环境检测保护，促进智能感应并降低能耗。

137

街道分段图

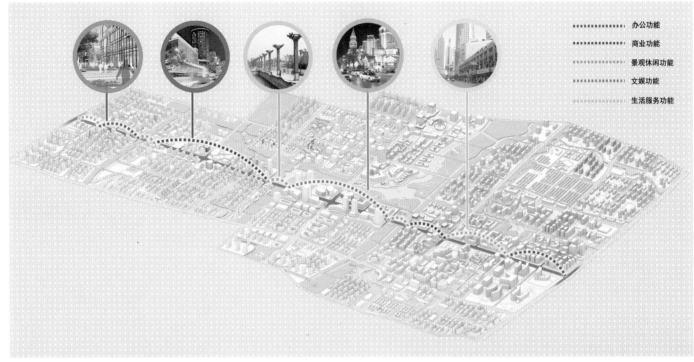

办公功能
商业功能
景观休闲功能
文娱功能
生活服务功能

商业典型街段平面图

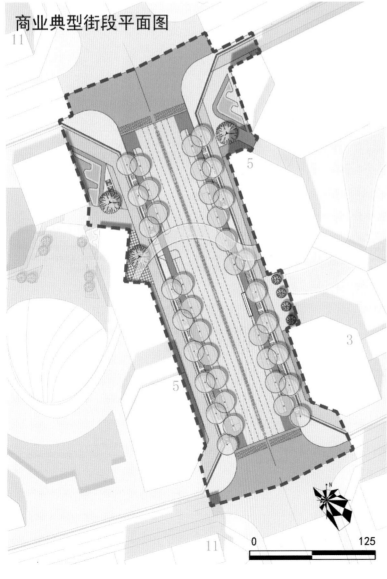

11

5

3

5

11

0　　　　125

商业街段详细设计

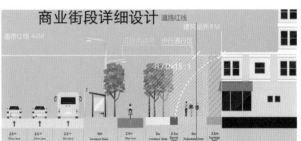

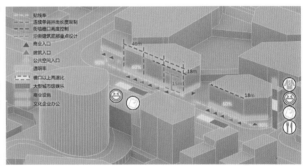

街道空间意象　　　　　节点空间设计

生活服务典型街段平面图　　文化娱乐典型街段平面图　　景观休闲典型街段平面图　　办公典型街段平面图

小心台阶
Caution watch your step

云享之城
PROPHETIC CITY

重庆大学建筑城规学院

陈志鹏　陆子川　王　智　高　希　李姿璇　陶文珺

李　帅　靳晨杉　王　婷　何尔登　薛天泽　杨　力

指导教师：李和平　谭文勇

重庆大学团队针对未来城市的不确定性，通过哆啦A梦与大雄的奇幻旅游展开未来城市的线索，引出未来城市的构想：恢复原始生态、营建第二居所、聚焦创新基地，云集智慧、畅想未来、乐享生活，带来了"云享之城"的理念。

方案从空间环境入手，理性地打造了"原始生境"的空间格局，并在这一大格局下规划"高效城市"的支撑体系，与低空飞行走廊等探索性概念相结合。最后在前两大核心的基础上结合人们的真实需求，建构以未来"真实生活"为核心价值的空间体系。

详细设计方面，方案聚焦"真实生活"中的健康、工作、情感三个层面，分别以文化生活共同体的北岛，工作自然互相促进的中岛和高效便捷生活的南岛表达了云享之城对于未来城市的奇幻而又真切的大胆畅想。

The team of Chongqing University, aiming at the uncertainty of the future city, starts clues to the future city through Doraemon and Nobita's fantasy tourism, drawing the vision of the future city: restoring the original ecology, building the second home, focusing on the innovation base, gathering wisdom, and imagining In the future, enjoy life and bring the concept of "Prophetic City".

The plan starts from the space environment and rationally creates the spatial pattern of the "original habitat". Under this big pattern, it plans the supporting system of the "high-efficiency city" and combines it with the exploratory concepts such as low-altitude flight corridors. Eventually, combining with people's real needs, it builds a space system with the future "real life" as its core value on the basis of the first two cores.

In terms of detailed design, the program focuses on the three aspects of health, work, and emotion in "real life", and expresses the Prophetic City with the North Island of the community of culture and life, the Middle Island where work and nature promote each other, and the South Island where high-efficiency and convenience lives, to show the fantasy and real bold vision of the future city.

云享之城
prophetic city
前期回顾

REVIEW 前中期工作回顾---城市定位

云享三岛

1	世界趋势---放眼未来	2	今日虹桥---现状剖析	3	明日虹桥---目标定位

| 1 生态趋势 | 2 产业发展 | 3 生活模式 | 4 规划背景 | 5 空间条件 | 6 资源禀赋 | 7 产业定位 | 8 生态目标 | 9 生活愿景 |

➡ 云享之城 城市定位 | 01 面向未来的世界第二居所 | 02 汇集人才的原始创新基地 | 03 辐射区域的高端配套区 | SO! THEN ??? | ➡ 云享之城的核心要做什么？？？

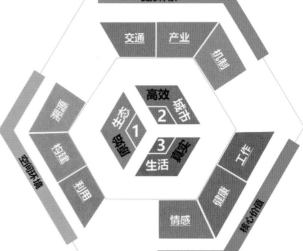

大雄和哆啦A梦与我一起畅想
o(≧▽≦)o～～

云享之城
prophetic city
内容简介

云享之城 ——一次 针对未来不确定性 云集智慧 畅想未来 乐享生活 的探索

➡ 云享之城 内容核心 | 01 原始生境 | 02 高效城市 | 03 真实生活 ➡ 04 详细设计 | 云享三岛

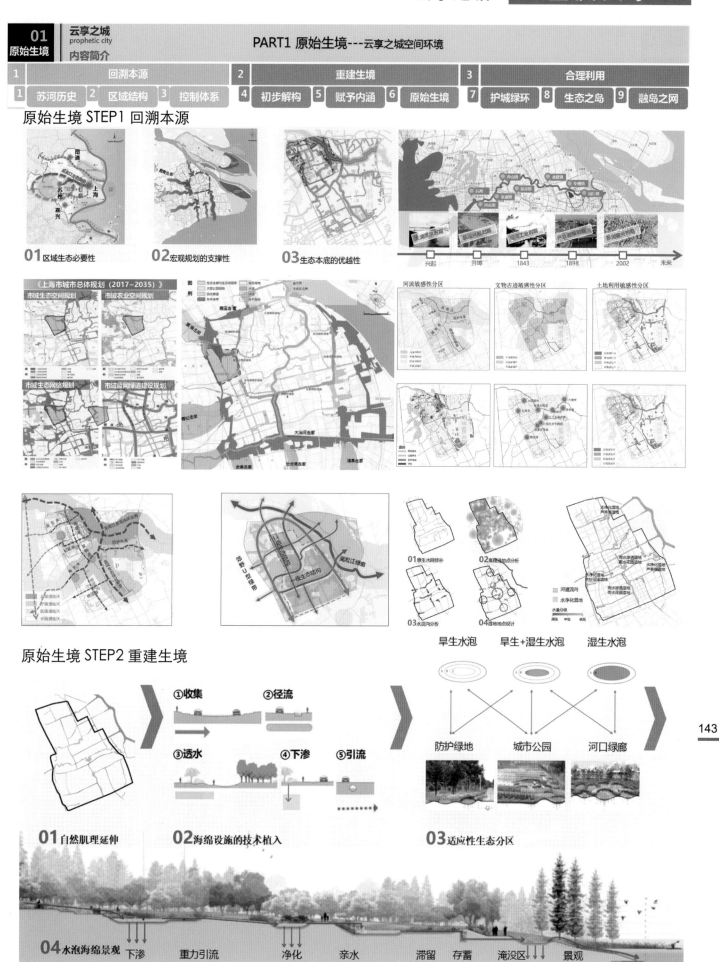

PART1 原始生境---云享之城空间环境

1	回溯本源	2	重建生境	3	合理利用

| 1 苏河历史 | 2 区域结构 | 3 控制体系 | 4 初步解构 | 5 赋予内涵 | 6 原始生境 | 7 护城绿环 | 8 生态之岛 | 9 融岛之网 |

原始生境 STEP1 回溯本源

01 区域生态必要性　　**02** 宏观规划的支撑性　　**03** 生态本底的优越性

兴起　开埠　1843　1898　2002　未来

《上海市城市总体规划（2017~2035）》
市域生态空间规划　市域农业空间规划
市域生态网络规划　市域蓝网绿道建设规划

河流敏感性分区　文物古迹敏感性分区　土地利用敏感性分区

郊野U型绿带　吴淞江绿廊

01 原生水网修补　**02** 高程选址分析　**03** 水流向分析　**04** 湿地选址设计

旱生水泡　　旱生+湿生水泡　　湿生水泡

防护绿地　　城市公园　　河口绿廊

原始生境 STEP2 重建生境

①收集　②径流
③透水　④下渗　⑤引流

01 自然肌理延伸　　**02** 海绵设施的技术植入　　**03** 适应性生态分区

04 水泡海绵景观　下渗　重力引流　净化　亲水　滞留　存蓄　淹没区　景观

01 原始生境 | 云享之城 prophetic city | 内容简介

PART1 原始生境---云享之城空间环境

1	回溯本源	2	重建生境	3	合理利用

| 1 苏河历史 | 2 区域结构 | 3 控制体系 | 4 初步解构 | 5 赋予内涵 | 6 原始生境 | 7 护城绿环 | 8 生态之岛 | 9 融岛之网 |

原始生境 STEP2 重建生境

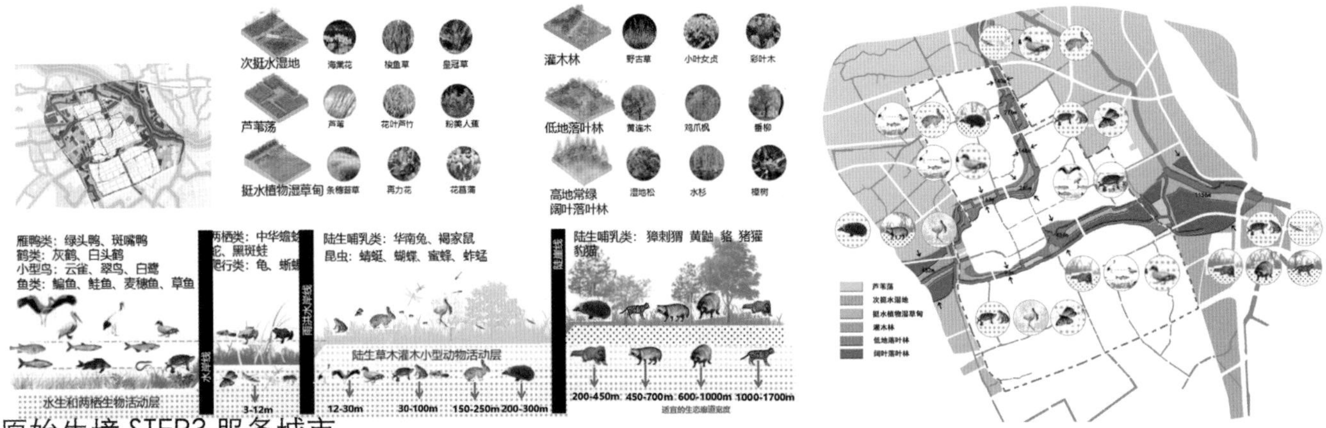

原始生境 STEP3 服务城市

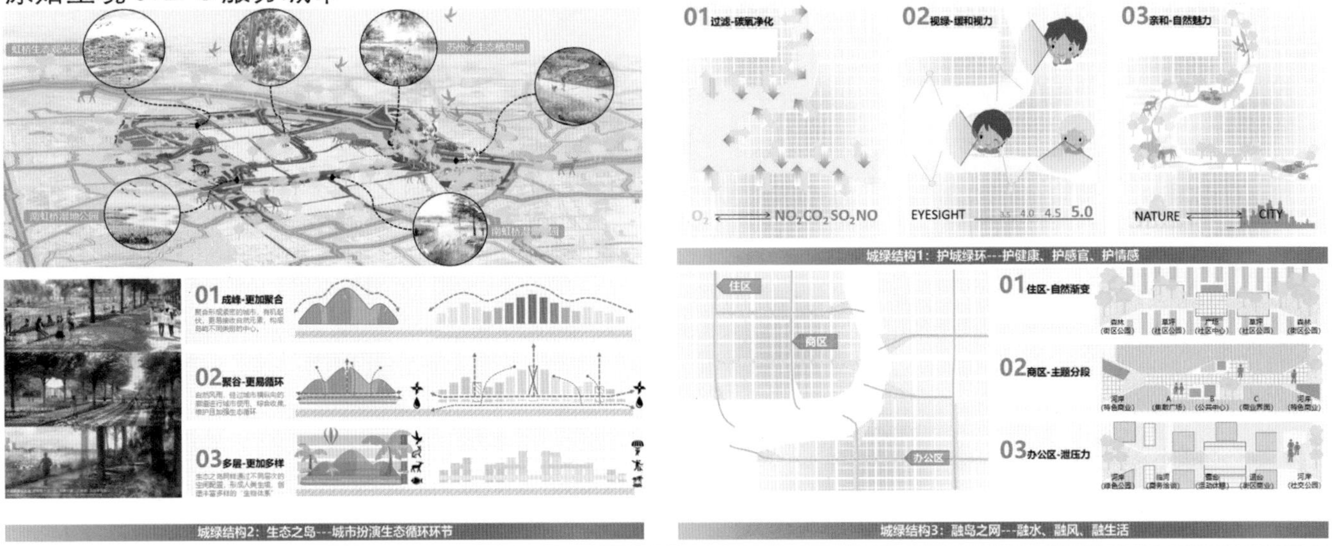

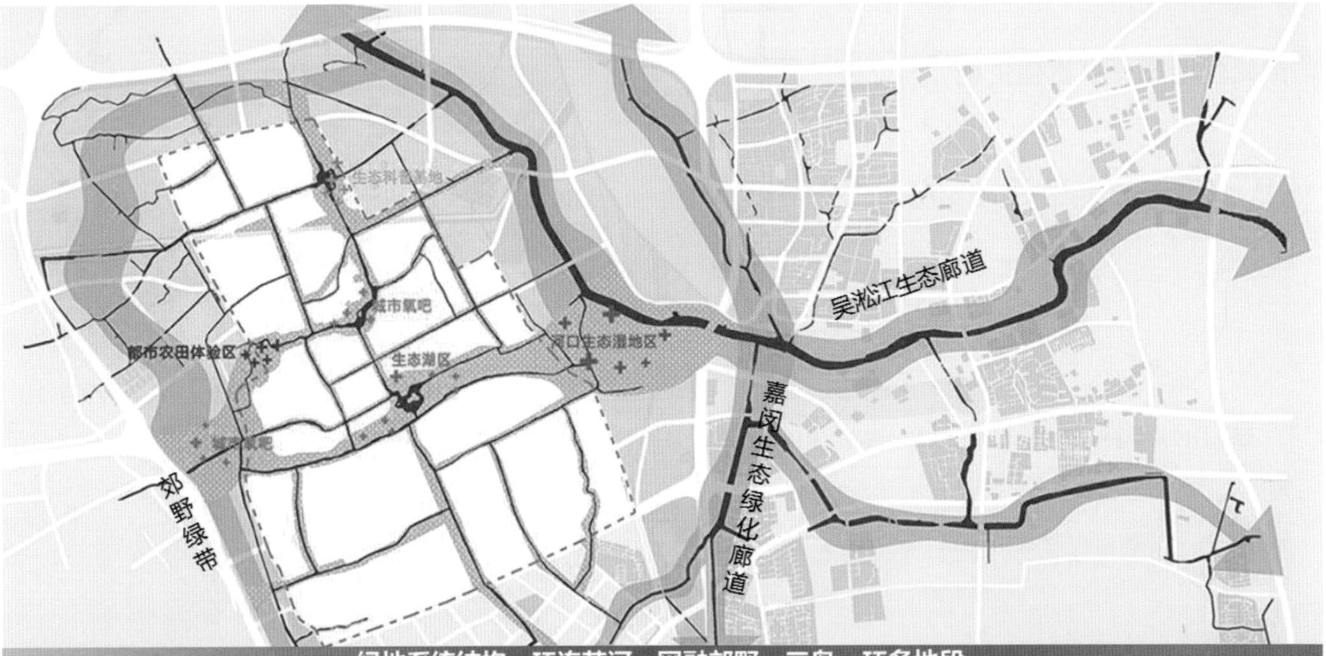

绿地系统结构：环连苏河、网融郊野、三岛一环多地段

| 02 高效城市 | 云享之城 prophetic city 内容简介 | PART2 高效城市---云享之城支撑体系 | | |

| 1 | 高效多元交通 | 2 | 高效复合产业 | 3 | 高效动态开发 |

| 1 高效出行 | 2 慢行交通 | 3 智能支撑 | 4 错位发展 | 5 把握动力 | 6 重点培育 | 7 规划结构 | 8 开发机制 | 9 首期方案 |

高效交通STEP1 高效多元网络

区域交通　　　　　　　　　　　　　　　　　　　　　　虹桥交通现状

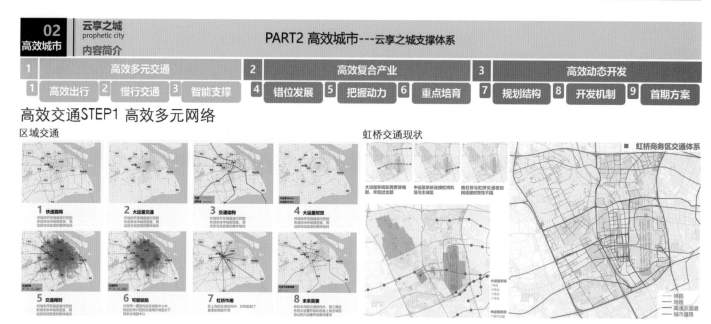

虹桥交通规划

内部交通（公共交通）

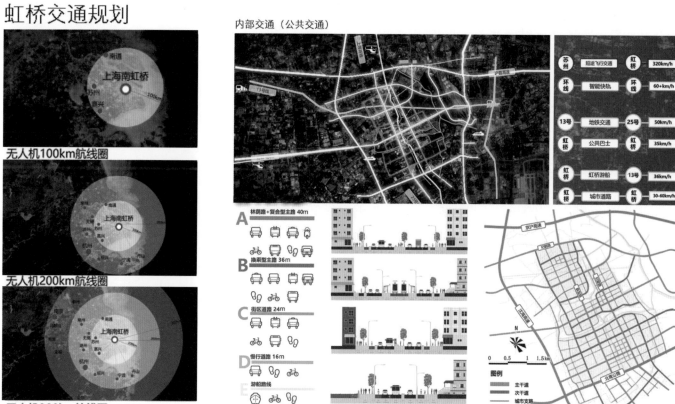

无人机100km航线圈

无人机200km航线圈

无人机300km航线圈

高效交通STEP2 无压慢行体系

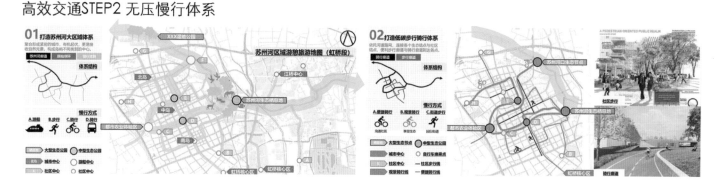

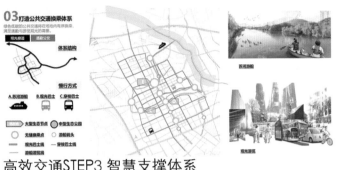

03 打造公共交通换乘体系

04 中心区慢行系统

05 环绿生态慢行系统

高效交通STEP3 智慧支撑体系
智慧交通内容

系统运行方式

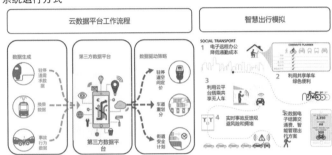

复合产业STEP1 错位区域发展
上海产业趋势：迈向多元化、复合化的智慧创新产业

虹桥产业分工：大交通、大会展、大商贸助力上海全球城市

复合产业STEP2 完善区域职能
南虹桥产业发展：国际教育、国际医疗、互联网原始创新经济

南虹桥国际医疗培育：世界趋势、国家方向、上海比对、错位发展

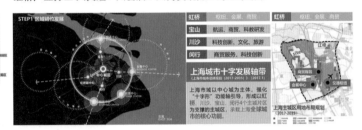

南虹桥国际教育培育：面向国际、线上线下、产业链条、服务长三角

南虹桥互联网创新经济：网络交融、研试一体、智慧城市、云服务平台

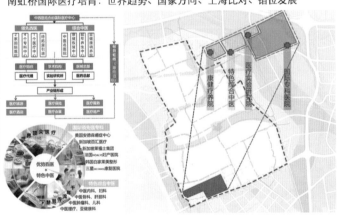

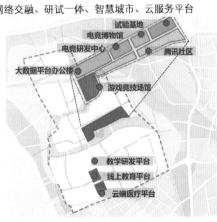

高效开发——STEP1 叠加规划结构

功能因子叠加	模糊结构分析	宏观结构分析	"一环一网三岛"规划结构

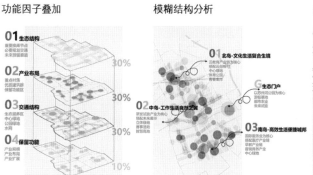

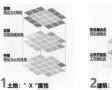

高效开发——STEP2 建职住研用雪球机制

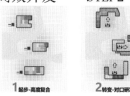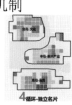

1 起步·高度复合　2 转变·对口研发　3 扩散·职能升级　4 循环·独立名片

高效开发——STEP3 设计策略匹配

1 土地："X"属性　2 建筑：复合空间　3 廊道·主题发展　4 功能·"职住研用"置换

高效开发——STEP4 首期开发利用方案

综合规划体系要素，推出首期土地利用规划

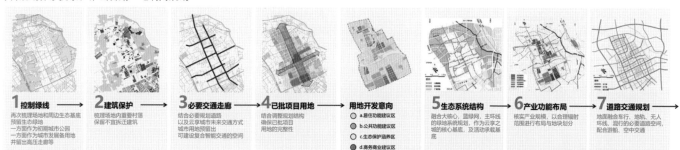

1 控制绿线　2 建筑保护　3 必要交通走廊　4 已批项目用地　用地开发意向　5 生态系统结构　6 产业功能布局　7 道路交通规划

用地开发意向
a.最佳功能建议区
b.公共功能建设区
c.生态保护涵养区
d.商务商业建议区

南虹桥片区土地规划利用图

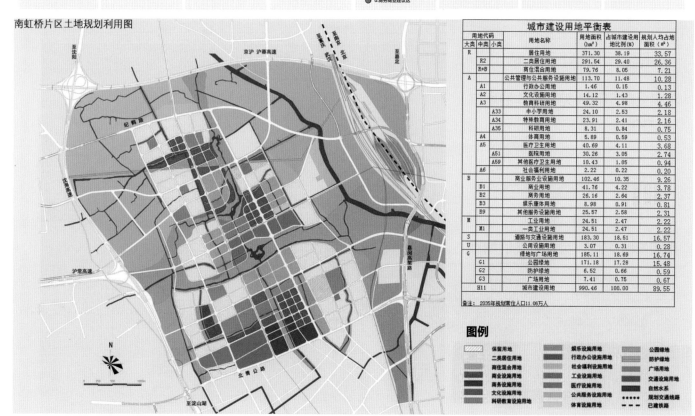

城市建设用地平衡表

用地代码			用地名称	用地面积(hm²)	占城市建设用地比例(%)	规划人均占地面积(m²)
大类	中类	小类				
R			居住用地	371.30	38.19	33.57
	R2		二类居住用地	291.54	29.40	26.36
	R+B		商住混合用地	79.76	8.05	7.21
A			公共管理与公共服务设施用地	113.70	11.48	10.28
	A1		行政办公用地	1.46	0.15	0.13
	A2		文化设施用地	14.12	1.43	1.28
	A3		教育科研用地	49.32	4.98	4.46
		A33	中小学用地	24.10	2.53	2.18
		A34	特殊教育用地	23.91	2.41	2.16
		A35	科研用地	8.31	0.84	0.75
	A4		体育用地	5.89	0.59	0.53
	A5		医疗卫生用地	40.69	4.11	3.68
		A51	医院用地	30.26	3.05	2.74
		A59	其他医疗卫生用地	10.43	1.05	0.94
	A6		社会福利用地	2.22	0.22	0.20
B			商业服务业设施用地	102.46	10.35	9.26
	B1		商业用地	41.76	4.22	3.78
	B2		商务用地	26.16	2.64	2.37
	B3		娱乐康体用地	8.98	0.91	0.81
	B9		其他服务设施用地	25.57	2.58	2.31
M			工业用地	24.51	2.47	2.22
	M1		一类工业用地	24.51	2.47	2.22
S			道路与交通设施用地	183.30	18.51	16.57
U			公用设施用地	3.07	0.31	0.28
G			绿地与广场用地	185.11	18.69	16.74
	G1		公园绿地	171.18	17.28	15.48
	G2		防护绿地	6.52	0.66	0.59
	G3		广场用地	7.41	0.75	0.67
H11			城市建设用地	990.46	100.00	89.55

备注：2035年规划居住人口11.06万人

图例

保留用地	娱乐设施用地	公园绿地	
二类居住用地	行政办公设施用地	防护绿地	
商住混合用地	社会福利设施用地	广场用地	
商业用地	工业用地	交通设施用地	
商务用地	医疗设施用地	自然水系	
文化设施用地	公共服务设施用地	规划交通连线	
科研教育设施用地	体育设施用地	已建铁路	

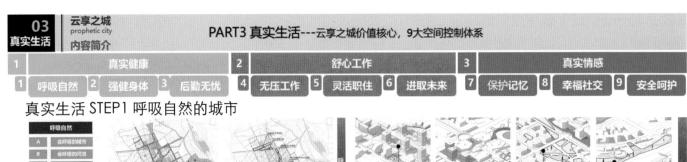

03 真实生活 | 云享之城 prophetic city | 内容简介

PART3 真实生活---云享之城价值核心，9大空间控制体系

| 1 | 真实健康 | 2 | 舒心工作 | 3 | 真实情感 |

| 1 呼吸自然 | 2 强健身体 | 3 后勤无忧 | 4 无压工作 | 5 灵活职住 | 6 进取未来 | 7 保护记忆 | 8 幸福社交 | 9 安全呵护 |

真实生活 STEP1 呼吸自然的城市

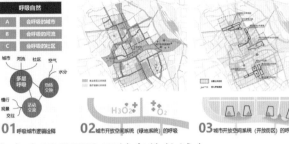

呼吸自然
A 会呼吸的城市
B 会呼吸的河流
C 会呼吸的社区

01 呼吸城市逻辑全释　02 城市开放空间系统（绿地系统）的呼吸　03 城市开放空间系统（开放街区）的呼吸

真实生活 STEP2 强健身体的城市

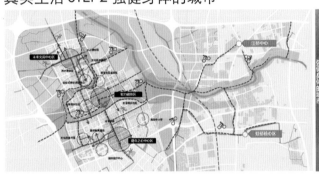

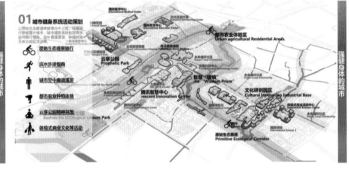

真实生活 STEP3 后勤无忧的城市

居住用地情况及人口估算		
地块	地块面积（hm²）	规划的人口规模
①	6.57	0.13万人
②	85.86	2.80万人
③	26.38	0.49万人
④	36.12	0.82万人
⑤	24.11	1.12万人
⑥	27.51	0.68万人
⑦	28.87	1.05万人
⑧	49.92	1.47万人
⑨	25.15	0.86万人
⑩	14.47	0.72万人
⑪	36.67	0.84万人
⑫	45.07	0.87万人

规划总计人口：11.85万人

规划公服用地平衡表			
用地代号	用地性质	面积（hm²）	比例
A1	行政办公用地	2.23	0.21%
A2	文化设施用地	23.66	2.29%
A3	教育科研用地	60.47	5.81%
A4	体育用地	6.92	0.67%
A5	医疗卫生用地	45.04	4.35%
A6	社会福利用地	0.88	0.08%
总计		139.2	13.38%

占总建设用地：13.38%
人均公服用地：11.75 m²

公服人均用地对比
11.75 规划（m²/人） > 5.5 现状（m²/人）

● 人均公服用地远高于国家标准5.5㎡。

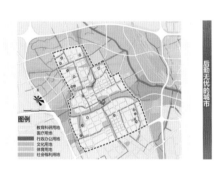

图例
教育科研用地
医疗用地
行政办公用地
文化用地
体育用地
社会福利用地

真实生活 STEP4 无压工作的城市

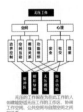

无压工作的城市

无压的工作指在为在职工作的人们创建城舒适无压工作的工作区，协调工作空间、公共空间与自然空间之间的关系。

在工作区与其他功能区之间设置置缓冲区，使得工作、公共活动以及生态环境之间可以互不影响的。

持续对城市的引人工作区域，在部分地段使用形成工作、休闲、生活的弹性可动。

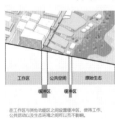

放松行为规划，使得工作区域被自然绿色包围，释放工作者的压力。中心的人文景观也可以让工作区域变得更加轻松、无压化。

使用复合型建筑模式，将多种功能混合入工作区建筑中，塔楼以集中办公为主，裙楼承担更多附加功能，并利用屋顶楼的节能活动，增添运动场地。

真实生活 STEP5 灵活职住的城市

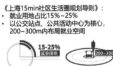

《上海15min社区生活圈规划导则》：
· 就业用地占比15%～25%
· 以公交站点、公共活动中心为核心，200～300m内布局就业空间

15-25% 就业用地　　200~300m

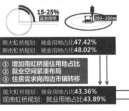

原大虹桥规划：就业用地占比47.42%
原南虹桥规划：就业用地占比48.02%

① 增加南虹桥居住用地占比
② 就业空间紧凑布局
③ 住房需求向周边市镇转移

→ 促进大虹桥区域职住平衡

现大虹桥规划：就业用地占比43.36%
现南虹桥规划：就业用地占比43.89%

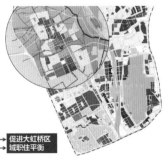

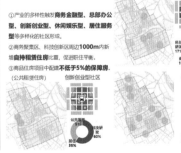

①产业的多样性触发 商务金融型、总部办公型、创新创业型、休闲娱乐型、居住服务型等多样化的社区构成。

②商务聚集区、科技创新区周边1000m内新增自持租赁住房，促进职住平衡。

③商品住房项目中配建不低于5%的保障房（公共租赁住房）。

商务金融型社区　总部办公型社区
创新创业型社区　休闲娱乐型社区　居住服务型社区

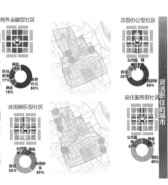

| 03 真实生活 | 云享之城 prophetic city 内容简介 | PART3 真实生活---云享之城价值核心，9大空间控制体系 |

| 1 | 真实健康 | 2 | 舒心工作 | 3 | 真实情感 |
| 1 呼吸自然 | 2 强健身体 | 3 无忧后勤 | 4 无压环境 | 5 灵活职住 | 6 进取未来 | 7 成长记忆 | 8 幸福社交 | 9 安全呵护 |

真实生活 STEP6 进取未来的城市

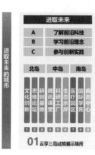

真实生活 STEP7 保护记忆的城市

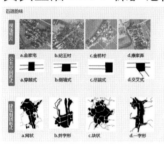
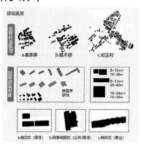

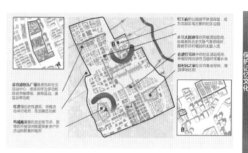

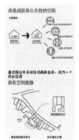
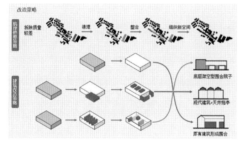
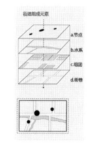
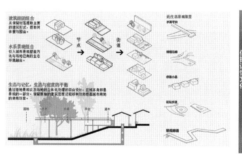

真实生活 STEP8 幸福社交的城市

公共试验田 & 社区中心 & 宗教设施 & 社区跑道 & 棒球场 & 网球场 & 国际餐厅 & 口袋公园 & 社区展览馆　交通枢纽 & 中央公园 & 科技中心 & 文化论坛 & 交互盒子 & 创意集市 & 国际学校 & 医疗园区 & 商务园区馆

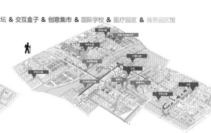

真实生活 STEP9 安全呵护的城市

1 城市安全照明
划分城市高亮区
生态低亮区
城市高亮区 生态低亮区

2 城市安全交通
划分学校保护区
车流监控区
学校保护区 车流监控区

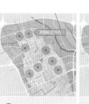

3 社区安全系统
划分智能社区
分级安全系统
智能社区中心

4 公共安全社交环境
划分城市公共安全
分级系统
勃来堡 嘉控区 高控区

149

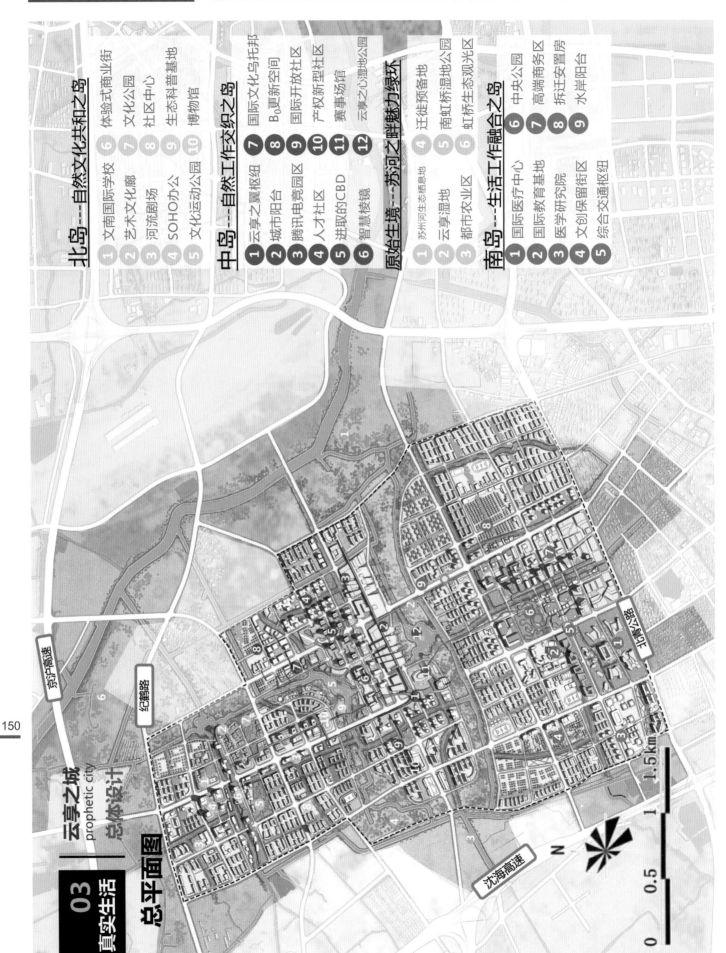

北岛---自然文化共和之岛
1 文南国际学校
2 艺术文化廊
3 河流剧场
4 SOHO办公
5 文化运动公园
6 体验式商业街
7 文化公园
8 社区中心
9 生态科普基地
10 博物馆

中岛---自然工作交织之岛
1 云享之翼板纽
2 城市阳台
3 腾讯电竞园区
4 人才社区
5 进取的CBD
6 智慧棱镜
7 国际文化乌托邦
8 B0更新空间
9 国际开放社区
10 产权新型社区
11 赛事场馆
12 云享之心湿地公园

原始生境---苏河之畔魅力绿环
1 苏州河生态栖息地
2 云享湿地
3 都市农业区
4 迁徙预备地
5 南虹桥湿地公园
6 虹桥生态观光区

南岛---生活工作融合之岛
1 国际医疗中心
2 国际教育基地
3 医学研究院
4 文创保留区
5 综合交通枢纽
6 中央公园
7 高端商务区
8 拆迁安置房
9 水岸阳台

云享之城 prophetic city
总体设计
总平面图

03 真实生活

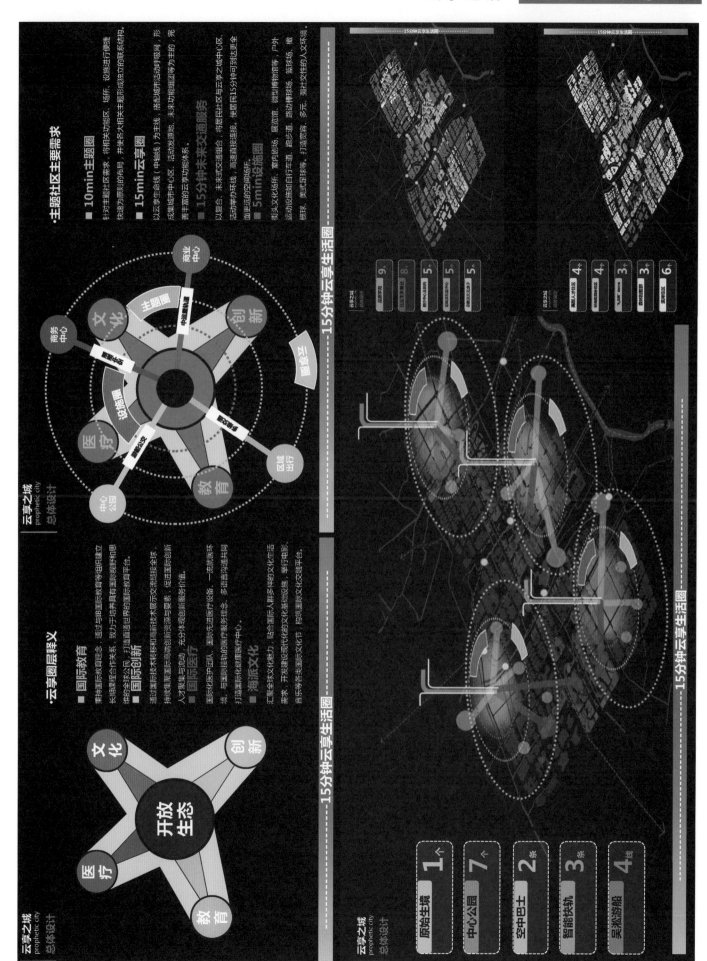

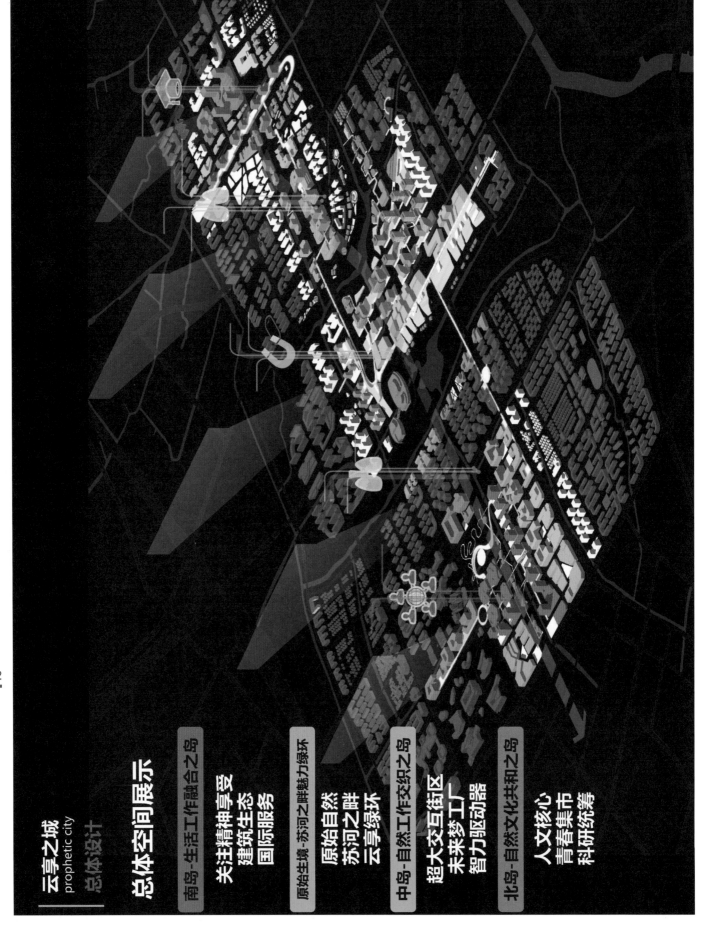

云亭之城 prophetic city

总体设计

总体空间展示

南岛-生活工作融合之岛
关注精神享受
建筑生态
国际服务

原始生境-苏河之畔魅力绿环
原始自然
苏河之畔
云享绿环

中岛-自然工作交织之岛
超大交互街区
未来梦工厂
智力驱动器

北岛-自然文化共和之岛
人文核心
青春集市
科研统筹

综合车库 PARKING

快速轨道 SUBWAY

智能地轨 SUBWAY

中运量轨道连线 TRAIN

空客 AirBus

云享之城
prophetic city

总体设计

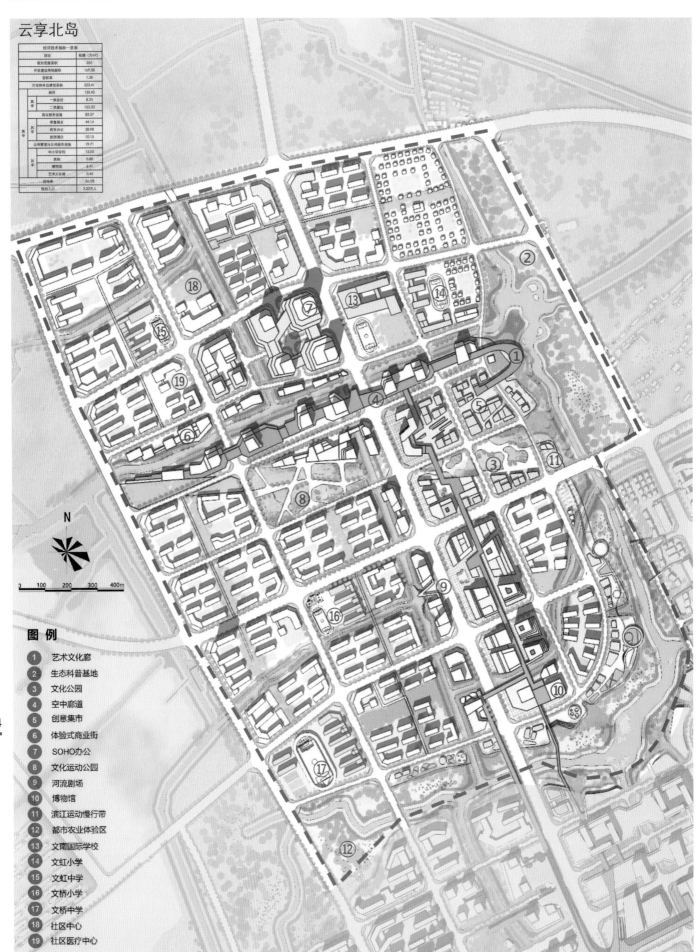

云享北岛

经济技术指标一览表	
项目	规模（万m²）
规划用地面积	265
开发建设用地面积	169.26
容积率	1.38
计容积率总建筑面积	233.41
其中	居住	130.43
	一类居住	8.23
	二类居住	122.20
	商业服务设施	83.27
其中	零售商业	44.14
	商务办公	28.98
	旅馆酒店	10.15
	公共管理与公共服务设施	19.71
	中小学校	12.05
其中	医院	0.80
	博物馆	6.41
	艺术文化廊	0.45
	绿地率	36.1%
	规划人口	2.33万人

N

0　100　200　300　400m

图 例

1　艺术文化廊
2　生态科普基地
3　文化公园
4　空中廊道
5　创意集市
6　体验式商业街
7　SOHO办公
8　文化运动公园
9　河流剧场
10　博物馆
11　滨江运动慢行带
12　都市农业体验区
13　文南国际学校
14　文虹小学
15　文虹中学
16　文桥小学
17　文桥中学
18　社区中心
19　社区医疗中心

策略 A：活化生活元素

自然入生活

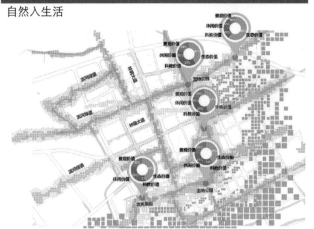

文化引生活

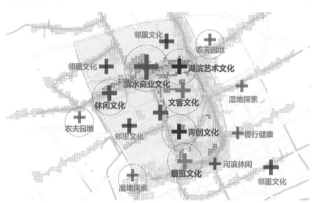

空间容生活

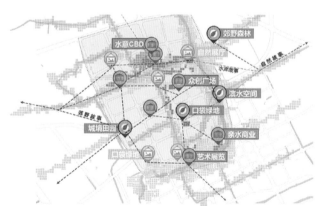

构建永续体系——广义公共空间一立体化的空间结构

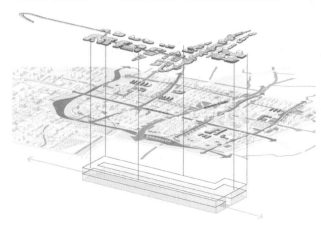

策略 B：构建永续体系

构建永续体系——安全自然基地—复合海绵生态结构图

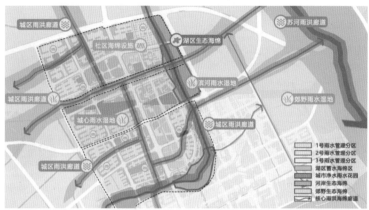

构建永续体系——安全自然基地—基于生态海绵的 LID 格局

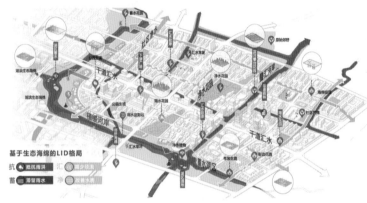

构建永续体系——安全自然基地—复合自然生境带

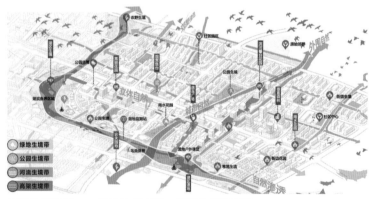

构建永续体系——广义公共空间一多样参与的空间

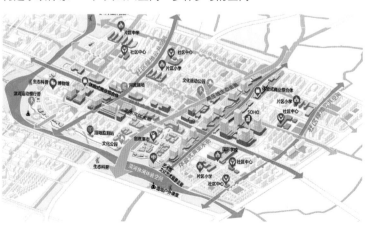

靳晨杉　王婷　李帅

构建永续体系——绿色健康体系

城市绿色屏障

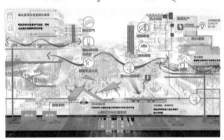

绿色建筑示意　　剖面意向展示

城市绿色慢行系统

自行车停靠点与公交站点无缝衔接

构建永续体系——文化事件策划

农夫果园——从种植到餐桌

01 农夫文化

种植采摘　　农创节　　农夫集市

文化展览　　滨河漫步　　养生花园

02 居民体验流程 ——从种植到餐桌

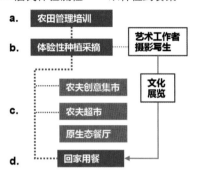

保留老记忆的耕地果园，使全民志愿参与农田培训，体验种植采摘、创意集市与农夫超市售卖，从种植到餐桌，还原食物原生态。

河流剧场——从分割到融合

01 河流文化

河流作为城市中的自然要素，不只作为环境进化的载体，更应该在不破坏自然环境的情况下，作为人们交流共享的公共文化空间。

02 河流空间

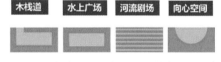

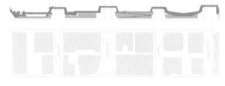

河流剧场创意空间包括木栈道、水上广场、剧场空间及向心聚集空间，为人们提供丰富且功能多样的活动场所。

全民创客——从单一到多样

01 创客文化

依靠互联网，不管是创客集聚市场、soho 办公或个人居家办公，均能实现创客文化。

创客领域

商业、商务、工业、手工业、农林业、设计艺术、个体户等

创客文化活动

设计周会场	艺术家实验项目
创意集市	创客聚会
创业交流	SOHO办公

02 多维开放的弹性空间

文化事件策划　靳晨杉

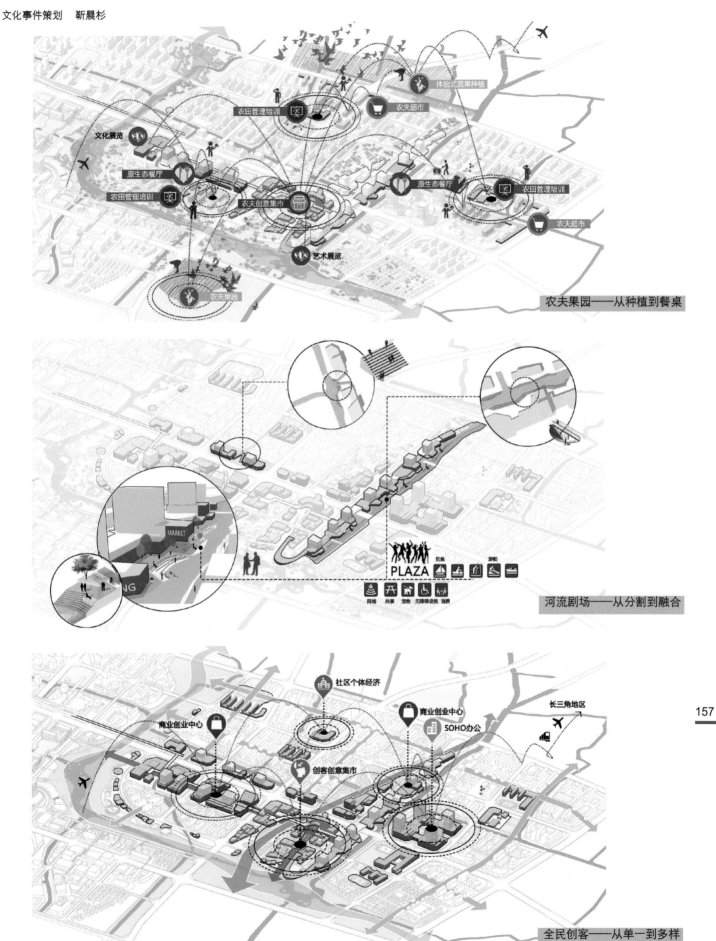

农田管理培训

体验式蔬果种植

农夫超市

文化展览

原生态餐厅

原生态餐厅

农田管理培训

农田管理培训

农夫创意集市

农夫超市

艺术展览

农夫果园

农夫果园——从种植到餐桌

MARKET

PLAZA
钓鱼　游船

网络　共享　宠物　无障碍设施　消费

河流剧场——从分割到融合

社区个体经济

商业创业中心

商业创业中心

SOHO办公

长三角地区

创客创意集市

全民创客——从单一到多样

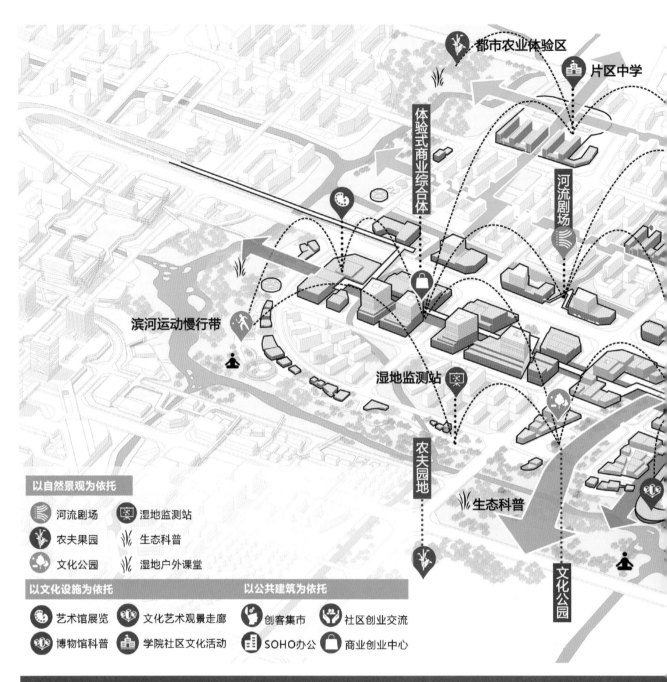

都市农业体验区

片区中学

体验式商业综合体

河流剧场

滨河运动慢行带

湿地监测站

农夫园地

生态科普

文化公园

以自然景观为依托

河流剧场	湿地监测站
农夫果园	生态科普
文化公园	湿地户外课堂

以文化设施为依托

艺术馆展览	文化艺术观景走廊
博物馆科普	学院社区文化活动

以公共建筑为依托

创客集市	社区创业交流
SOHO办公	商业创业中心

策略 C：营造乐活之境 —— 形成"自然"、"空间"、"文化"共和城市

与自然相融的滨水—居住空间

俱乐部
滨水步道
室外咖啡
文化廊
社区活动馆
中心公园
表演区
媒体墙
社区超市
医疗室
社区云平台
活动区
社区居委会
日间照料中心
幼儿园
住宅

与自然相融的滨水—商业空间

商创中心
雨水花园
体验式商业
MARKET
河流剧场
SHOPPING

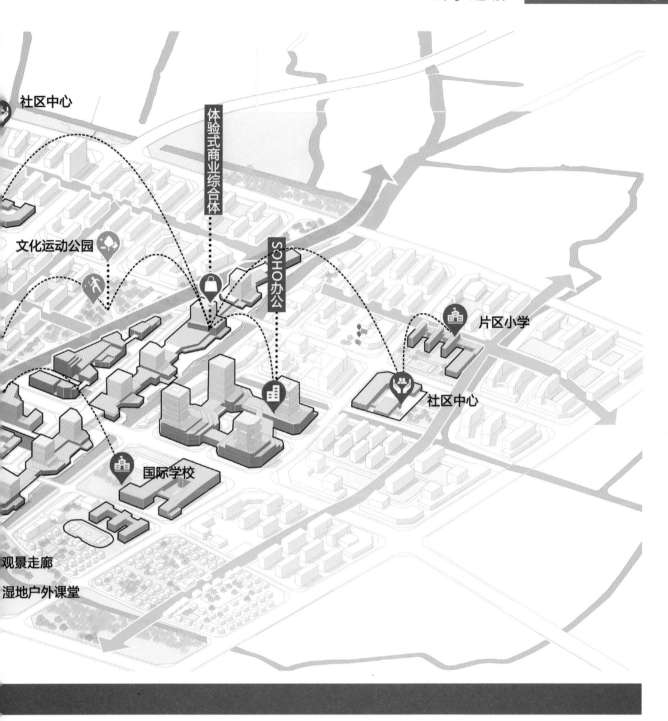

社区中心

体验式商业综合体

文化运动公园

SOHO办公

片区小学

社区中心

国际学校

观景走廊

湿地户外课堂

活自由的文化创意空间

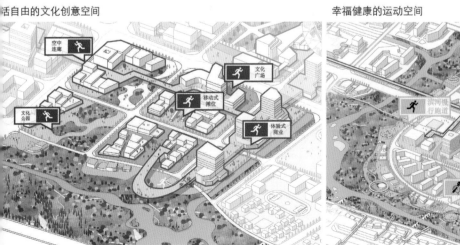

空中连廊

文化广场

移动式摊位

文化公园

体验式商业

幸福健康的运动空间

河内休闲步道

滨河慢行商道

慈线运动花园

滨河唱嗡场

运动广场空间

云享中岛：自然与工作交织之岛

内容框架

总平面图

策略 A：连接城市元素——解构重构"工作""自然"城市元素体系

空间连接——A 生态建城，基本格局

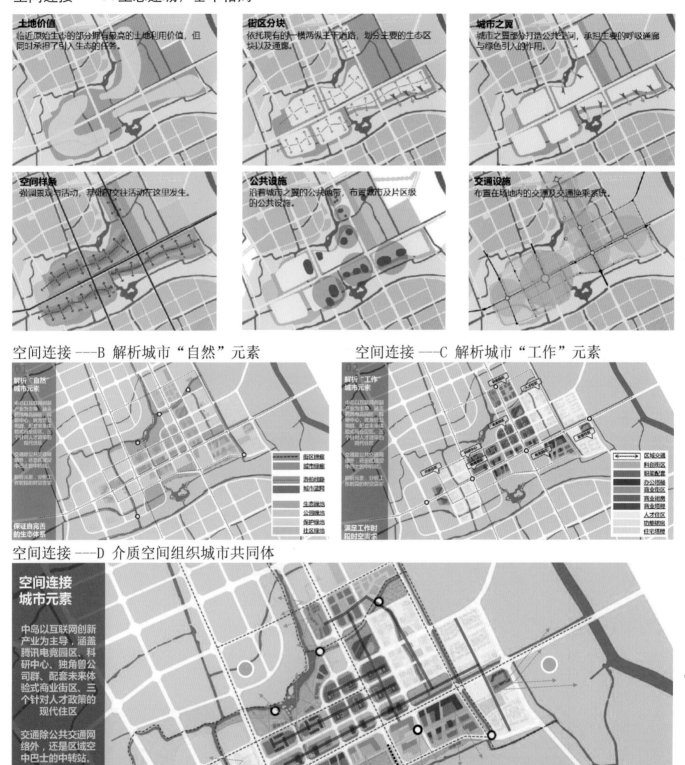

土地价值
临近原始生态的部分拥有最高的土地利用价值，但同时承担了引入生态的任务。

街区分块
依托现有的一横两纵主干道路，划分主要的生态区块以及通廊。

城市之翼
城市之翼部分打造公共空间，承担主要的呼吸通廊与绿色引入的作用。

空间样条
强调景观与活动，基础的交往活动在这里发生。

公共设施
沿着城市之翼的公共地带，布置城市及片区级的公共设施。

交通设施
布置在场地内的交通及交通换乘系统。

空间连接 ---B 解析城市"自然"元素

空间连接 ---C 解析城市"工作"元素

空间连接 ---D 介质空间组织城市共同体

空间连接城市元素

中岛以互联网创新产业为主导，涵盖腾讯电竞园区、科研中心、独角兽公司群、配套未来体验式商业街区、三个针对人才政策的现代住区

交通除公共交通网络外，还是区域空中巴士的中转站。

解析元素，分析工作时段的时空需求

交织为进取的公共体系

策略 B：组织城市界面——从整体、街区、建筑层面组织自然与工作交织空间体系

整体层面：空间共同体

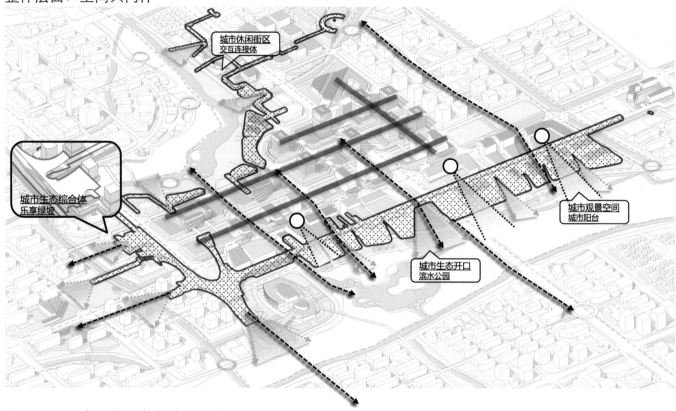

街区层面：自然与工作的交织共生

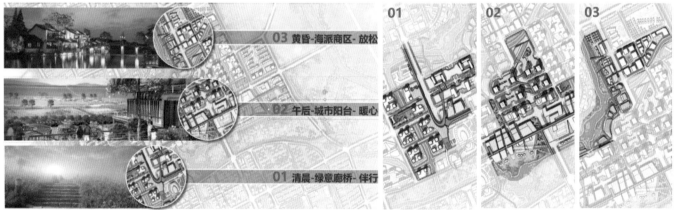

01 清晨 - 绿意廊桥 - 伴行

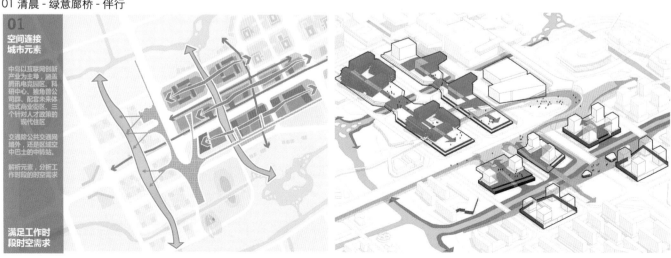

02 午后 - 城市阳台 - 暖心

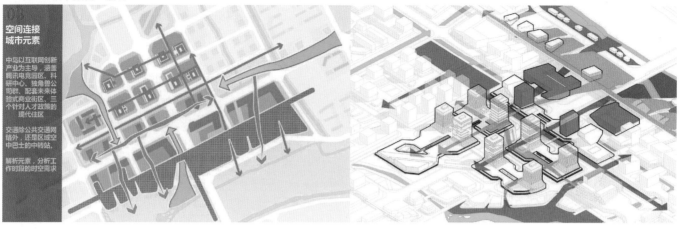

03 清晨 - 绿意廊桥 - 伴行

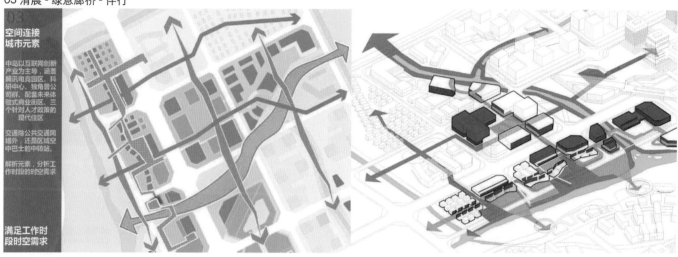

建筑层面：自然与工作的交织共生

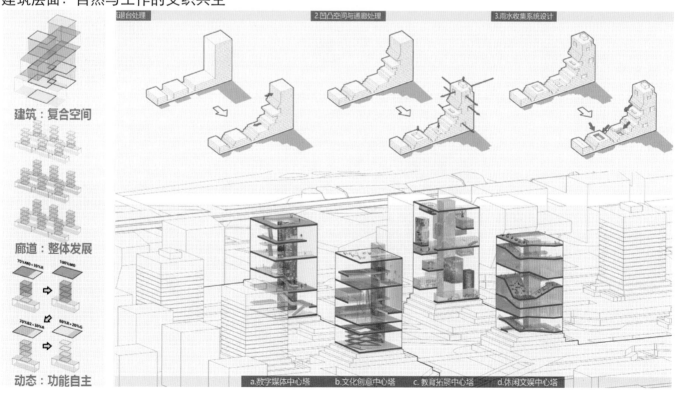

163

策略 C: 交织城市活动——赋予自然与工作空间体系以 科技、生态 为主题的事件活动

自然的魅力

布置5类近50项自然场所

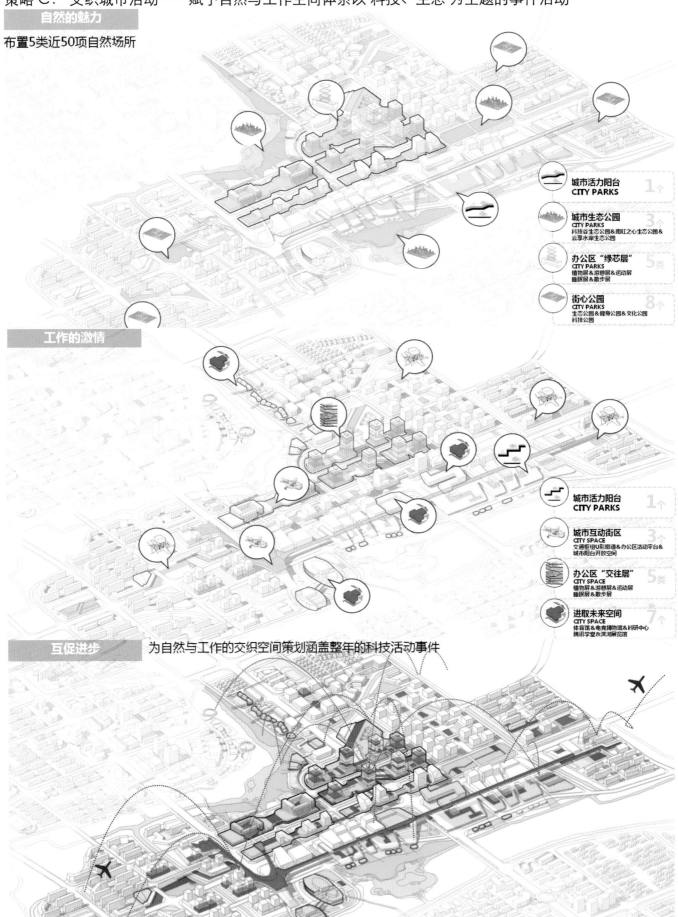

城市活力阳台
CITY PARKS
1个

城市生态公园
CITY PARKS
科技谷生态公园&南虹之心生态公园&
云享水岸生态公园
3个

办公区"绿芯层"
CITY PARKS
植物层&游想层&运动层
睡眠层&散步层
5类

街心公园
CITY PARKS
生态公园&健身公园&文化公园
科技公园
8个

工作的激情

城市活力阳台
CITY PARKS
1个

城市互动街区
CITY SPACE
交通枢纽U形廊道&办公区活动平台&
城市阳台开放空间
3个

办公区"交往层"
CITY SPACE
植物层&游想层&运动层
睡眠层&散步层
5类

进取未来空间
CITY SPACE
体育馆&电竞博物馆&科研中心
腾讯学堂&滨河展览馆
7个

互促进步　为自然与工作的交织空间策划涵盖整年的科技活动事件

为自然与工作的交织空间策划涵盖整年的科技活动事件

典型主题街区

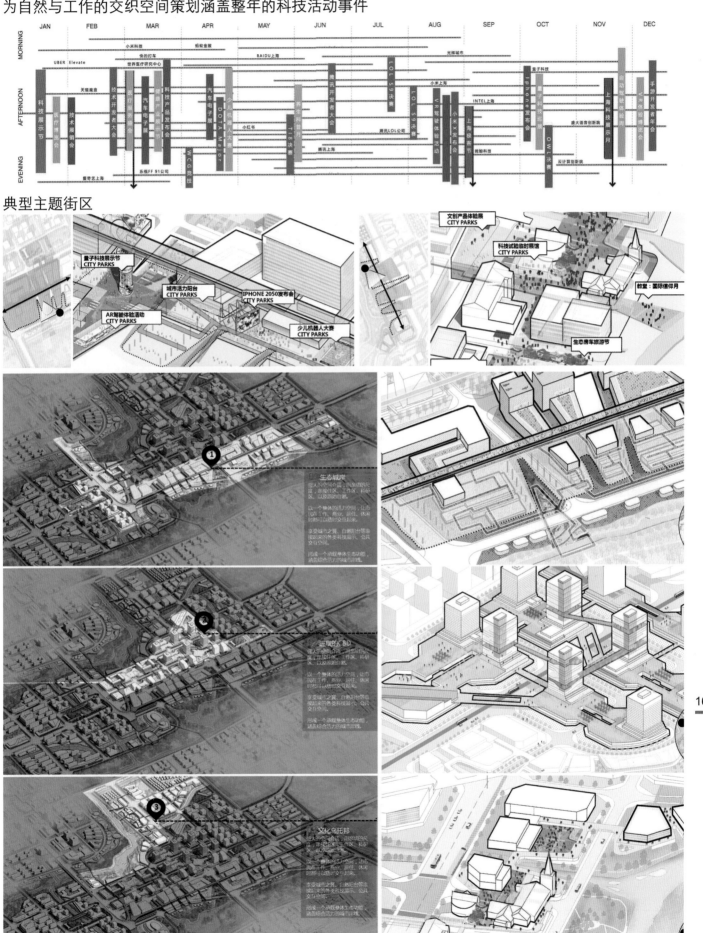

总平面

1. 国际医疗中心　　9. 体育公园
2. 国际教育基地　　10. 水岸阳台
3. 医学研究院　　　11. 综合枢纽
4. 文创保留街区　　12. 拆迁安置区
5. 综合交通枢纽　　13. 中小学
6. 文化展览综合体　14. 城市服务中心
7. 高端商务区　　　15. 社区服务中心
8. 中央公园

N

0　250　500　750　1000 m

经济技术指标一览表		
项目		规模（万平方米）
规划范围面积		467.0
开发建设用地面积		467.0
容积率		1.4
计容积率总建筑面积		701.91
其中	居住	286.24
	安置	5.20
	二类居住	231.04
	商业服务业设施	238.22
	商业	98.52
	商务办公	119.3
	文化创意老街	5.07
	娱乐康体	5.02
	公共管理与共服务设施	147.45
	学校	26.71
	医院	80.6
	城市服务中心	20.94
	文化展览综合体	10.89
绿地率		35%
规划人口		5.64 万人

166

设计逻辑体系

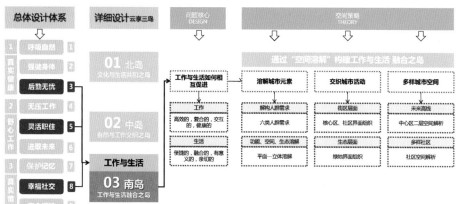

场地定位

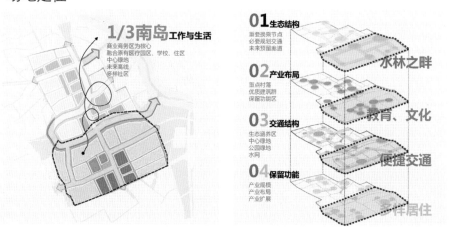

鸟瞰图

概念生成

空间共享趋势

城市空间共享

南岛 寻找工作与生活的另一种可能性

400个盒子 共享居住　　云享客
wework 共享办公
MEET BEST 共享空间　　居住空间共享

在地人群需求分析

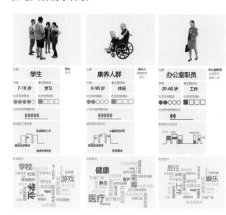

在地人群解构

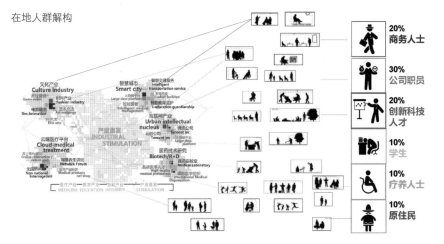

比例	人群
20%	商务人士
30%	公司职员
20%	创新科技人才
10%	学生
10%	疗养人士
10%	原住民

在地人群需求分析

概念：溶解城市元素

概念解析

利用溶解的手段，从三个层次统筹城市设计，形成云享之城最便捷高效的工作生活融合之岛。

均一、稳定的城市溶液

溶解理论

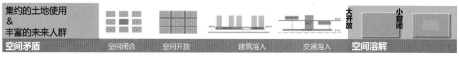

功能溶解

拓展原有功能产业，新增商业商务功能区，溶解新旧功能区。

功能格局：
商·学·医——大分区
内部·交界——小混合

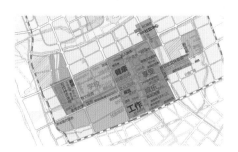

核心区功能溶解

映射立体建筑分区，重构三维空间逻辑，溶解形成新立体划分，溶解立体空间。

核心区立体格局：
底层混合
高层集约

生态溶解

滨河绿道——大覆盖，城市公园——小分散
构建滨河绿地体系　串联中心绿环　成网社区级绿地
——滨河公园　——城市级公园 *1　——口袋公园 *17
　　　　湿地　　　园区 *1　　　贴身公园 *10
　　　　　　　学校 *5　　　健身公园 *5

平面功能溶解

连接混合功能建筑，打破原封闭园区、学校，混合改造原住区建筑，溶解新旧空间。

空间格局：
公共空间——大开放
住区——小封闭

社区功能溶解

并置空间资源，更新和置换社区功能，融合生态、公共空间要素，溶解社区各类要素。

社区格局：
资源共享
新旧融合

生态轴线

丰富滨河中心景观轴　强化未来高线
——滨水绿地轴线　——商业绿地
连接社区纽带　商业广场
——城市公园
　　口袋公园

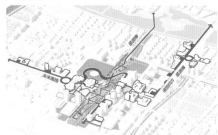

立体功能溶解

自然渗入

自然渗入，网络交织
连接中心绿地体系　成网社区级绿地
——公园　——文化
　广场　　体育
活力街道　街道服务

交织城市活动

核心区活动地图

中岛

社区

滨河立体廊道

核心区以城市级商业活动为主,主轴呈L形,融合滨河立体廊道,构建沿线活动网。

社区活动地图

社区活动围绕三个社区公服节点组织,策划24h街市等特色活动。

绿地活动地图

绿地活动沿三个滨河绿道布置,中心绿轴结合特色城市级主题公园,次要轴线展开社区级休闲活动。

多样城市空间
未来高线

②智慧

wifi全覆盖

人群需求 → 空间分类 → 特色空间 → 空间串接 → 未来高线

未来高线内涵有(点)1.人群需求引导的功能混合高线,具体以生态、工作、健康、展览主题其一为引导进行混合。(点)2.提供云租借等服务的智慧高线。

①混合主题

商务人士
公司职员
创新科技人才
康养人群
学生
原住民

健康
养生
工作
医疗
享受
居住
社区中心
娱乐
工作

生态主题
工作主题　商务主题　科技主题
健康主题
展览主题

自动生态管理　实时健康检测

云租借服务点

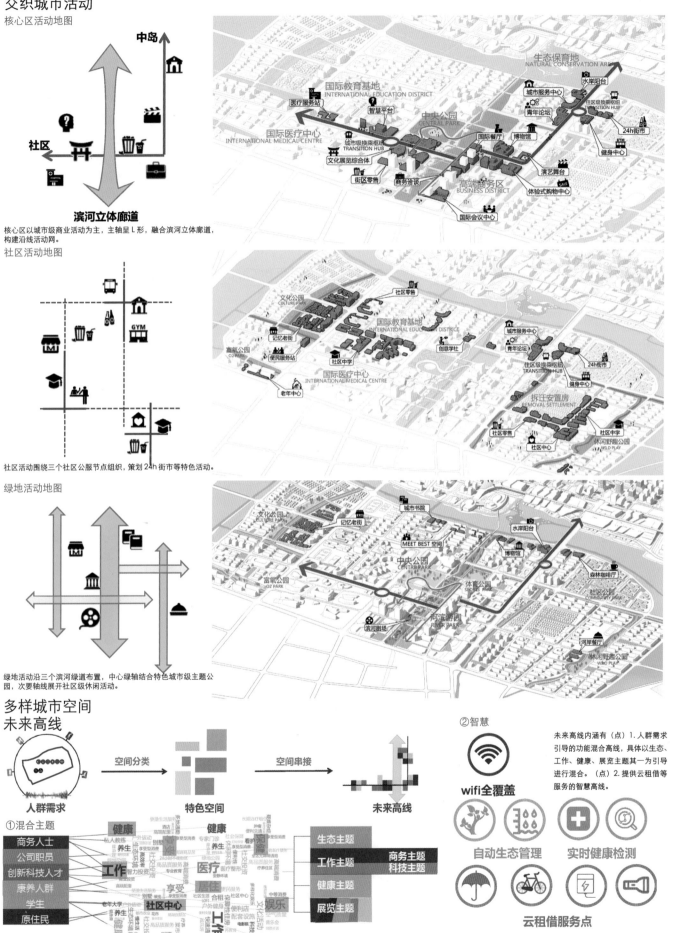

169

主题 服务点

未来高线依据核心区建筑功能，混合不同
内涵、提供相应智慧服务。

75% 科技主题
25% 生态主题

100% 生态主题

10% 商务主题
10% 科技主题
30% 健康主题
50% 生态主题

100% 健康主题

100% 展览主题

45% 科技主题
30% 健康主题
25% 生态主题

交通综合体
地铁、中运量轨
道、环线巴士站

实时展览公告
通过wifi全覆盖、
实时公布最新动
态展览信息

展览空间
暂时性、永久性
展示空间

①展览主题　　　　　　　　　　　　　　　　　②工作主题

| 临时载体 | 永久载体 | 双层连接体 | Coffe&Tea Bar | 休闲会谈 | 午休健身 |

临时帐篷　　　快闪广场　五彩柱　　休憩空间　玻璃连接体　　书吧　Coffe&Tea Bar　　休憩空间　自动传送带　　健身器械　自动传送带

③生态主题　　　　　　　　　　　　　　　　　④健康主题

| 草坡 | 乔灌木 | 水景 | Run&Bike | 养生锻炼 | 儿童游乐 |

休憩空间　草坡　　休憩空间　乔灌木　　水景　休憩空间　　跑道　自行车道　　健身器材　休憩空间　　儿童游乐构筑

170

多样社区

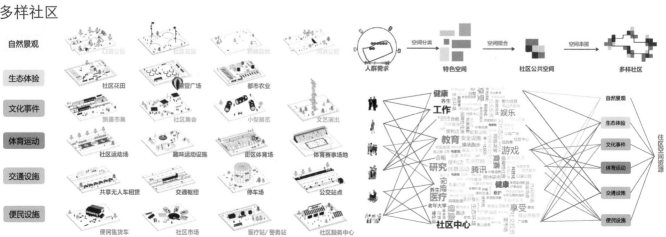

自然景观　　白鹭公园　社区花园　群鸟观测　河滨公园

生态体验　　社区花田　露营广场　都市农业

文化事件　　跳蚤市集　社区集会　小型展览　文艺演出

体育运动　　社区运动场　趣味运动设施　街区体育场　体育赛事场地

交通设施　　共享无人车租赁　交通枢纽　停车场　公交站点

便民设施　　便民售货车　社区市场　医疗站/警务站　社区服务中心

人群需求　→　空间分类　特色空间　→　空间组合　社区公共空间　→　空间串接　多样社区

健康　养生　工作　娱乐
教育　游戏　腾讯　研究　健康　医疗　老年大学
社区中心

自然景观　生态体验　文化事件　体育运动　交通设施　便民设施

社区分类

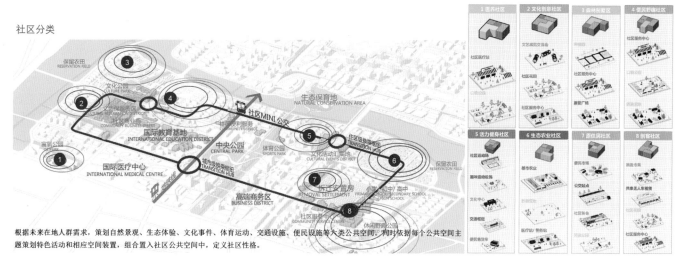

根据未来在地人群需求，策划自然景观、生态体验、文化事件、体育运动、交通设施、便民设施等六类公共空间，同时依据每个公共空间主题策划特色活动和相应空间装置，组合置入社区公共空间中，定义社区性格。

社区中心分类

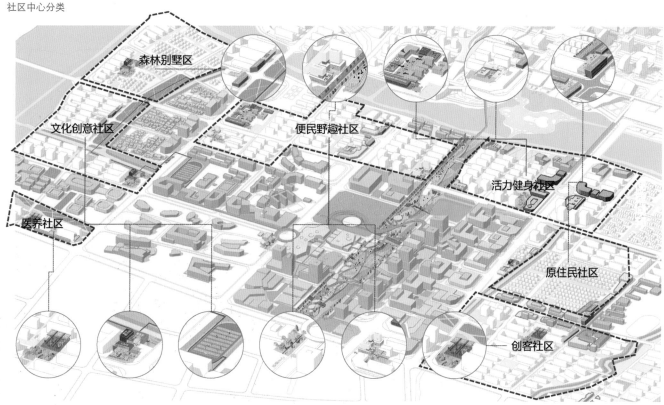

森林别墅区

文化创意社区

便民野趣社区

活力健身社区

医养社区

原住民社区

创客社区

社区中心展示

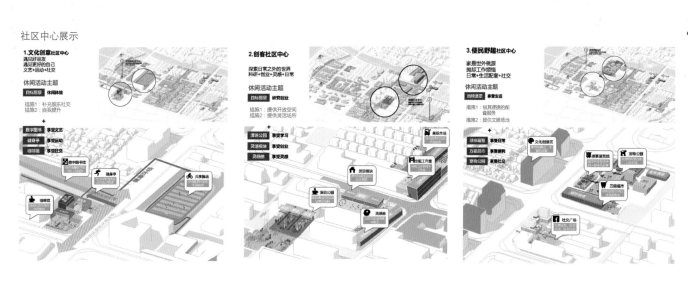

脉动上海 +

PULSE OF FUTURE SHANGHAI

清华大学建筑学院

陈婧佳　邓立蔚　侯　哲　李静涵　李云开　刘杨凡奇　吴雅馨　张东宇　朱仕达

指导教师：吴唯佳　赵　亮　梁思思

南虹桥距离上海虹桥枢纽 5km，面积 10.4km²，经历了从江南农耕水乡到工业园区的历史变革，伴随虹桥枢纽建设，正处于向服务业转型发展的新时期。设计团队通过现状梳理总结城与水两大要素，并以人为核心，聚焦民生，以满足不同人群健康生态、弹性生产、海派生活等需求为目标，以同呼吸、谋长远、共命运三条新规划方式为手段，以提升人的获得感为设计宗旨，具体策略包括：

构建新健康生态。针对虹桥人的健康需求，提出引风、活水、享绿的策略。针对湿热气候，构建三级自然风道体系，实现降温、透气。识别水系循环阻力点，疏浚末端水系，增加水域面积，运用植物修复技术，促进水质生态型净化，构建水绿开放空间，降低热岛效应。在绿地中植入多样化健康功能，形成逸趣横生的全龄养生大乐园。

营造南虹桥弹性就业空间。针对虹桥人的灵活就业需求，提出 7 种可能的办公空间，提出兼容并蓄的灵活产业、差异发展的规划单元、因地制宜的用地混合、层次分明的弹性布局、营城聚人的开发时序，以科学的分析为辅助，应对未来需求的不确定性。

塑造新海派生活。针对虹桥人的生活需求，顺应网络时代生活方式从血缘、地缘社区，拓展到线上趣缘社群的趋势，针对当前缺面对面交流、社区宅生活的问题，提出线上线下联动，居民、社区、政府共同参与的公共服务节点——XBOX，塑造社区生活共同体。

South Hongqiao is 5 kilometers away from Shanghai Hongqiao Transportation Hub and covers an area of 10.4 square kilometers. It has undergone historical changes from Jiangnan farming villages to industrial parks. Along with the construction of Hongqiao Transportation Hub, it is in a new era of transition to the service industry.

The design team takes people as the core and determines that the Hongqiao family members should focus on the people's livelihood to meet the needs of the new and old people's work, life and health, and improve people's sense of acquisition. The core strategies include:

Creating a new Shanghai life. In response to Hongqiao people' s living needs, we responded to the trend of lifestyles in the online age from blood and geo-communities and expanded to the online community. In response to the current lack of face-to-face communication and community house life issues, we proposed online and offline linkages and "XBOX" ,a government-affiliated public service node which can shape communities and residents.

Building a new health ecosystem. In response to the health needs of Hongqiao people, we propose strategies for attracting wind, water, and enjoying greenery. For the hot and humid climate, building a three-level natural air duct system to achieve cooling and ventilation. Other strategies include identifying water circulation resistance points, dredging end water systems, increasing water area, applying phytoremediation technology, promoting water quality and ecological purification, building water-green open spaces, and reducing heat island effects. Diversified health activities also will been implanted in the green space to form a fun-filled all-year-old health paradise.

Creating a new flexible employment space for the South Hongqiao. In response to the flexible employment demand of Hongqiao people, seven kinds of possible office space are proposed, and a compatible and flexible flexible industry, different planning units for development, mixed-use land for local conditions, flexible layout for different levels, and development timing for the South Hongqiao are proposed to meet future uncertain demands.

核心要素提取：城、水、人

区域中的南虹桥

现状：交通可达度低 | 现状：苏州河进入市区最后的绿地 | 规划：长三角发展核 | 规划：西端节点

南虹桥交通可达性分析图

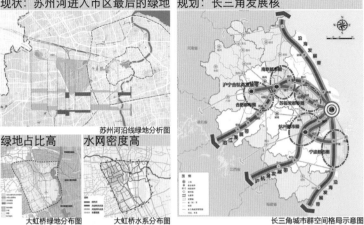

苏州河沿线绿地分析图

绿地占比高　水网密度高

大虹桥绿地分布图　大虹桥水系分布图

长三角城市群空间格局示意图

上海空间结构示意图

上海市

城：增量转存量要求质的发展 | 水：生态提上日程需从头注重环境 | 人：幸福感、获得度成为城市指标

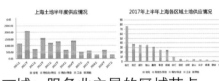

上海城市综合排名全球15
上海城市生态排名全球41

迈向卓越的过程中最需要的仍是居民的幸福感

城：服务业主导的区域节点

农业时期依河而起 | 工业化后完成第一次产业更迭 | 虹桥枢纽建成，南虹桥进入第二次产业更迭

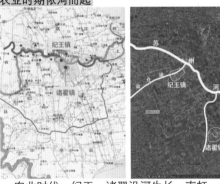

工业园区数量：56处
企业数量：约600家
产业种类：建材、纺织服饰、食品加工、电子元件、医疗器械
企业规模：70%企业年税收少于100万

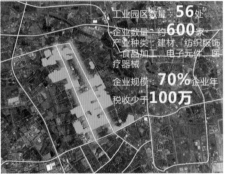

农业时代，纪王、诸翟沿河生长，南虹桥成为农产品生产和集散之地。 | 随着工业化进程的推进，地区成为工业聚集区，完成了第一次产业更迭。 | 今天的上海现代服务业蓬勃发展，南虹桥处于第二次产业更迭的时期。

虹桥枢纽

1920s
城市缓慢扩张，地区间联系较弱

2000s
城市迅速扩张，形成大的生活性中心

2010
形成服务区域的功能性中心

2017
区域级功能性中心带动周边地区发展

水：水绿融入城市生活

人水共生 | 人水互斥 | 治理初始
农业时期水是联系人们的纽带　工业时期水成为发展的阻碍

太湖　吴淞江　苏州河　黄浦江

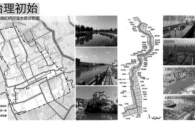

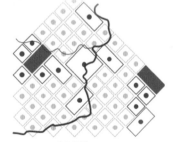

■脉动上海 +：方案整体思路

目标梳理

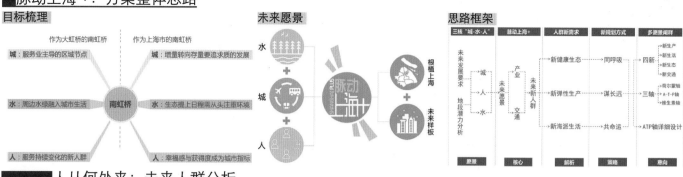

未来愿景

思路框架

■人从何处来：未来人群分析

■产业分析：谁为南虹桥而来

影响南虹桥产业的三要素
1. 上海中心城区特定服务业的溢出
2. 虹桥枢纽的辐射作用与交通吸引力
3. 苏州河沿线特色文化产业集聚发展

大健康
未来地区人群健康需求增加

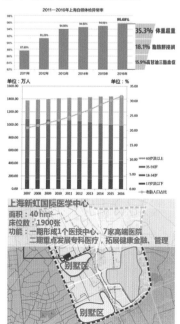

上海新虹国际医学中心
面积：40 hm²
床位数：1900张
功能：一期形成1个医技中心、7家高端医院
　　　二期重点发展专科医疗，拓展健康金融、管理

研发
随其他产业成长，研发需求增加

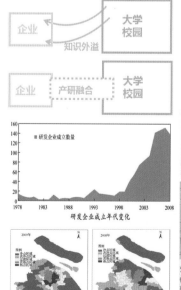

商业办公
交通枢纽对商办带动明显

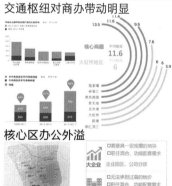

核心区办公外溢

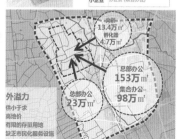

泛娱乐
沿苏州河泛娱乐带正在形成

泛娱乐相关产业

游戏
研发
竞技
影视

■交通分析：南虹桥为谁提供家园

职住分离情况依然存在

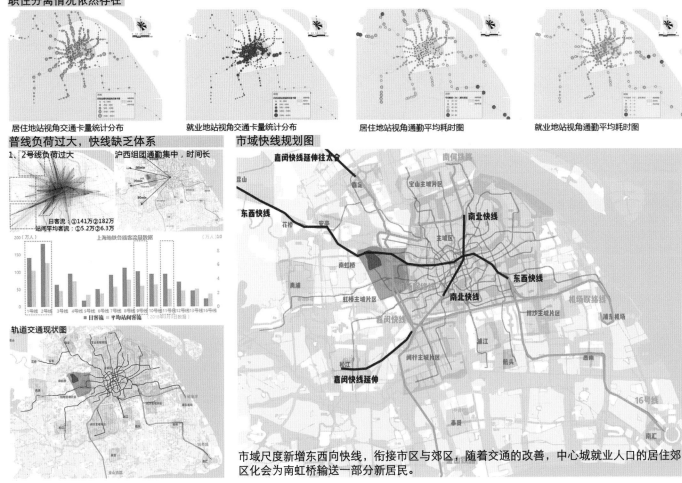

居住地站视角交通卡量统计分布　　就业地站视角交通卡量统计分布　　居住地站视角通勤平均耗时图　　就业地站视角通勤平均耗时图

普线负荷过大，快线缺乏体系

1、2号线负荷过大　　　　沪西组团通勤集中，时间长

日客流 ①141万②182万
站间平均客流 ①5.2万②6.3万

上海地铁各线客流量数据

轨道交通现状图

市域快线规划图

市域尺度新增东西向快线，衔接市区与郊区，随着交通的改善，中心城就业人口的居住郊区化会为南虹桥输送一部分新居民。

■新人群：约 10 万人

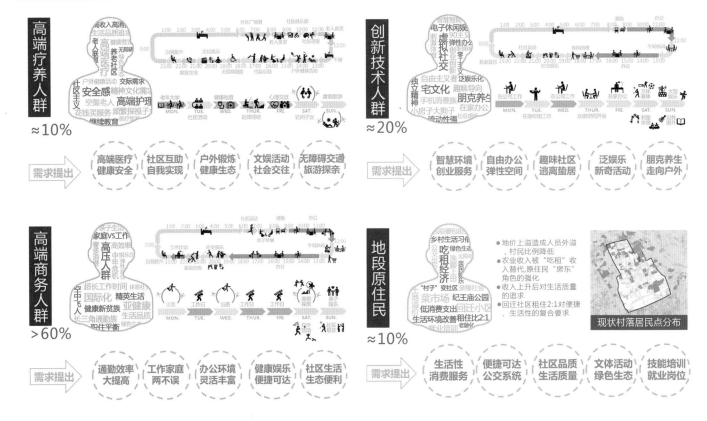

高端疗养人群 ≈10%

需求提出：高端医疗健康安全 ｜ 社区互助自我实现 ｜ 户外锻炼健康生态 ｜ 文娱活动社会交往 ｜ 无障碍交通旅游探亲

创新技术人群 ≈20%

需求提出：智慧环境创业服务 ｜ 自由办公弹性空间 ｜ 趣味社区逃离蛰居 ｜ 泛娱乐新奇活动 ｜ 朋克养生走向户外

高端商务人群 >60%

需求提出：通勤效率大提高 ｜ 工作家庭两不误 ｜ 办公环境灵活丰富 ｜ 健康娱乐便捷可达 ｜ 社区生活生态便利

地段原住民 ≈10%

● 地价上溢造成人员外溢，村民比例降低
● 农业收入被"吃租"收入替代，原住民"房东"角色的强化
● 收入上升后对生活质量的追求
● 回迁社区租住2:1对便捷、生活性的复合要求

现状村落居民点分布

需求提出：生活性消费服务 ｜ 便捷可达公交系统 ｜ 社区品质生活质量 ｜ 文体活动绿色生态 ｜ 技能培训就业岗位

新需求：新健康生态

■全龄养生需求

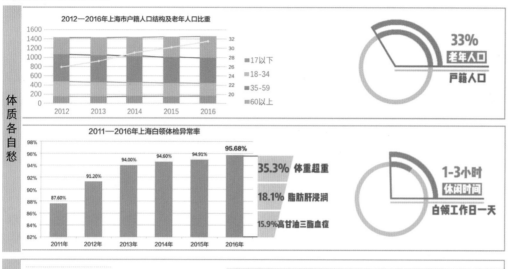

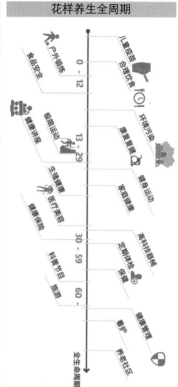

花样养生全周期

体质各自愁

健康意愿强

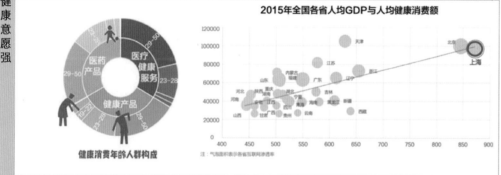

人们期待身体永保健康
上海人民存在多种多样的健康问题，老年人越来越多，都市青年生活方式令人担忧，超95%上海白领体检异常。但是他们的健康意愿非常强烈，40%运动参与率全国领先、人均年健康消费全国领先，白领和高收入人群健康消费占比家庭支出超25%有理由相信，全龄花样养生是新老上海人一辈子的需求。

■舒适性需求 上海夏天高温湿热、冬天阴冷，特别需要舒适的通风环境。随着热岛效应加剧，人们更期待夏季的自然通风，同时避免冬季寒风渗透

夏季炎热气候

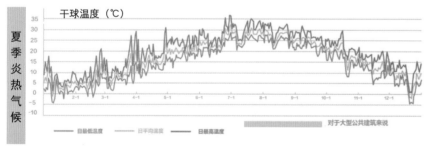

城内绿地无处觅

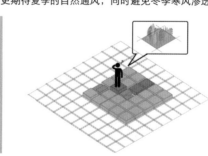

城市热岛效应严重

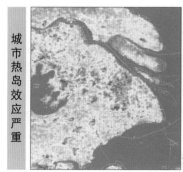

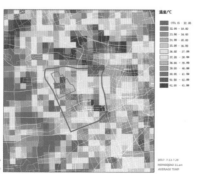

城外荒野不敢近

新需求：新弹性生产

■ 需求共性

未来细分产业层出不穷，难以预计

四类产业发展的总体前景仍存在未知数，未来细分产业更是难以预计；但他们对于办公空间的需求，仍有规律可循。

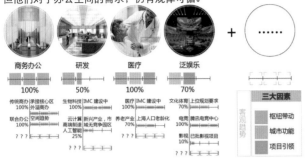

商务办公　研发　医疗　泛娱乐

100%	50%	100%	70%
传统商办/承接核心区 100%	生物科技	IMC 建设中 100%	文化传媒 70%
联合办公/空间趋势 100%	养老产业/上海人口老龄化 70%	医疗/IMC 建设中	腾讯电竞中心 100%
云计算/新兴产业 高端制造/城无竞争园区 人工智能 25%		电竞	上位规划要求 影视/已批影视项目 10%
???	???	???	???

三大因素
- 枢纽带动
- 城市功能
- 项目引领

（客观趋势）

就业者需要终身学习

商务、研发等产业方向，以及零工经济的兴起，就业竞争加剧，共同促进了就业者的终身学习需求。

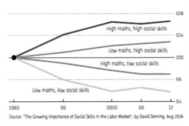

零工经济兴

自由职业者

可选择工作时间、有多个雇主，并且可以灵活切换工作、改变从事行业的工作者

客观事实
- 65%办公室工作人员：非传统的工作空间促进效率提升
- 超过5500万美国人是自由职业者占美国人的35%

预测
2036年中国零工经济4亿自由职业者大多数·第三空间

产业链分离——依赖交通、相互独立

企业经营各环节逐步去中心化，呈现出网络化和独立化倾向，南虹桥的企业受成本的限制，大概率将其经营重心转移到市场、研发等环节

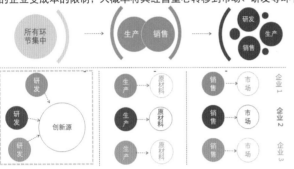

现代企业寿命缩短，不稳定性增加　少自持少长租，多外包多分散

现代企业不稳定性增加，为降低成本风险，企业的办公用房趋于少自持少长租，甚至有的企业 80% 员工没有固定工位，而是自己寻找心仪的办公场所。

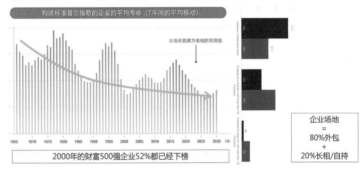

构成标准普尔指数的企业的平均寿命（7年间的平均移动）

2000年的财富500强企业52%都已经下榜

企业场地
= 80%外包
+ 20%长租/自持

■ 空间需求

率先大力发展第三空间

第三空间

美国社会学家欧登伯格
(Ray Oldenburg)提出
第一空间-家庭
第二空间-办公场所
第三空间-城市中的闹市区、酒吧、咖啡店、图书馆、城市公园等
能便捷连通服务功能的新型办公空间

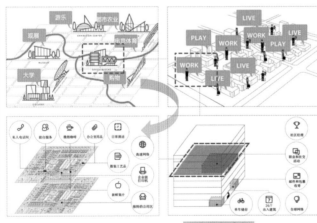

南虹桥的就业者对办公空间的时空灵活性的需求将增加，特别是随着零工经济兴起，从城市到楼层平面各个尺度的第三空间的需求将大幅增长。

开放高校

创新源动力引入高校：独立校安、封闭性安全性、开放校园、共享性交流性、依赖知识经济技术研发、产城融合成果转移、要素活跃

空间套装与全周期服务

可自由选择基本模块的空间套装以及全建筑周期的运营更新服务

七类办公空间

办公空间将以 7 种形式存在于南虹桥，融入优良的城市环境

类型	业态	服务对象	提供服务	盈利方式	典型代表
第三空间	商业/公共休闲	有资源对接需求团队或个人	交流活动、资源对接、成果展示	经营收入、场地费、投资回报	创业咖啡馆创业书吧
众创空间	公共休闲/办公	相关兴趣社群	设备、培训、交流	会员费、培训费（投资回报）	上海新车间北京创客空间
联合办公空间	办公空间	共同需求的团队/个人	共享设施场地、交流	场地租金、会员费	Wework
孵化器	办公空间	初创型小企业	办公空间、投资、培训	投资回报	创新工场36氪

传统就业空间：办公楼宇　办公街区
新兴就业空间
新型职住混合：办公社区

新需求：新海派生活

社区问题 当前城市社区普遍存在三大问题。对于未来主要由"移民"构成的南虹桥新社区，还需要帮助新移民们寻找归属感与文化认同

| 社区缺交流 | 居民宅生活 | 真消耗假共享 | 未来南虹桥是主要由"移民"构成的新社区 | 交往封闭/"宅"/"假共享"问题尤其突出 |

80.9% 居民感觉邻里关系越来越冷漠

>40% 与邻居不熟悉

=15% 根本不认识自己的邻居

60% 年轻人除工作外每周几乎不外出

22.09%
37.74%

共享单车投资达1000亿

人群构成

90%居民为新主体

10%居民为旧面孔

寻找文化归属感

人文情怀的缺失
负面影响社区居民心理、生理健康

网络一线牵 相逢即是缘
宅消费：2000亿外卖市场

城市空间压力激增
资本、产业垄断形势严峻

■主体A：高端商务人群 ■新主体B：创新技术人群
■新主体C：高端疗养人群 ■旧面孔d：原住民与租户

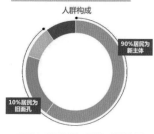

—— "此心安处是吾乡"

上海生活基因

水乡人家，人水共生 通过对南虹桥物质文化遗存规律的挖掘，回溯苏河沿岸、人水共生的悠扬水乡

码头 渡槽　　表演 游赏

集市 参拜　　渡桥 居住

历史文化资源分类	历史文化资源点	占比
桥、井	寅春庙桥	50%
	徐家桥	
	盐仓浦桥	
	天柱桥	
	倭井	
寺庙	大圆通寺	30%
	红莲寺	
	关帝庙	
其他建筑	柴塘北碉堡	20%
	张家住宅	

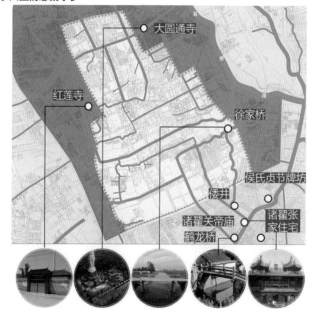

多元、混合、小尺度街道空间 对上海代表性街区进行分析，提取出上海人的生活基因

| | 建筑肌理 | POI抓取 | 绿视率 |

人民广场

徐家汇

新天地

静安寺

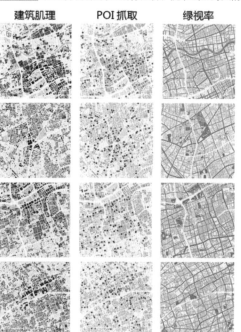

POI 分析

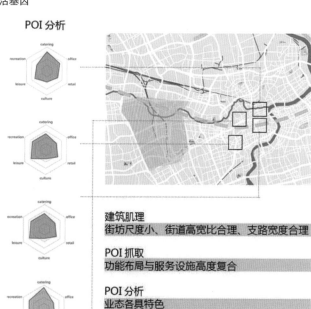

建筑肌理
街坊尺度小、街道高宽比合理、支路宽度合理

POI抓取
功能布局与服务设施高度复合

POI 分析
业态各具特色

绿视率
街道绿植营造近人氛围

■矛盾分析

线上趣缘社群活跃

地缘社区　　　　　　趣缘社区
地域小圈子/邻里交往/受地理距离限制　　虚拟社区/新型邻里关系/全球大互联

交往的纽带由血缘、地缘拓展到线上的趣缘

线下社交机缘受限

线上多元的文化选择　　线下枯燥的传统社区服务

缺少接触点

■空间需求

另外，生活于南虹桥的新上海人，是伴随网络社会崛起的一代人，丰富的线上社群表明交往的纽带从过去的血缘、地缘，拓展到线上的趣缘。他们不是没有面对面交往的需求，而是紧闭的门户、封闭的社区、枯燥的传统社区服务，让他们没有建立地缘纽带的机会。

南虹桥的人们需要宜人的街道和积极的公共空间作为硬载体，也需要能够打通线上和线下、链接趣缘和地缘的软活动，形成具有苏河水乡特质、上海城市基因、适合网络人的新海派生活。

软活动

5-10-15 分钟社区生活圈　　定制化社区公共空间

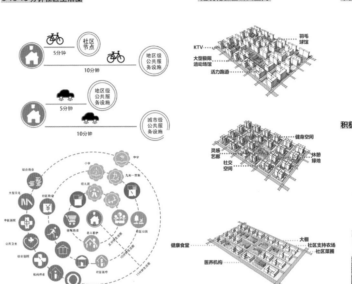

硬载体

丰富、宜人的街道内院空间

社区内外的交汇软界面

积极、亲水的居住活动空间
居住区滨水空间设计：
建筑与河道围合积极空间
步道与活动场沿河道布置
可游憩、可休闲

■新需求：发展思路转型

■从"业-人-城"到"城-人-业"

发展思路转变：以优质的城市生活和公共服务吸引人才，人才吸引企业，企业创造繁荣

以人的新需求为本

180

人的需求在南虹桥地段落位

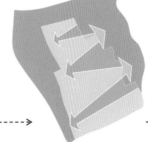
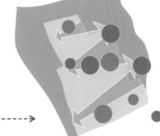
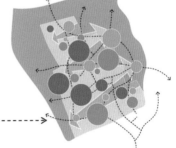

城-水绿　　城-水绿　　确定活动聚集点　　"三新"网络
隔阂　　　交织

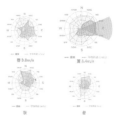

引风——更清爽的微气候

■自然通风需求——温度基础

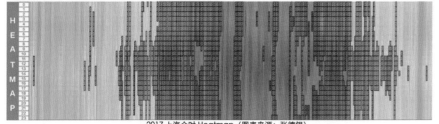

2017 上海全时 Heatmap（图表来源：张德银）

全年干球温度有 1857 个小时处于 20-25℃之间，1373 小时处于 15-20℃区间，叠加可得：全年共计有 36.9% 的时间适宜采用自然通风策略缓解城市热岛，可利用时间充足，集中于 4 月到 6 月、9 月下旬到 10 月底，可缓解上海较长空调季中公共建筑能耗过大问题。

■自然通风需求——风速基础

夏季平均风速为 3.4m/s，主导风向以东偏南为主，基本适宜让自然风做功，带动气候微循环，为大虹桥通风降温。

上海四季风玫瑰图

■自然通风策略——三级风廊

1. 一级风廊——水绿为底

与夏季风主导风向呈一定偏角，沿苏河生态绿地伸入地段，宽度在 180-200m 之间。

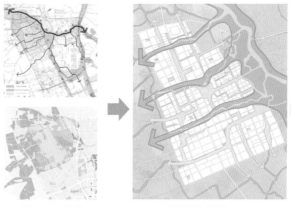

提取主要水绿脉络　　　将破碎绿地连接整合　　　生成一级风廊

2. 二级风廊——穿城而过

二级风廊从一级风廊分流，穿插于城市街区之中，主要由建筑组群和公共空间组成。

中央组团二级风廊

街区模型风洞实验——二级风廊形态修正（数据来源：张德银）

基于风洞实验结果的 ATP 轴建筑覆盖率修正

基于风洞实验结果的 ATP 轴高度差修正

3. 三级风廊——建筑引导

三级通风廊道主要依赖建筑设计的特殊形态构成，引导城市区域局部通风效率提升。

将已经构建了一、二级通风廊道的方案放入软件模拟，识别出通风效率低的点，进行底层架空等特殊建筑形态设计。

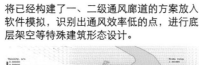

方案风环境模拟

三级风廊

活水——更灵动的水环境

水环境重塑策略

南虹桥水网密度为 2.3km/km²，河道众多，形态丰富，岸线长达 42 km，延续了苏河沿岸水文肌理，水乡文化背景深厚。但同时，水的可利用性较差，尽端河道多达 16 处，水量不均、流向混乱，循环阻力大。地段内点状水面散布，水速较慢，利用难度大，公共价值较低。

现状水系

循环阻力点识别

河道疏浚

根据宽度和水质等信息筛选潜力河道，增加 60hm² 的水域面积，引导各级水循环。一级河道主要为东西向，结合绿地，引入苏州河；二级河道主要为南北向，联络沟通循环不良的一级河道；三级河道伸入社区和小型公园，为各区域人群营造独特亲水体验。

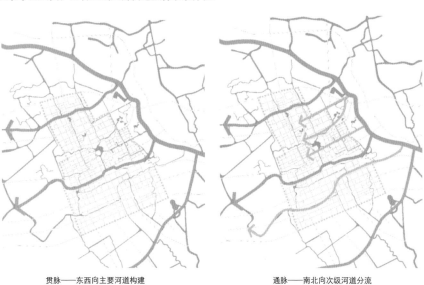

贯脉——东西向主要河道构建　　通脉——南北向次级河道分流　　疏浚——南北向次级河道构建

地段中的现状岸线多以活力较低的线性硬质岸线为主，通过将其恢复成湿地过滤的自然河道，保护生物栖息地；拓宽水面降低流速，配合植物修复促进水质生态型净化。同时，丰富滨水空间形式，结合相应功能打造多样化滨水活动。

调节流速——重要节点拓宽

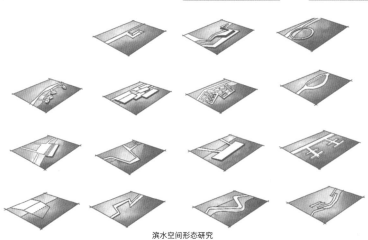

滨水空间形态研究

■享绿——更全龄的绿地活动

■城 - 绿融合的生态格局

南虹桥的现有绿地虽然存量充足，但结构破碎不成体系，生态价值与公共价值低。为了改变这一消极循环，规划增加 60 hm²绿地，构建连贯生态廊道，增强绿地的连通度和渗透性。从苏河沿岸生态绿地、外环绿带中的农田肌理，逐步过渡到边界自然的城市公园口袋绿地，绿地尺度从大到小，逐级深入城市，模糊城绿边界，同时让绿地活动触手可及。

■绿地分级

总体结构上，三条主绿廊与主要通风廊道位置重合，沿苏州河渗入地段，除了为城市通风降温，还承担了为动植物提供连续的生存栖息空间的功能。二级绿廊功能复合，主要承担城市休闲服务功能，形式多样、空间构成丰富。三级绿廊主要为社区公园和口袋绿地，形式灵活、尺度偏小，穿插于建筑组群间，起着活化城市空间的作用。三级绿地从广入微，将绿地最大限度地融入城市空间，使城绿共生，大大拓宽了人群绿地活动的可能。

生态绿地

郊野村落

城市公园

口袋绿地

一级绿地　　　　　　　　　　二级绿地　　　　　　　　　　社区绿地

郊野绿地特色空间　　　　　　滨河绿地特色空间　　　　　　滨湖绿地特色空间

■绿地特色空间营造

根据绿地功能分类，针对不同人群需求，打造形式多样、全龄适宜的绿地活动空间。如生态绿地以地景建筑穿插小体块展馆为主，配合微地形，保障开敞空间的连续性和趣味性；休闲、活力型绿地中的公共空间形态则配合岸线，建筑多以退台形式融城于绿。同时，通过慢跑系统串接各活动点，营造移步换景的丰富体验。

  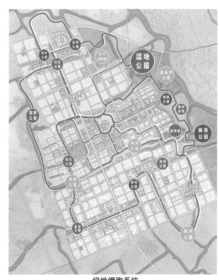

生态型　休闲型　农业型　活力型　社区型

绿地分类　　　　　　　　　　全龄绿地活动空间　　　　　　绿地慢跑系统

新规划方式：弹性与混合

0 五大规划分析思路：应对不确定性、谋求长远发展

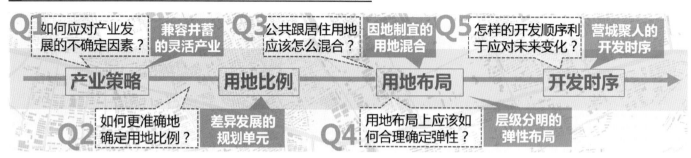

Q1 如何应对产业发展的不确定因素？　兼容并蓄的灵活产业　**Q3** 公共跟居住用地应该怎么混合？　因地制宜的用地混合　**Q5** 怎样的开发顺序利于应对未来变化？　营城聚人的开发时序

产业策略　　　用地比例　　　用地布局　　　开发时序

Q2 如何更准确地确定用地比例？　差异发展的规划单元　**Q4** 用地布局上应该如何合理确定弹性？　层级分明的弹性布局

1 兼容并蓄的灵活产业策略：从"导产"到"引配套"

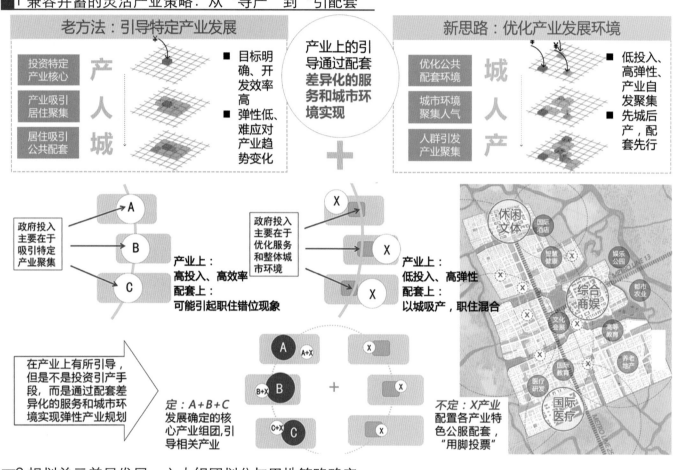

老方法：引导特定产业发展

投资特定产业核心
产业吸引居住聚集
居住吸引公共配套

产人城

■ 目标明确、开发效率高
■ 弹性低、难应对产业趋势变化

产业上的引导通过配套差异化的服务和城市环境实现

新思路：优化产业发展环境

优化公共配套环境
城市环境聚集人气
人群引发产业聚集

城人产

■ 低投入、高弹性、产业自发聚集
■ 先城后产，配套先行

政府投入主要在于吸引特定产业聚集

产业上：
高投入、高效率
配套上：
可能引起职住错位现象

政府投入主要在于优化服务和整体城市环境

产业上：
低投入、高弹性
配套上：
以城吸产，职住混合

在产业上有所引导，但是不是投资引产手段，而是通过配套差异化的服务和城市环境实现弹性产业规划

定：A+B+C
发展确定的核心产业组团，引导相关产业

不定：X产业
配置各产业特色公服配套，"用脚投票"

2 规划单元差异发展：六大组团划分与用地策略确定

我们根据绿廊和交通划分六大组团作为基本规划单元，并在考虑影响地段用地比例策略的因素后，提取已批产业地块、大运量公交路线和生态绿地廊道三大因子

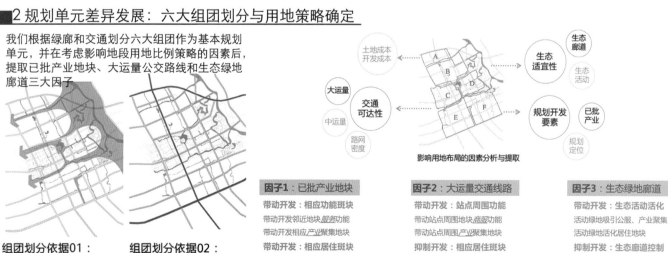

影响用地布局的因素分析与提取

组团划分依据01：
生态绿地廊道"三轴"

组团划分依据02：
规划主次干道路网体系

因子1：已批产业地块
带动开发：相应功能斑块
带动开发邻近地块*服务*功能
带动开发相应*产业*聚集地块
带动开发：相应居住斑块
*由产业*聚集到*人城*聚集

因子2：大运量交通线路
带动开发：站点周围功能
带动站点周围地块*商服*功能
带动站点周围*产业*聚集地块
抑制开发：相应居住斑块
土地成本上升致抑制居住开发

因子3：生态绿地廊道
带动开发：生态活动活化
活动绿地吸引公服、产业聚集
活动绿地活化居住地块
抑制开发：生态廊道控制
生态绿地控制需求抑制产业聚集

■ 新规划方式：弹性与混合

提取因子进行叠加综合分析

因子01：
已批产业地块

因子02：
大运量交通线路

因子03：
生态绿地廊道

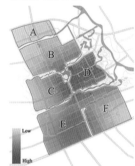 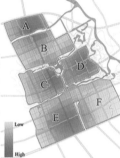 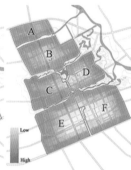

带动开发邻近地块服务功能
带动开发相应产业聚集地块
带动开发相应居住斑块

带动站点周围地块商服功能
带动站点周围产业聚集地块
土地成本上升抑制居住开发

活动绿地吸引产业商服聚集
活动绿地活化居住地块
生态绿地控制抑制产业聚集

确定六大组团用地策略

我们确定了每个组团不同的公建用地和居住用地的适宜比例，以及可以浮动的用地比例，指向差异化的用地策略。例如组团 C 居住和公建用地的适宜比例为 7：3，可浮动比例为 15%。

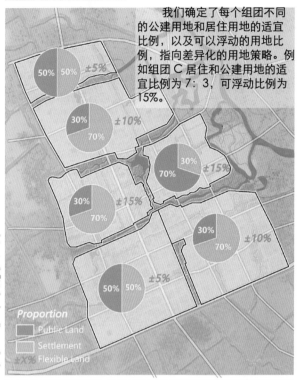

Proportion
- Public Land
- Settlement
- ±X% Flexible Land

叠加分析	用地指向性	距已批产业地块距离	距规划地铁站点距离	距生态绿廊距离
	Settlement	- ；25%	- ；25%	+ ；50%
	Industrial/Public Use	+ ；40%	+ ；40%	- ；20%

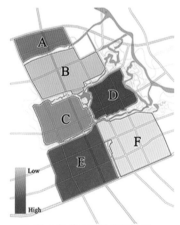 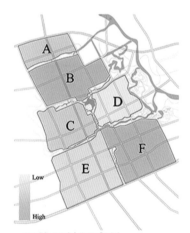

公共/产业用地适宜性：
D > E > A > C ≈ B > F

居住用地适宜性：
F ≈ B > C > A ≈ E > D

组团编号	居住用地比例	公共用地比例	浮动值
A	50%	50%	5%
除去文体中心	70%	30%	10%
B	70%	30%	10%
C	70%	30%	15%
D	30%	70%	15%
E	50%	50%	5%
除去医疗中心	70%	30%	10%
F	70%	30%	10%

■ 3 地块功能兼容：功能混合模式确定

分析典型城市的用地格局，我们提取了公共和居住用地的三种混合模式：分散型、带型和聚集型

步行适宜街区

纽约

洛杉矶

波士顿

用地混合现状

不适 ← → 适宜

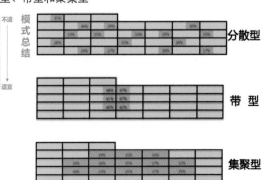

模式总结

分散型

带型

集聚型

新规划方式：弹性与混合

3 因地制宜的用地混合

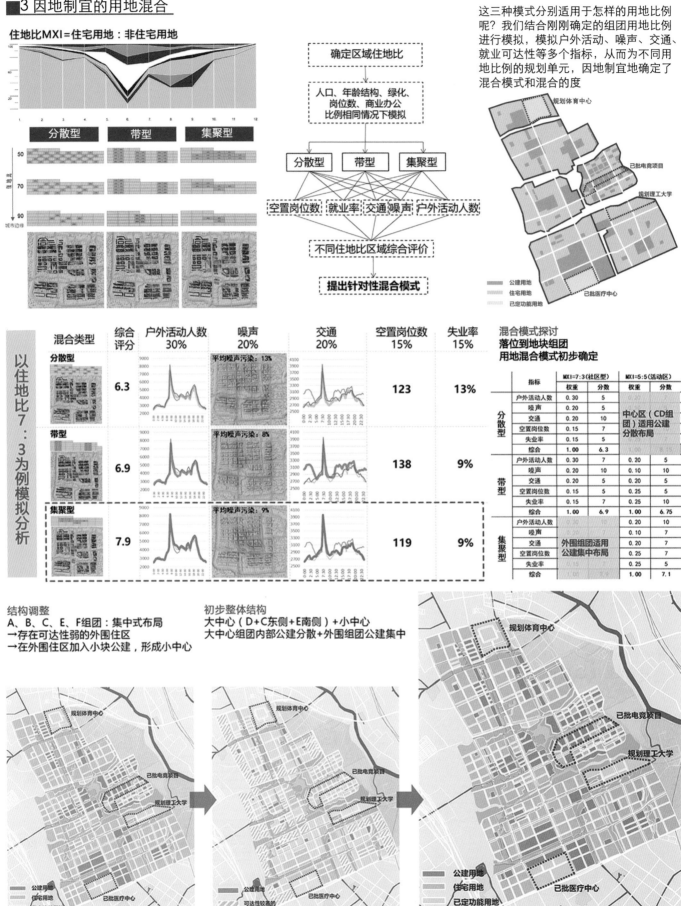

这三种模式分别适用于怎样的用地比例呢？我们结合刚刚确定的组团用地比例进行模拟，模拟户外活动、噪声、交通、就业可达性等多个指标，从而为不同用地比例的规划单元，因地制宜地确定了混合模式和混合的度

住地比MXI=住宅用地：非住宅用地

确定区域住地比

人口、年龄结构、绿化、岗位数、商业办公比例相同情况下模拟

分散型　带型　集聚型

空置岗位数　就业率　交通　噪声　户外活动人数

不同住地比区域综合评价

提出针对性混合模式

以住地比7∶3为例模拟分析

混合类型	综合评分	户外活动人数 30%	噪声 20%	交通 20%	空置岗位数 15%	失业率 15%
分散型	6.3		平均噪声污染：13%		123	13%
带型	6.9		平均噪声污染：8%		138	9%
集聚型	7.9		平均噪声污染：9%		119	9%

混合模式探讨
落位到地块组团
用地混合模式初步确定

	指标	MXI=7:3(社区型)		MXI=5:5(活动区)	
		权重	分数	权重	分数
分散型	户外活动人数	0.30	5	中心区（CD组团）适用公建分散布局	
	噪声	0.20	5		
	交通	0.20	10		
	空置岗位数	0.15	7		
	失业率	0.15	5		
	综合	1.00	6.3		
带型	户外活动人数	0.30	7	0.20	5
	噪声	0.20	10	0.10	10
	交通	0.20	5	0.20	5
	空置岗位数	0.15	5	0.25	5
	失业率	0.15	7	0.25	10
	综合	1.00	6.9	1.00	6.75
集聚型	户外活动人数			0.20	10
	噪声			0.10	7
	交通	外围组团适用公建集中布局		0.20	7
	空置岗位数			0.25	7
	失业率			0.25	5
	综合			1.00	7.1

结构调整
A、B、C、E、F组团：集中式布局
→存在可达性弱的外围住区
→在外围住区加入小块公建，形成小中心

初步整体结构
大中心（D+C东侧+E南侧）+小中心
大中心组团内部公建分散+外围组团公建集中

新规划方式：弹性与混合

4 层级分明的弹性布局：用地适宜性评估

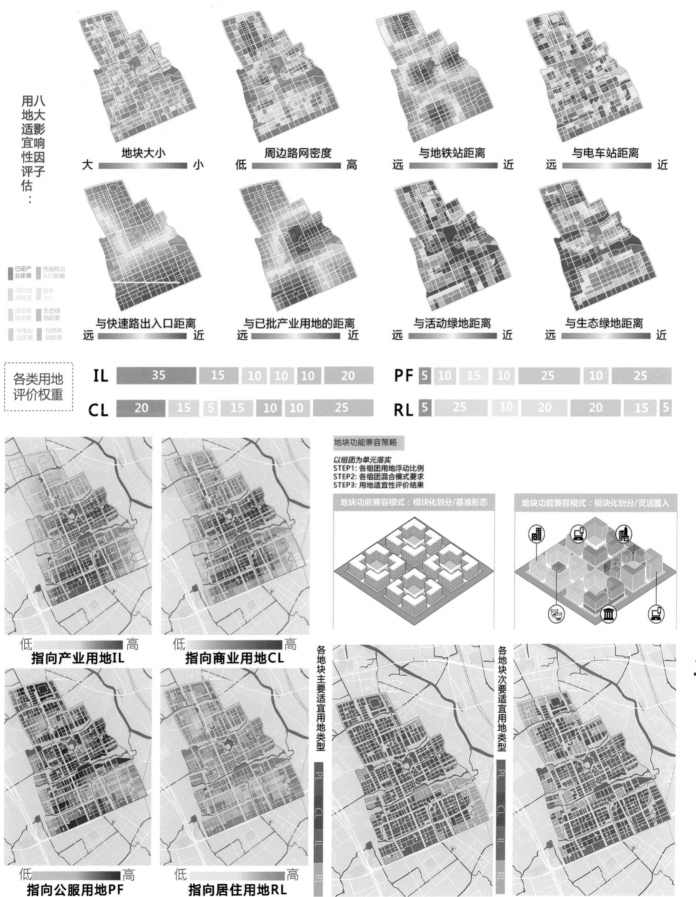

用八大影响因子用地适宜性评估：

地块大小　大——小

周边路网密度　低——高

与地铁站距离　远——近

与电车站距离　远——近

与快速路出入口距离　远——近

与已批产业用地的距离　远——近

与活动绿地距离　远——近

与生态绿地距离　远——近

已定产业距离　快速路出入口距离
周边路网密度　地块大小
活动绿地距离　生态绿地距离
与电车站距离　与地铁站距离

各类用地评价权重

IL　35　15　10　10　10　20

PF　5　10　15　10　25　10　25

CL　20　15　5　15　10　10　25

RL　5　25　10　20　20　15　5

指向产业用地IL　低——高

指向商业用地CL　低——高

指向公服用地PF　低——高

指向居住用地RL　低——高

地块功能兼容策略

以组团为单元落实
STEP1：各组团用地浮动比例
STEP2：各组团混合模式要求
STEP3：用地适宜性评价结果

地块功能兼容模式：模块化划分/基准形态

地块功能兼容模式：模块化划分/灵活置入

各地块主要适宜用地类型

各地块次要适宜用地类型

新规划方式：弹性与混合

用地布局修正：弹性留白用地布局

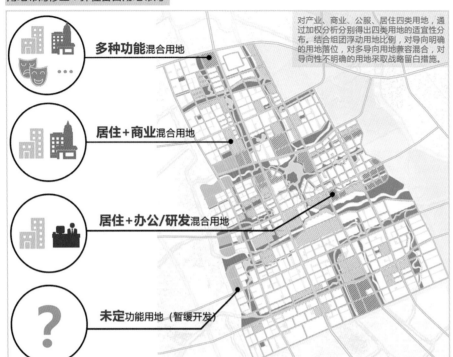

对产业、商业、公服、居住四类用地，通过加权分析分别得出四类用地的适宜性分布。结合组团浮动用地比例，对导向明确的用地落位，对多导向用地兼容混合，对导向性不明确的用地采取战略留白措施。

多种功能混合用地

居住+商业混合用地

居住+办公/研发混合用地

未定功能用地（暂缓开发）

A 兼容并蓄的灵活产业
B 差异发展的规划单元
C 因地制宜的用地混合
D 层次分明的弹性布局
E 营城聚人的开发时序

应对未来不确定性
实现南虹桥长远发展

规划用地平衡表

用地类型	用地面积（hm²）	用地比例
商务办公用地	37.15	3.53%
商业用地	77.30	7.34%
文化用地	7.52	0.71%
生态绿地	202.41	19.22%
医院用地	22.86	2.17%
混合用地	62.48	5.93%
居住用地	320.46	30.43%
水域	53.65	5.09%
道路用地	211.13	20.05%
教育用地	14.34	1.36%
研发与大学用地	31.23	2.97%
文体用地	12.54	1.19%
总计	**1053.08**	**100.00%**

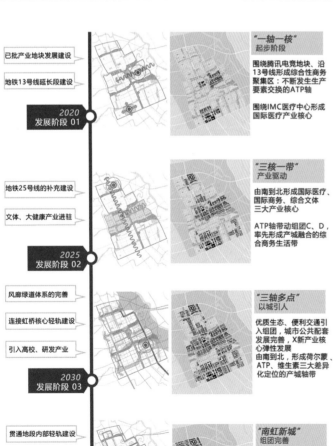

已批产业地块发展建设

地铁13号线延长段建设

2020
发展阶段 01

"一轴一核"
起步阶段

围绕腾讯电竞地块、沿13号线形成综合性商务聚集区：不断发生生产要素交换的ATP轴

围绕IMC医疗中心形成国际医疗产业核心

地铁25号线的补充建设

文体、大健康产业进驻

2025
发展阶段 02

"三核一带"
产业驱动

由南到北形成国际医疗、国际商务、综合文体三大产业核心

ATP轴带动组团C、D，率先形成产城融合的综合商务生活带

风廊绿道体系的完善

连接虹桥核心轻轨建设

引入高校、研发产业

2030
发展阶段 03

"三轴多点"
以城引人

优质生态、便利交通引入组团，城市公共配套发展完善，X新产业核心弹性发展
由南到北，形成荷尔蒙、ATP、维生素三大差异化定位的产城轴带

贯通地段内部轻轨建设

产业发展、住区完善，城与人活力的注入

2050
发展阶段 04

"南虹新城"
组团完善

三轴、六组团扩充完善，形成高混合、高弹性、职住平衡、产城融合的南虹新城

南虹桥用地规划图

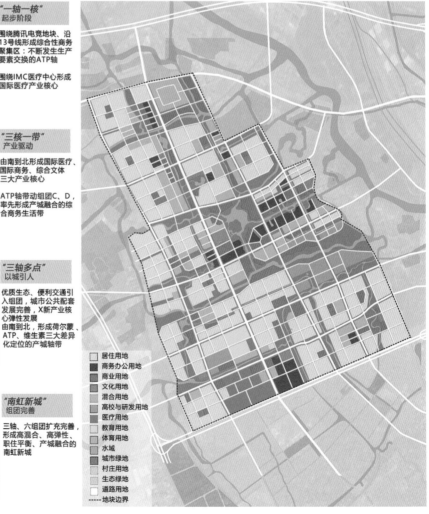

居住用地
商务办公用地
商业用地
文化用地
混合用地
高校与研发用地
医疗用地
教育用地
体育用地
水域
城市绿地
村庄用地
生态绿地
道路用地
----- 地块边界

共命运

■定制化：社区套餐

多元化的社区住户

基于对南虹桥未来脸谱的判断，未来多元化社区住户类型将包括传统家庭、单身一族、大型家庭、退休老人等多种群体在内。

 传统家庭　　 单身　　 年轻情侣　　 需要照料的老人和行动不便人士　　 大型家庭

 退休老人　　 学生　　 年轻家庭　　 外国人　　 当地村民

人群多样化需求分析

对住户的私密性、可支付性、自然需求等多方面居住需求进行解析。

 年轻情侣

安静 — 热闹
私密 — 开放
大型社区 — 小尺度密路网社区
休闲型活动 — 娱乐型活动
生态 — 人工
价格高昂 — 价格低廉
私人驾驶 — 公共交通

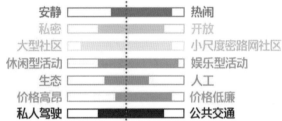

 传统家庭　　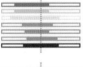 单身　　 退休老人

 年轻家庭　　 学生　　 当地村民

 大型家庭　　 外国人　　 需要照料的老人和行动不便人士

■ "住栋 - 场地" 套餐

不同倾向落在空间上，指示为不同规模的住宅户型，以及特定的活动空间。选择相关性最高的户型与活动空间，形成五种"住栋 - 场地"套餐。结合对南虹桥地段网格化后的交通可达性、生态价值和商业活力度的综合叠加判断，将五种"住栋 - 场地"套餐落地。

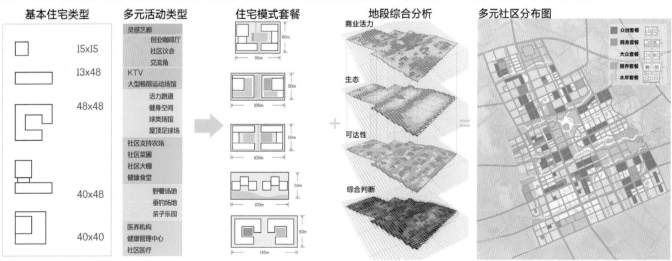

基本住宅类型　　多元活动类型　　住宅模式套餐　　地段综合分析　　多元社区分布图

■ X-BOX 公共服务

在现有的必备公服之外，因为乐趣而聚集在一起的社区人群，将会萌生出新的空间需求。比如，跳蚤市场、露天电影、绘本馆等。为此，置入 XBOX，作为上位配备公服的补充。

XBOX 不仅仅只是盒子。根据活动和功能的不同，它将会呈现出单独体块、底商、屋顶平台和建筑间连廊等 4 种形式。

必备功能	推荐功能	附带功能
• 银行	• 中介服务	• 休闲交往空间
• 超市	就业	• 露天电影播放
• 邮政	法律	• 社区支持农业
• 餐饮店	保险	• 体育锻炼
• 洗衣房	旅游	• 跳蚤市场
• 美容美发店	家教	• 市民教育
• 药店	家政	• 义诊
• 文化用品店	房产	• 亲子活动
• 维修点	• 礼品鲜花店	• 艺术节
• 社区活动中心	• 数码服务	• 美食节
• 菜市场	• 音像	• 社区文化节
• 社区门诊	• 家居	• 节日联欢
	• 就业培训	

X-BOX分布图
▨ X-BOX
○ 服务半径

■ 共享家：社区互联

构建围绕衣食住行全方位展开的共享网络。通过线上社交和线下活动，获取生活信息，共享生活体验，打造在地人的社区互联。

X-BOX 运营系统—居民自主 三方协调
社区居民线上投票，选择 X-BOX 具体功能、决定运营机构和活动内容，而政府提供一定支持和补贴，其产权由政府和社区共持。

线上线下 智慧共享

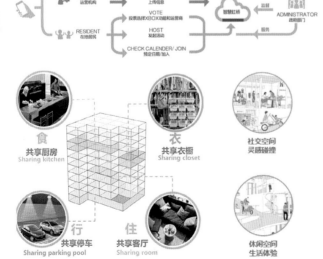

■ 共享绿地

打开传统的封闭街区，将城市水绿引入社区，打造城市居民共享、宜居宜游的水绿体系。

封闭的社区绿地

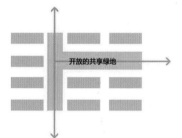

开放的共享绿地

■ 共享社区活动空间

各类社区中的特色活动空间向城市开放共享，构想南虹桥共享社区新图景。

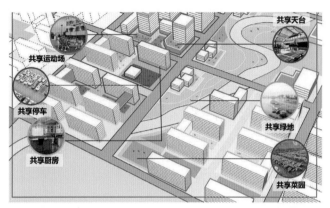

共享运动场
共享停车
共享厨房
共享天台
共享绿地
共享菜园

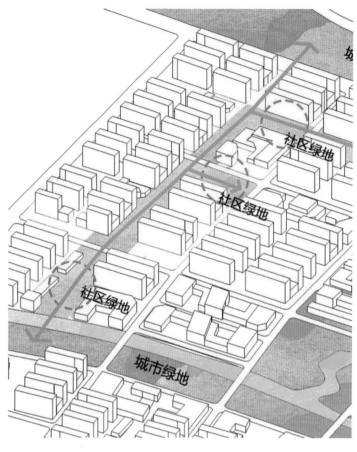

社区绿地
社区绿地
社区绿地
城市绿地

■ 共享街道

汽车 自行车 行人
共享街道

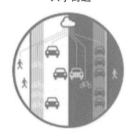

基于大数据
动态街道

共享街道生活

■ 共享停车

共享停车位布局网络

一级共享：
公建场馆 / 企业商业停车位

二级共享：
社区商业 / 公园公共停车位

三级共享：
社区个人停车位

n%　不同比例共享

🕐　特定时段共享

⚡　停车效率提升

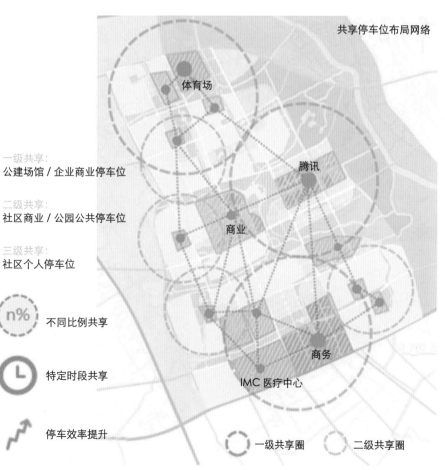

体育场
腾讯
商业
商务
IMC 医疗中心

一级共享圈　　二级共享圈

总体方案展示

同呼吸　　谋长远　　共命运

新生态：风、水、绿廊与多样生态活动

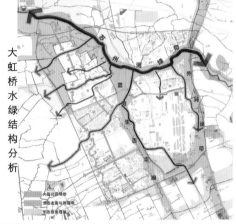

大虹桥水绿结构分析

新生产：弹性产业布局与多样就业空间

大虹桥产业结构分析

新生活：多元社区套餐与便捷生活圈

大虹桥生活圈分析

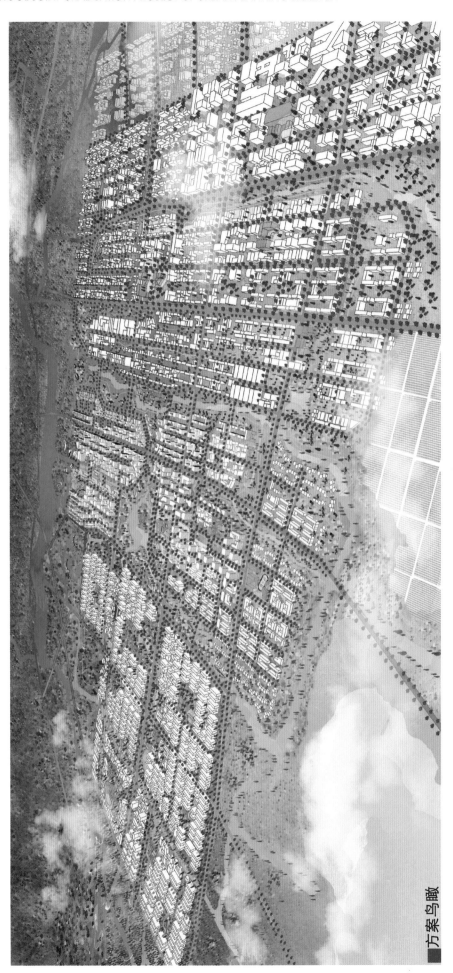

方案鸟瞰

总体方案展示

总平面图

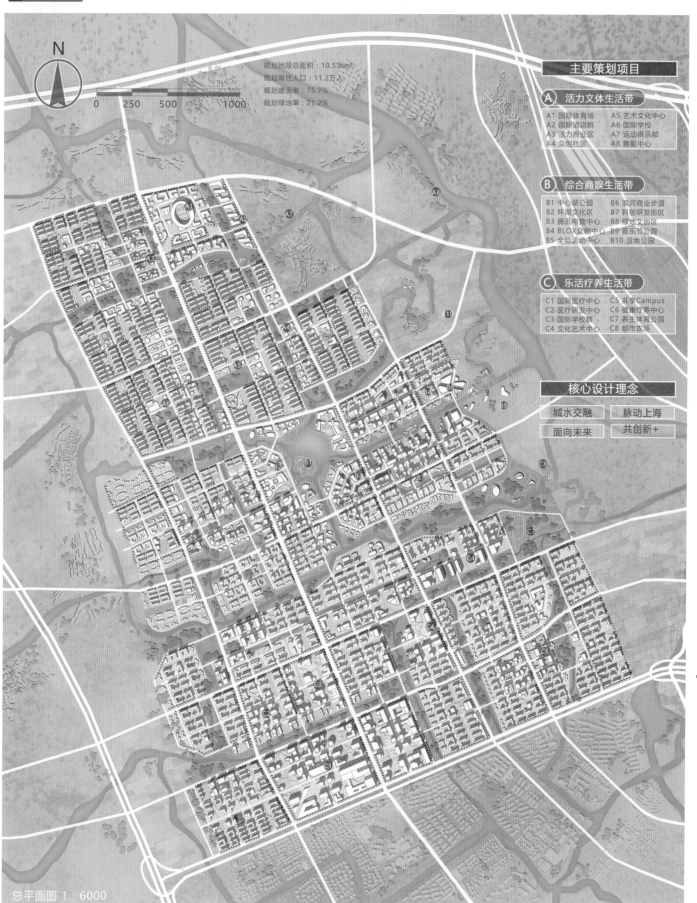

规划地段总面积：10.53hm²
规划常住人口：11.2万人
规划建设率：75.7%
规划绿地率：21.2%

主要策划项目

A 活力文体生活带

A1 国际体育场　　A5 艺术文化中心
A2 国际酒店群　　A6 国际学校
A3 活力商业区　　A7 运动俱乐部
A4 众创社区　　　A8 赛艇中心

B 综合商娱生活带

B1 中心湖公园　　B6 滨河商业步道
B2 环湾文化区　　B7 科创研发街区
B3 腾讯电竞中心　B8 绿地文创区
B4 BLOX众创中心　B9 音乐节公园
B5 全龄活动中心　B10 湿地公园

C 乐活疗养生活带

C1 国际医疗中心　C5 共享Campus
C2 医疗研发中心　C6 健康疗养中心
C3 国际学校群　　C7 养生体育公园
C4 文化艺术中心　C8 都市农场

核心设计理念

城水交融　　脉动上海
面向未来　　共创新 +

总平面图 1：6000

总体方案展示：新健康生态

在生态空间方面，我们构建三轴多廊的生态绿地结构，并植入全龄健康的活力绿地和绿道系统，打造健康活动网络，形成苏河入城，水城共融的城市生态景观。

绿地比原规划增加 60hm²。步行 5 分钟到达社区绿地、步行 10 分钟到达生态绿廊或自然公园，人们可以：种最绿的地，蹦最野的迪，喝最甜的枸杞，养最长的命。

都市农场

湖心绿岛

生态绿廊

总体方案展示：新弹性办公

在办公空间方面，我们为多样办公模式营造了灵活办公空间，既可以容纳大型公司总部、独角兽企业，也可以为初创型企业提供低成本的办公空间，还有将休闲娱乐空间与办公空间融合的第三空间，提供工作娱乐两不误的工作环境。

商办用地减少 50hm²，研发用地增加 17hm²，商业建筑面积增加 67 万m²。

BLOX 综合体

滨河休闲步道与第三空间

中央水轴

总体方案展示：新海派生活

在居住生活方面，多种套餐为南虹桥家庭提供了丰富的选择，既有静谧的水岸社区，又有活泼的青年社区，既有众筹得来的定制化公共服务，又有丰富的市场化选择。社区绿地对外开放。

混合用地增加 60 hm²，弹性使用、便捷生活。

社区开放绿地

多样住宅类型

ATP 轴鸟瞰

总体方案展示

■三轴：荷尔蒙、ATP、维生素

荷尔蒙轴串联文体核心、创新产业点、活力型商业区和相应社区组团，形成活力四射的*荷尔蒙组团*

三轴

ATP轴串联综合商务区、中央湖公园、滨河娱乐区和多样社区组团，形成各种生产、生活要素最为集中、活跃的*ATP组团*

维生素轴串联共享校园、国际医疗中心、国际教育区和疗养社区，形成健康养生的*荷尔蒙组团*

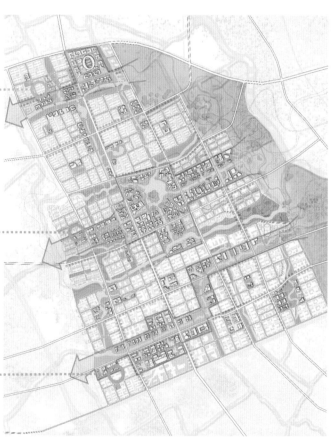

荷尔蒙轴

国际酒店

大型体育场
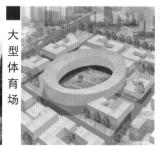

众创社区

ATP轴

滨湖剧院

滨水商务区

绿地博物馆

维生素轴

共享大学

国际医疗中心

老年社区

总体城市设计

中运量轨道交通

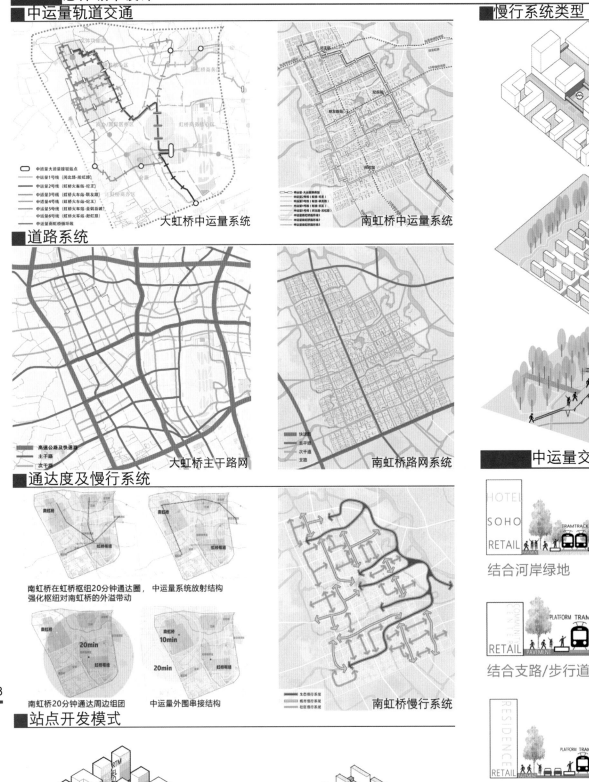

中运量大运量接驳站点
中运量1号线（阿北路-沧虹路）
中运量2号线（虹桥火车站-尼王）
中运量4号线（枢纽火车站-联友路）
中运量5号线（虹桥火车站-纪王）
中运量6号线（虹桥火车站-金辉新材）
中运量6号线（枢纽火车站-沧桥镇）
中运量南虹桥循环线

大虹桥中运量系统

中运量2号线
中运量4号线
中运量5号线
中运量6号线
中运量南虹桥循环线

南虹桥中运量系统

道路系统

高速公路及快速路
主干路
次干路

大虹桥主干路网

快速路
主干路
次干道
支路

南虹桥路网系统

通达度及慢行系统

南虹桥在虹桥枢纽20分钟通达圈，中运量系统放射结构
强化枢纽对南虹桥的外溢带动

20min

南虹桥20分钟通达周边组团

10min

20min

中运量外围串接结构

生态慢行系统
城市慢行系统
社区慢行系统

南虹桥慢行系统

慢行系统类型

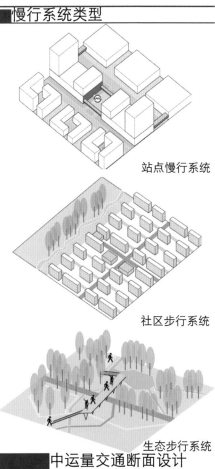

站点慢行系统

社区步行系统

生态步行系统

中运量交通断面设计

结合河岸绿地

结合支路/步行道

结合次干道

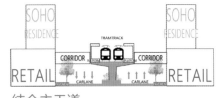

结合主干道

站点开发模式

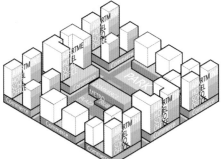

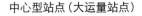

中心型站点（大运量站点）

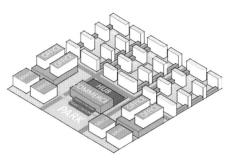

社区型站点（中运量站点）

ATP 轴空间意象

纪西社区中心　　环湖片区　　中央水轴　　苏河极限运动公园

苏河运动公园

ATP 轴作为南虹桥片区的启动区，融合多种人群的需求与新的规划理念，是"样板的样板"，而且在"城‑人‑业"的规划思路下，承载着城市环境先导的使命，因此选取 ATP 轴片区进行细化城市设计。

该片区的愿景是实现更开放的创业环境、更健康的生活方式和更便捷的城市服务。因此提出 ATP 轴三大策略——Activity，水绿融入活动；Transportation，交通支撑开发；Polysociety，混合促进融合。

ATP 轴总体设计策略

特色活动游线

通风廊道设计

交通复合开发

站点立体开发

办公类型混合

特色节点分区

ATP 轴节点设计策略

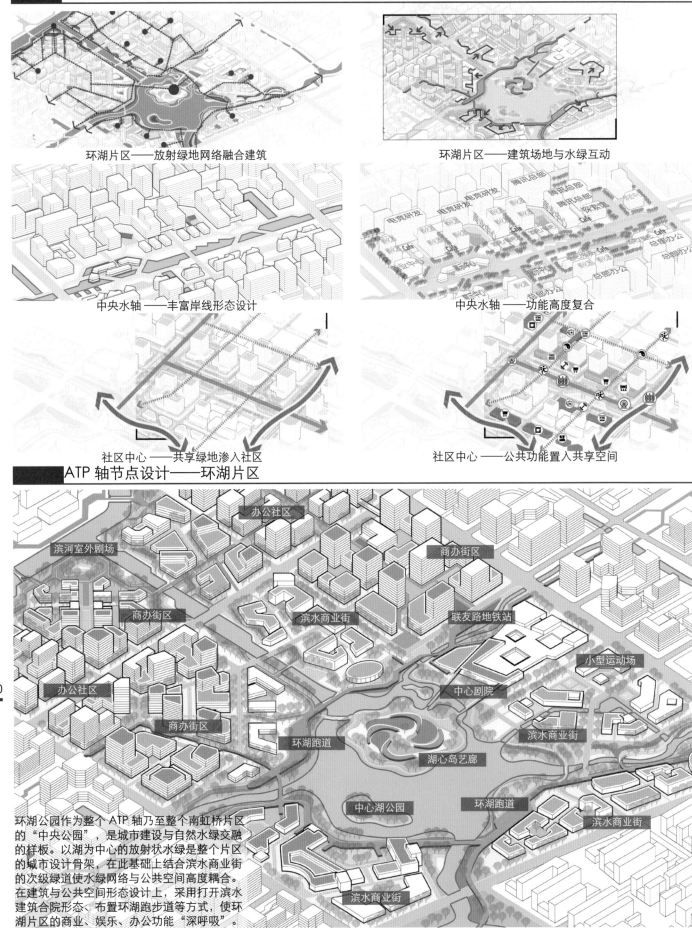

环湖片区——放射绿地网络融合建筑

环湖片区——建筑场地与水绿互动

中央水轴——丰富岸线形态设计

中央水轴——功能高度复合

社区中心——共享绿地渗入社区

社区中心——公共功能置入共享空间

ATP 轴节点设计——环湖片区

办公社区

滨河室外剧场

商办街区

商办街区

滨水商业街

联友路地铁站

小型运动场

办公社区

中心剧院

商办街区

滨水商业街

环湖跑道

湖心岛艺廊

中心湖公园

环湖跑道

滨水商业街

滨水商业街

环湖公园作为整个 ATP 轴乃至整个南虹桥片区的"中央公园",是城市建设与自然水绿交融的样板。以湖为中心的放射状水绿是整个片区的城市设计骨架,在此基础上结合滨水商业街的次级绿道使水绿网络与公共空间高度耦合。在建筑与公共空间形态设计上,采用打开滨水建筑合院形态、布置环湖跑步道等方式,使环湖片区的商业、娱乐、办公功能"深呼吸"。

ATP 轴节点设计——中央水轴

中央水轴作为 ATP 轴乃至南虹桥片区办公空间集中分布区，是以混合功能与空间促进人群交流融合的样板。通过丰富的岸线设计与水绿与建筑合院的互相渗透，营造办公区室内外连续的亲切交流氛围。通过多种办公形态的混合、小尺度的共享办公空间设计，以及办公与多种文化与商业功能的有机结合，降低创业办公的门槛、营造丰富的"第三空间"，有助于创新创业氛围的形成。

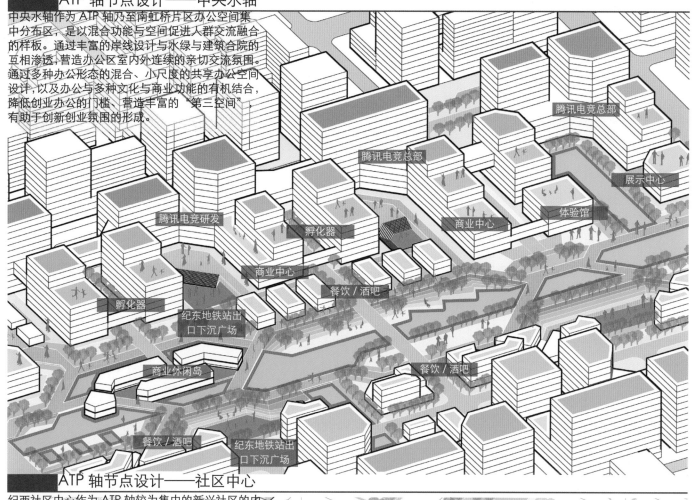

ATP 轴节点设计——社区中心

纪西社区中心作为 ATP 轴较为集中的新兴社区的中心，是实现新生活方式、新社区模式的样板。通过以既有自然河道为骨架的指状绿地的渗透，开放原有封闭的居住小区，缩小封闭住宅合院的尺度，增加共享的自然水绿与活动空间。围绕共享而结合不同需求的活动场地，布置社区公共建筑，或在周边住宅置入功能盒子，实现"规划提供公服与活动空间，市场与居民自治决定运营种类与方式"的模式。

2017/01/17 同济大学 / 南虹桥管委会 · 上海

- 现场踏勘
- 教学准备会

2018/03/05-10 同济大学 · 上海

- 六校联合毕业设计开幕式
- 规划地段现场自由调研
- 各校混合编组交流
- 调研成果交流

2018/04/19 同济大学 · 上海

- 中期成果交流
  点评专家：
  石 楠 王富海 黄晶涛 吴 晨 朱丽芳 张 娴 孙二平
- 补充现场调研

2018/06/08-10 清华大学 · 北京

- 最终成果交流
  点评专家：
  石 楠 王 引 吴 晨 黄晶涛 朱丽芳 张 悦 马向明
- 设计成果展览
  第一季六校联合毕业设计回顾与教学研讨
  参观清华大学艺术博物馆
  参观宋庄文化艺术区
  参观通州城市副中心

李津莉
天津大学建筑学院

2018 年是六校联合毕业设计的第一轮收官之年，也是我作为教师第 6 次参与六校联合毕业设计。倏忽流年，充分感受了六校师生们在六城、六地中，针对不一样的城市问题挥洒的专业热情，针对不一样的合作伙伴交出的令人惊艳的答卷，针对不同的学生团队老师们展现出的教学本领。六年里辛苦并快乐着，回想自己作为学生的大学时光和自己的毕业设计，回想六年里各校老师学生们的变化，回想自己在教学过程中的兴奋和失落。身在其中感悟良多，更是感谢六年来各位老师、同学、专家共同创造的美好瞬间和永久记忆！

而今年上海虹桥商务区拓展片城市设计又是极富挑战的项目，一方面十余平方公里的基地内物质遗存不多，使学生们不能按照常规方法，从可见的现状入手认知理解基地；另一方面上海全球城市的发展目标和雄心，对大虹桥和南虹桥定位提出的高要求和诸多的不确定因素，注定了必须对其发展模式、功能模式、空间模式等做出未来的判断与探索，而这种应变能力也正是学生面对未来行业和职业发展的不确定性所必须具备的。

祝福收获满满的学子们展开人生新画卷！而我也为常与年轻人相伴而倍感骄傲和幸福！

许熙巍
天津大学建筑学院

2018 年是本轮六校联合毕业设计的收官之年。六所学校、六座城市、六个年头的共同经历，留下了数不清的难忘回忆。今年的设计题目是"大虹桥·新空间"，围绕这个"高大上"的选题，大家从智慧、云享等多个角度，描绘了南虹桥未来之城的宏图，最后在清华大学的终期答辩，又用或萌宠或超现实的方式表达了对基地的畅想，让我切实感受到的不仅是同学们过硬的专业能力，更是他们作为新生代规划人跳脱的思维方式和轻松应对的信心与态度。收官之时的欢声笑语犹在耳畔，新的六年已在不远处向我们缓缓走来。规划人，一直在路上。最后，由衷地感谢，感谢中国城市规划学会对六校联合毕业设计的支持！感谢同济大学、清华大学的精心安排和组织！感谢六所高校师生和参与交流和点评的所有专家！

蹇庆鸣
天津大学建筑学院

第一次作为指导教师参加 2018 年六校联合毕业设计，我既感到非常荣幸，又有那么一点小忐忑。联合毕业设计既是六校之间的教学交流，又带来一些设计竞赛的压力。

整个毕业设计过程中，六校同学和老师们都在用澎湃的激情和不懈的坚守担当起各自学校的热切期待。作为天津大学指导教师中的一员，我既看到了我们学校生们所展现出来的教学特色，又在和其他学校师生们的交流中感受到了很多与我有所不同的教学取向和专业技能，对我来说收获真的是非常大。三人行，必有我师。我发现了很多值得我借鉴和学习的地方，对我以后的教学工作也有很大的借鉴和启发。通过这次六校联合毕业设计，我深深地感受到规划设计教学过程是相互的，是平等的，是双赢的。同学们的成长同时也是指导教师的成长，指导教师指导同学们的同时也使自己获得了升华。

谨在此对六校联合毕业设计组织方、各位老师和同学表达真挚的感谢，祝愿大家的明天更加美好。谢谢大家！

204

米晓燕
天津大学建筑学院

2018 年是六校联合毕业设计的第六年，也是第一轮的收官之年。同济大学选择"大虹桥·新空间　上海虹桥商务区拓展片城市设计"这样一个题目，颇具探索意义而充满未知性。从 10.4 平方公里遗存无几的场地现状出发，三个月六校同学们用或虚幻或本真的设计去描绘理想与现实。仿佛预示着六年流逝，设计从一张白纸开始，被赋予了无限的可能。每一次参与六校联合毕业设计，对于我都是一次难能可贵的学习机会，学习专家们的睿智点评，学习指导老师们的前瞻引导，感受各校同学们的激情洋溢。从无到有，从有到无限，规划学子放飞梦想，未来无限可能。

首轮城乡规划专业六校联合毕业设计今年圆满收官了。回望这六年，也许是整个中国城镇化进程中最波澜壮阔的一个时期——规划事业从发展理念到关注对象，从业界到学界都经历着深远的变革。

江　泓

东南大学建筑学院

本次上海虹桥商务区拓展片城市设计地块的选择，则为这一转型提供了一个绝佳的注脚——新时代发展时期的种种崭新命题，城乡规划行业领域的种种现实挑战，都在这约 11 平方公里的范围里渐次展开，其复杂性不言而喻。因此，这注定不是既有模式和套路的重复，而是创新理念和方法的尝试。对六校的师生而言，这无疑是巨大的挑战和全面的锻炼！

六校联合毕业设计为同学们提供了难得的交流、切磋和学习机会，而这六年来的系列命题也在不断警醒着我们这些规划教育工作者：面对中国城镇化的下半程，我们到底要培养什么样的人才？让他们建立什么样的价值，具备什么样的能力？要传承什么样的传统，革新什么样的认知？相比一份份精美的图纸，这一系列问题的答案，也许才是这六年最宝贵、最深远的成果！

六校毕业设计一直以工作量大、难度高所著称，而今年的题目在过往六年中又是规模最大、类型全新的一次，所以 100 天的时间中，大家在迷糊、纠结、磕磕绊绊中一路走来。但是这并不妨碍大家一起去尝试更高的视野，以应对全国乃至全球的定位；尝试更大的脑洞，以应对未来时空中的机遇与潜力；尝试更多的挖掘，以应对场地中的人文地域特色；尝试更积极的方式，以应对更有效的协同作业要求。结果也许带着这样那样的遗憾，但过程中的尝试更为重要，我想这也是联合毕业设计设置的初衷与魅力所在。"大虹桥·新空间"，是这一届学生们交出的毕业答卷，也是他们未来职业生涯的新开篇。

高　源

东南大学建筑学院

六校：清华、东南、西建、重大、天大、同济；

六年：2013，2014，2015，2016，2017，2018；

六月：一月隆冬踏勘地形至六月骄阳终期汇报；

……

史　宜

东南大学建筑学院

转眼间，六校联合毕业设计就到了第六个年头，它为各个规划院校的师生提供了展示自己特色和风采的舞台，也提供了难得的取长补短与完善自己的机会。从六年的发展变化可以明显看出，六校联合毕业设计正越来越多元化、特色化，形成了一大批丰富的、具有启发性的规划教学成果，也在各校师生之间形成了紧密的友情纽带。希望这种创新和交流能够延续、发扬，祝六校联合毕业设计越办越好。

205

2018，第六年、第六城，又是一轮阳春三月到五黄六月的教学盛宴，六校毕业设计的首轮收官活动最终在她启程的地方圆满告终了。从同济到清华，回望这百余天来的学与教，又一次深感收获良多，感谢满满！感谢中国城市规划学会及专家又一轮的深刻指导，尤其是对青年教师的又一次特别关怀；感谢同济大学带给我们的"大虹桥·新空间"这一促使我们不断游走于"理想"与"现实"之间的、极具启思性的课题！感谢同济大学、清华大学对教学活动的精心组织！感谢清华大学对"收官活动"的细致策划与组织！感谢六校师生共同呈现的三波精彩而多元的成果！感谢又一年的六校平台让更多的有识之士相逢、相知！回想六年、六城、六校，无限感谢无以言表，唯愿六校毕业设计活动的未来更加精彩！

李小龙

西安建筑科技大学
建筑学院

任云英
西安建筑科技大学
建筑学院

六校、六城、六年——六校联合毕业设计第一轮收官的帷幕徐徐落下，2018 以同济大学协同南虹桥管委会为六校提出："大虹桥·新空间"的命题，这个命题积聚了当前中国城市发展进程中对上海在全球城市格局中的重新定位，是响应国家战略、区域发展、地方诉求对南虹桥在城市更新、职能定位、功能提升等方面提出的新起点、新模式、新格局的具体体现，从大学本科五年的积累看，这是非常具有难度和挑战性的题目。根据题目的要求，需要对大虹桥枢纽的交通现状及发展进行评估，涉及国际、国内、长三角的航运分析、地区交通流的趋势分析、城市公交系统、慢行系统等多层次全方位的认知、分析和思考；涉及大上海乃至长三角地区的产业格局、社区发展、文脉传承、文化重塑；涉及应对全球化发展的低碳、绿色、生态发展策略的评估和落实；涉及社会公平、空间正义，还涉及以人为本的终极目标在多元、多维、多层级、多要素作用下的这一复杂巨系统的城市综合发展方向的评估、分析、落实等。客观上看，这一课题可大可小，可以有选择地满足毕业设计的基本要求，但也可以无视如此复杂的系统。五年本科同学的知识积累也仅仅是踏在这个教学平台的地板上，如何将目标定在天花板上：同学面临挑战，教师面临着同样的挑战。而这一切，以圆满收官，中国城市规划学会、六所院校、专家给了六所院校收官成果、六年的毕业设计选题以及六所院校的教学特色充分的肯定。

成果从哪里来，从这个六校联合的教育教学平台所具有的激励机制中生发出来：教师的角色从讲授、答疑、解惑，到形成师生团队，教师更是一个课程的组织者、领导者、参与者，在新课题中寻找各自的方向，教学相长，团队协同，单向的知识传授已经变成了双向的沟通和交流。一方面，印证了我们六校各自在五年的本科教育中对于专业基础培育、专业素养养成的模式与成果；另一方面，也印证了在毕业设计环节对于学生五年的所学知识和能力的综合、优化、提升这一环节的重要性。最为重要的，是作为本科任课教师的坚守，这是把教学作为使命、把人才培养作为信仰，不断在难题的挑战中，寻找更好的城乡规划本科人才培养的方法、路径，这是为师者的坚守，是诗中所云"春蚕到死丝方尽"的一种奉献。

六年轮回，让我们在城乡规划本科毕业设计教学中积累了经验、反思了五年教育的衔接性、摸索了适应新常态下应对城乡发展中城乡规划专业本科教育的灵活性和刚性的关系，也使我们对创新型人才培养积累了经验和信心。相信，六校联合毕业设计这个教育教学平台深深地埋下了本科教育教学创新的种子，其所引发的不仅是中国城乡规划教育在人才培养方面的不断的创新发展，更是应对城市发展问题中的人才培养理念、方法、途径的跃升平台。

期待下一个六年，六校联合毕业设计会更加精彩……

郑晓伟
西安建筑科技大学
建筑学院

这是我第一次参与六校联合毕业设计的教学活动。六校联合毕业设计是一场各校师生一起交流的盛宴，这里的交流不仅仅是学科的交流，更是情感的交流。我想无论是老师还是学生都能在这次活动中有不少的收获。不同地域的学生、不同学校的老师能够借此机会彼此认识，共同学习，非常难得。当坐在台下聆听其他学校精彩的汇报演讲时，每所学校的师生都能体味到彼此对于这场活动的重视和执着。这里学生们所展示的，不仅仅是各自之于这次课程题目的思考，更是对于毕业设计本身的热情和坚持。六校联合毕业设计给六校学生本科的学习生涯画上了一个非常圆满的句号，我为他们喝彩。

刘冰
同济大学建筑与城
市规划学院

非常有幸参加"六校联合毕业设计"首轮收官之年的虹桥基地教学，加上去年的天大观摩和终期的清华汇报，于三城三校的活动中收获良多。在发展模式转型、技术日新月异的时代，针对南虹桥一个即将蜕变的地区，如何面向未来、创造可持续发展的上海样板新空间？带着这个问题，同学们经过一个学期的紧张工作，进行了多视角的思考与探讨，尝试了不同的技术方法，各校成果精彩纷呈、着实惊艳，为虹桥商务区拓展片的未来前景描绘了多种可能性。同济小伙伴们团队意识强、学习能力强，很好地兼顾了大组分工和个人专题，充分展示了各自特长。时光荏苒，师生们互动交流、教学相长，也与地方部门和兄弟院校建立了更加紧密的联系，感谢并祝下一季的联合毕业设计越办越好！谢谢！

作为此次六校联合毕业设计的指导教师，感觉时间过得特别快，六校教师齐聚上海讨论选题的情景尚清晰在目，转眼间就是期末评图了。谈三点感受。①关于选题。此次选题我们首先联系了上海市规划和国土资源管理局的详细规划处，了解上海近几年关注的重点地区和重要发展议题，比较了苏州河沿岸地区、宝钢工厂改造、世博会场后续利用等选项，最终确定了南虹桥地区城市设计作为此次六校联合毕业设计的题目。毕业设计成果交流后，上海的地方领导和专家觉得拓展了发展思路，也获得了有益的启示，这体现了六校联合毕业设计成果对地方发展的潜在贡献。同时，选题结合地方发展需求，也使得老师和同学们更有场景感、更有成就感。②关于汇报。"台上一分钟、台下十年功"，如何更清晰地把所在小组的成果汇报好十分重要，现状调查、中期方案、终期成果，各校都有40分钟的汇报演示，从综合表现来看，同学们做得已经很出色了，有的组还采用了动画片、VR等手段。但也暴露出不尽如人意之处，包括：时间把握不准、PPT版面不简明、PPT拼接整体风格不一致、个别学生过于紧张等问题，学生的汇报表达能力还有待更加系统的训练。③关于设计。城市设计是城市空间形态的设计，"化力为形"是核心和关键，学生们往往更加热衷问题的分析、对策的推演，对GIS、数据分析等分析手段也运用娴熟，但对空间形态设计则不够重视，投入也显得不足，确定的设计目标、设计对策是如何通过空间形态设计落实的，往往不是那么充分、深入，对公共空间构成要素、对建筑物形态和尺度的把握、对空间形态演变的基本规律等方面的认识还需要更加系统的提升。

耿慧志
同济大学建筑与城市规划学院

时光荏苒，一晃六年过去了，六校联合毕业设计第一季圆满收官。

六年，六校，六城，回顾这六年的历程，几多感慨，几多收获。

六年来，六校联合毕业设计已经形成了具有良好声誉和社会影响的教育品牌，也带动了全国高等学校城乡规划教育联合设计的潮流，对城乡规划教育接轨实践、紧扣时代脉搏和地方发展热点，乃至形成新的教学模式等方面都作出了积极有益的探索。

参加六校联合毕业设计，对同学们而言可能意味着比常规毕业设计更大的压力、更多的工作量和多方面的考验，但所有参与过六校联合毕业设计的同学都表示，联合毕业设计是自己本科阶段最有收获、最值得回忆的一段经历；同样，对参与联合毕业设计的指导教师而言，意味着更多的付出和更多的辛劳，但回报也同样丰厚，不仅加强了校际间的合作与交流，同时更加深了友谊，通过教学实践与广泛的交流互动，一种具有鲜明时代特色的联合教学模式已呼之欲出。

我有幸参与了三届联合毕业设计教学，每一次都有新的体会、新的收获，累并快乐着。躬逢其盛，心有荣焉。明年，六校联合毕业设计第二季将崭新开启，愿联合毕业设计越办越好，成为中国高校城乡规划教育一个闪光的亮点。

田宝江
同济大学建筑与城市规划学院

大虹桥作为上海市面向2035年的重要发展地区，面临着诸多的不确定性。然而，不论其未来产业发展、人口结构、用地构成、交通方式如何，它终究是人的城市。因此，探索人对环境、空间、文化、心理等方面的需求，是大虹桥规划设计的核心，也是未来城市发展的永恒主题。我们欣喜地看到，六所学校的同学们都树立了以人为核心的价值观，从不同的视角诠释了对未来城市的理解——生态的、韧性的、高效的、平衡的、多样的、地方的、人性的……并采用传统技术和新技术相结合的设计手法，系统而理性地描绘了未来城市的不同样板。应该说，同学们更能代表未来，他们对未来的认知比老师们更加深刻，因此他们所呈现出来的设计方案更加富有想象力，也带给了老师许多的启示和思考。

正是由于大虹桥地区发展的不确定性，使得今年六校联合毕业设计选题比往年更加具有挑战性，这激发了同学们的创造精神和团队精神，并使他们更深入地思考了城市的未来、人的未来。

李和平
重庆大学建筑城规学院

谭文勇
重庆大学建筑城规
学院

一月份准备，三月初调研、构思，四月份中期汇报，六月初成果汇报交流，本年度的六校联合毕业设计在紧张有序中度过。六校联合毕业设计搭建了一个交流的平台，我们从兄弟院校师生和评图专家那里获得了很多有益的知识。本次毕业设计的题目新颖，用地面积大，资源环境独特，面临的问题复杂，同时处在上海这个中国社会经济最为发达的前沿城市，课题有示范性和引领性的双重作用。规划设计既要解决当前面临的现实问题，更重要的是要探索未来城市的可能性。因为题目很大，内容繁杂，重庆大学团队早期被宏观叙事性的大框架所束缚，虽有所探索，但缺乏突破。中期和兄弟院校及专家交流后，同学们敞开思路，大胆构想，针对未来城市的不确定性，通过有趣的表达方式，引出未来城市奇幻而又真切的构想。几个月紧张的教学工作虽然辛苦忙碌，但体会到学生们的成长，看到学生们的笑脸，内心由衷地喜悦。

吴唯佳
清华大学建筑学院

六校联合毕业设计顺利完成今年上海虹桥商务区拓展片的地段设计后，圆满完成了第一轮的收官之作。六年来，六校联合毕业设计在六个城市为六所学校、六个口级的 300 多位本科毕业生提供了同场交流的舞台。在这个舞台上，同学们摸爬滚打，展现了各个学校教学改革的丰硕成果和多年专业训练养成的学识才华。六年来，六校联合毕业设计一直秉承着通过课程训练向学生和社会传递城乡规划服务国家、服务地方、人文优先、技术创新的理念。感谢多年来同学们的一贯认真和努力，所有这些理念在六校联合毕业设计的各个作品中都得到了很好的体现。通过这些作品，可以看见他们从各个角度对城乡规划价值理念的个人诠释和创新，可以看见他们对城市变革的热情，对历史文化遗产的尊重，对普通百姓生活的关注，对规划科学技术创新的执着。六校联合毕业设计是一个联系教室与社会的大课堂，在这里，同学们除了经历了专业的综合训练外，也经历了新一代大学生迫切需要的世界观、人生观和价值观的生动教育和洗礼。过去六年的六校联合毕业设计是包括指导教师、学生、评图专家等在内所有参与者参与当今社会变迁的一个重要见证，值得我们永远记住。

赵 亮
清华大学建筑学院

南虹桥地段不同于以往六校联合毕业设计的老城区选址，这一片约 10 平方公里的土地上原有的村庄、工厂都已经或者正在拆迁，某种意义上更像一片新区，选题的开放性给了学生们巨大的想象空间。开放性意味着挑战性和实验性，不仅要描绘南虹桥的未来图景，还要从规划教学上，让学生们对当下流行的、却又似是而非的种种规划理念进行理性思考，探索一些实验性的规划方法。

三个月来和同学们的并肩作战，让我感受到这一代学生身上的优良素质。他们古灵精怪，说着网络语言，总有一些奇奇怪怪的新颖想法；他们学习能力超强，为了回答一个问题，阅读文献、查找案例、学习软件，很快就能给出一些答案，甚至把电子游戏玩成了城市模型；他们富有合作精神，团结战斗，互相包容。

这是一个教学相长的过程。感谢同学们，你们提出的那些直击城市本源的想法，让老师也不断思考规划的本质意义。感谢吴唯佳老师、梁思思老师，你们敏锐的感觉、辛勤的付出，让我受教良多。感谢同济大学选择了这么一个开放的题目，让我们可以尽情探索。

梁思思
清华大学建筑学院

初识地段，纷繁复杂的信息扑面而来——潜力增量、未来城市、交通枢纽、长三角核心……再细想之，挑战尤甚——地段现存信息几乎为零、产业发展强弱不确定性极高、上位规划已然优化过若干轮……三个月的打磨，是让设计逐步明朗化的过程，更是在高度纷繁中，沉淀初心的磨砺。团队最终确认的以"人的新需求"为核心，也是对此的一个回答。

传授教学的过程，也是反思城市设计"为"与"不为"的过程。描绘的蓝图愿景有多少能够真正化为现实？业界呼吁的利益协商和制度设计如何不只流于一页汇报文件的框图？清华大学团队试图用新的实验性的手法，来解析面对不确定性下的设计如何有所作为：在产业不确定性下探寻共同办公空间特征；在生态基底上探寻活动和水绿的最优结合；在混合呼声下研究最佳之"度"；在多元社区中寻求共期期许。一句话，跳出传统的技法的套路，方能收获踏实的真心。

何其有幸，在第一轮六校收官之际，作为指导教师，加入六校大家庭，同切磋，共琢磨，互相启发，收获满满的业界交流、同事情谊、师生情义。

天津大学建筑学院

张宇威

很荣幸能够代表天津大学，以六校联合毕业设计为自己的本科生涯作结，特别有仪式感，也确实收获很多。感谢六校联合毕业设计这个平台让我们相聚，感谢东道主学校的辛苦付出，感谢风格各异的评委及各校老师为我们上了极具分量的大学"最后一课"。我也为我们的队伍感到骄傲：队友们各显神通，相互扶持，并肩前行，难以忘怀指导老师为我们出主意、想办法的样子。来自六校的同学们也很有意思，令我印象深刻，时间限制没有更多地了解，大家后会有期，祝我们毕业快乐！

谢瑾

联合毕业设计的时光是短暂而令人难忘的。大家在不断的思维碰撞和讨论交流中，迸发出精彩的灵感火花，也学会了怎样进行协调一致的团队合作。感谢互相激励的队友们，在最初的迷茫艰难时期并肩前行；感谢老师们给予的指导和空间，既让我们在设计中目标明确、思路清晰，又能够不限制我们的想象，尽情畅想构建未来之城。最后，六校联合毕业设计是个很难得的平台，让我们能够看到其他学校不同的教学思路和新颖想法，在交流中取长补短、共同进步。谢谢。

汪梦媛

这是我第三次参加六校联合毕业设计，也终于是我自己的六校联合毕业设计，2011级学长、学姐耗费数个日夜的模型，2012级学长、学姐脑洞和基本功并重的模型，仿佛六校联合毕业设计就是冥冥之中的宿命，从大三开始就向我招手。这朝夕相处的一个学期，让我重新认识了我的九位队友，也由衷庆幸自己遇到了最好的团队。感谢老师们一个学期以来的陪伴和指导，也感谢老师们留给我们最充足的空间去思考和碰撞，让我们留下了那么多冲破天际的脑洞，让业界的各位专家不仅看到了基本功扎实的天大，也看到了着眼未来的天大。也感谢我的姥爷能在83岁高龄前来清华大学观看我们的汇报，我也终于能站在他面前侃侃而谈，不负他对我的启蒙教育。

当初是我的导师陈天老师和我的学姐代月带我走上六校联合毕业设计这条路，我想告诉他们，一切都值得，从未后悔。

朱梦钰

2018，从料峭春寒的三月到五黄六月，从"魔都"到"帝都"，我们完成了让自己满意的设计，迎来了毕业季。最紧凑的设计过程，最多人数的研究面对，最有挑战性的研究课题等，联合毕业设计创造了我自己经历的各种本科学习之最。很开心能参与其中，很荣幸能和各校优秀的同学们一起交流，很幸运有着最靠谱、最才华横溢的队友们，以及不断发掘大家潜力、激发我们灵感的老师们。从开始拿到题目的茫然，到调研的奔波、中期的忐忑、最终汇报的激动，真的收获很多，这将是我专业学习最宝贵的回忆之一。大家在共同设计的过程中，学习，互相启发，是最为火花碰撞的一次学习经历。虽然这是本科的终点，却是规划生涯的起点。正如这块基地的发展，未来是不确定的，也是拥有无限可能性的。

张涵

这几个月的高强度工作，经历了方案讨论的冲突与妥协，也体验到了团队合作的必要性，对合作有了更深的理解和判断。在进行方案设计时，大家充分放飞思维，对未来城市的模式做出了各种设想。我负责的腾讯电竞地块在考虑了建造可行性和使用宜人性的基础上，设计了虚拟时代背景下的"聚落式"城市建设模式。虽然方案设想短时间内可能无法实现，但我对此还是充满热情和希望的，盼望有一天能参与其具体的实践。

最终汇报时的脱稿演讲锻炼了大家的口才和心理素质，是一次十分宝贵的机会。

唯一遗憾的就是受时间限制，具体方案讲解并不充分，点评时受条件制约也无法进一步解释。希望以后能有机会与各位老师继续探讨交流。

石路

历时一个学期的毕业设计即将完成，大学生活也将进入尾声。本次六校联合毕业设计是本科期间最后一次设计，时间最长，让我可以接触这个专业最优秀的同龄人，互相交流，获益匪浅。

首先要感谢我此次的指导老师米晓燕老师，从前期方案推敲到后期的论文写作，米老师事事亲力亲为，认真负责，常常让我感动。同时，也感谢本次毕业设计组陈天老师、蹇庆鸣老师、李津莉老师以及许熙巍老师的指导，在五年的学习中，老师们给我的指导永远难忘。

同时，感谢谢瑾、王雯秀、汪梦媛、邵旭涛等九位组内队友的合作与帮助。感谢六校同学们的启发和帮助。

最后，要特别感谢这五年认识的每一位朋友。尤其是大学生活进入尾声时结识的一位朋友，感谢你出现在我的生命里，最大的期许是我们可以在未来的道路上继续相互陪伴。谢谢！

张璐

首先很开心能参加此次联合毕业设计。第一次去南虹桥现场，看到"魔都"之外的水乡生活；来到虹桥商务区，值机服务与各色互联网企业、纵横交错的交通网、高效便捷的生活方式又触手可得。大虹桥就这样大朴实又魔幻地扑面而来。它的多面性让设计有更多可能性。在毕业设计中，感受到城市规划一方面对产业的发展具有重要作用，另一方面本身也受到这些新变化的影响，相互作用。能在最具反差与潜力的大虹桥地区，做出这样一次研究设计探索，是我非常珍惜的机会。最后，非常感谢老师们的指导与鼓励，队友们的合作与陪伴！一起熬过的夜，坐过的火车，吃过的饭，画过的图，体验过的VR，试过的科幻式设计，都带着魔幻色彩变成一段难忘的回忆。以后的路还很长，毕业快乐！

邵旭涛

在这次令人难忘的合作经历中，队友们爆发出了非常大的能量，我们团队最终做出了与众不同的、超前的、具有未来感的作品。同时也感谢老师能给我们非常广阔的想象空间，让我们驰骋在未来的城市当中。愿联合毕业设计能有更大的舞台，让规划的学生们自由发挥。

徐秋寅

参加六校联合毕业设计给我的本科学习画上了一个完美的句号。本次毕业设计可以说既是对以往所学的总结，也是一次新的尝试。我们把本科阶段所学到的理论知识，包括规划原理、住区规划、交通规划、历史保护等理论应用进来，并结合一些软件、大数据的方法进行评价，对南虹桥进行专业的、系统的分析和设计。同时，在这个过程中我们也遇到了一些新的挑战。不同于以往的城市设计，南虹桥尺度大，且主要以增量空间为主。作为虹桥商务区的拓展片区，面对国际化的未来，它存在着非常多的不确定性，我们做了很多规划设计上的新的尝试。非常感谢本次联合毕业设计的指导老师们和同学们，他们的教导和支持给予了我很多灵感和提升。

209

王雯秀

有幸和大家一起参加六校联合毕业设计收官之战，今年的题目也非常有趣——大虹桥·新空间，我们平时没有在这么大的尺度与定位下做过设计，因此是一种全新的设计体验和思维。通过此次六校联合毕业设计的几次汇报，跟其余五校同学交流，不仅扩展了我的设计思维和想法，而且体验了其他学校同学的活泼与视野，更开心的是结识了一些新的朋友。而在此次毕业设计中收获最大的，还是与队友们的合作。规划是一门合作的学科，虽然平时偶有几人合作，但是从未体验过10个人一起并肩作战，一次次的讨论与磨合，一次次的分工与合作，从不知从何做起到有想法火花，再到最后的放飞自己的设计想法，离不开大家的合作与各位老师的指导，在大学的最后时光，大家一起画图、一起吃饭、一起聊天、一起努力……感谢遇见大家！我们聚是一团火，散是满天星。

东南大学建筑学院

 袁维婧

感谢中国城市规划学会及兄弟院校给予我们这样一个学习交流和思维碰撞的机会。在这短暂而难忘的三个多月里，无论是寒风瑟瑟中的实地调研、反复思索的设计研究，还是各具特色的现场成果汇报，都给我留下了深刻的印象和深入的启发。

于我而言，大五不仅是终点，更是崭新的起点。希望未来三年在聆听玄武、仰望钟山之际亦不忘远眺世界。也祝愿六校友谊长青！

 黄妙琨

我们站在这个毕业的季节回顾本科的最后一个作业——一次不寻常的经历，一个不套路的题目，一个不一般的场地，一次很用心的毕业设计。感慨良多！初春的时候第一次走入场地，满脑子都是"好难的题目，我们真的做得出来吗"；一转眼到了盛夏，面对着厚厚的文本和PPT，才发现时间过得如此快。而我们的整个本科生涯也随着六校联合毕业设计的首轮收官画下了句号，这是一件多么有纪念意义的事。

作为规划的学生，我的本科学习让我体会到，对于一个设计题目，有的人会选择事无巨细地详细规划，有的人会选择重点突破，但总是那些在完美无瑕的规划之外突如其来爆发的火花是设计所在。我们的生活也是一样，或许总有很多事情是在我们的计划之外的，但可能恰恰是那些我们预料不到的事情才是最吸引人的。

 周海瑶

短短三个月的毕业设计，对我而言是一次非常难忘的经历。从实地调研到开展研究，再到最后的设计，整个过程都让我收获满满，既有价值观上的思辨，也有规划方法上的摸索，更为有幸的是能和其他院校可爱的同学们进行交流，感受奇思妙想的碰撞，相互学习、共同进步。

感谢各位专家的亲切指导，感谢亲爱的老师和队友的共同努力，祝愿六校联合毕业设计越办越好。

 钱辰丽

参加六校联合毕业设计是我本科阶段非常难忘的一段经历。在这个平台上，有幸与其他优秀院校进行了交流合作，让我们看到了彼此的优势与差距，更好地激励自己不断学习进步；同时也认识了很多来自不同学校的同学，收获了友谊。六校联合毕业设计的合作伙伴都非常优秀，研究生助教也非常热情，老师们治学严谨的同时又不失幽默风趣，又有院校间及时的合作与前辈们的点评指正，使得整个学习的过程获益良多又充实愉悦，让我更好地定位了自己，给本科生涯画上了完美的句号。

在此，衷心感谢所有为六校联合毕业设计付出的前辈们和老师同学们，感谢同济大学提供了这次学习的机会，祝愿六校联合毕业设计会继续举办下去并且越办越好。

 伍芳羽

这次毕业设计充满了激情与挑战，在整个过程中我们都学习、成长了很多。面临的很多挑战在团队的努力下都一一得到了解决，最大的收获不只是专业技能和规划素养的提升，更重要的是认识到团队合作的重要性，也结识了一大群超可爱的小伙伴们。祝愿大家以后能在更高、更好的平台上相见，前程似锦、未来可期。

 秦添

大学本科五年的答卷，新阶段的开篇。毕业设计有苦有甜，是一段难得的宝贵经历。感谢老师们严肃不失活跃的指导督促，也衷心感谢小伙伴们的包容与照顾，一同完成了这个非常有意义的课题。整个过程带给我的不仅仅是学术知识，还有汇报、协作、苦中作乐的能力以及更多，相信这段经历会对今后的学习工作生活有非常重要的影响。

 马俊威

我依然清楚地记得一年前自己的心灰意冷，而我也正是在这样的心情下无悲无喜地开始参与了这次设计。

但我也依然记得第一次汇报时，各种前沿理论的轰炸带给我的震撼。这就是六校联合毕业设计的可贵之处吧，它能让我去了解其他学校、其他同学，他们学了什么，他们关注的重点是什么。于是，我也会试着开始反省自己，不论是学业水平、学习方法还是学习态度，我开始反思自己的年少无知、急功近利。

最后感谢老师们一周两次的悉心指导，感谢我的导师自始至终的鼓励，感谢同学们的不嫌弃。感谢自己这一学期以来一次次地面对绝望又一次次在轻声叹气后继续前进。

 刘艺

决定参加六校联合毕业设计，是被这次的"大虹桥·新空间"的设计主题所吸引。结束最后一次汇报，所感慨珍惜的是三个多月来八个人因彼此的交流、探讨与争论所带来的情谊，是指导教师们的兢兢业业。我们很荣幸地锻炼了汇报技巧、逻辑框架的搭建以及多人合作的能力。此次毕业设计结束之后，八个人将踏上不同的求学道路。多年以后，当我们各自在不同的境遇中慢慢成熟回味之时，不会忘记当初的点点滴滴是如何渗透到这样的人生轨迹中的。愿多年以后，我们仍能满怀着理想与浪漫主义，走在自己选择的道路上。

西安建筑科技大学建筑学院

王宇轩

三个月的时间转瞬即逝，记忆还停留在初见虹桥的时候，转眼就到了说再见的时候。这个毕业设计为我的本科学习画上了完美的句号！一场毕设，三个城市，三次答辩，十二个小伙伴，让我难忘。遇到一个充满挑战的课题，一个看到自己的平台，一群优秀思辨的"对手"，在六校联合毕业设计的过程中，激励我成为更好的人。综合自己五年的积累，建立自己的规划思维模式，学会了一套提升自己的优化方法，明白了疑惑很久的道理，遇见了一群可爱的人，给自己一份满意的答卷。这一切都是在毕业设计中深深感受到的、足够使我受益终生的宝贵经历。最后，非常感谢我的老师们。

高晗

本次联合毕业设计是大学五年中最复杂也最具有挑战性的一个题目，无论是从题目本身还是从规划设计方法上，都给予了我们诸多难题，与此同时也让我们获益良多。在这四个月的工作与学习中，首先要感谢任云英老师、李小龙老师和郑晓伟老师对我们的悉心教导，在困难中同我们一起摸索前进，另外感谢十一位小伙伴，是我们的默契合作成就了此次毕业设计完整的规划成果，虽然其中有过沮丧、有过争吵，但毕业还是依然令我们一起奋进。最后，感谢六校联合毕业设计给予我这个机会，认识更多的人，看到更大的世界。学无止境，希望我们每一个人在未来的路上仍能像这次一样无所畏惧，永远走在前进的道路上并不断充实自己，汲取知识和养分。

蒋放芳

非常感谢主办方给大家提供这样的平台，感谢老师和小伙伴们在过程中的献智献力，让我在过程中学到了很多，不仅在专业知识上，在学习交流过程中，更多的是在组织经验、思维方法和性格品质上的学习。这次毕业设计，我们架构了严谨而庞大的规划框架，也是将本科所学集大成。在面对全球城市等高议题的同时，还展现了一定的研究性，比如产业策划、健康理念等。这让我加深了对相关议题的专业理解，收获颇丰。同时也对其他学校的同学感到钦佩，比如清华在方案前期研究到空间落位联系紧密，逻辑清楚。不仅做到了将问题讲清楚，还做到了将好方案做出来。所以，也受益于此平台，希望在以后的学习生活里，参加六校联合毕业设计的各位能更加借力前行。

李竹青

毕业设计的时光充实而又短暂，很开心能在毕业前参与一次这样的团队设计。不同于之前的单人作战，我认识到了团队合作的重要性；不同于以往的以问题为导向的规划更新设计，我学习了"如何在荒芜之中建设未来"的以目标为导向的规划设计方法架构；不同于以往的小尺度设计中，我懂得了在大尺度设计中，如何构架一套完备的逻辑体系：从愿景阐述到机遇检索再到现状分析再到策略构建，再到最后的方案生成。最后，还要感谢老师的悉心指导，以及伙伴们的陪伴，为本科生涯画上一个圆满的句号。

李晓

毕业设计是本科的结束，也是未来规划工作的开始。在这样一个节点能够有幸遇到一个复杂真题，与一群准规划工作者共同探讨，是很有意义的一件事。同时，联合毕业设计的形式也让我们可以跳出自己本科五年接受的规划教育，惊讶其他学校所长，学习不同的思维逻辑与重点把握，甚至看到自己对最本质问题考虑的缺失。五年的规划设计学习可能更多的是在涉猎，在明白大多规划需要怎样一步一步完成，但其实很少考虑实际、针对性的问题，所以往往忽略了每个规划设计的唯一性，也就千篇一律了。另外，重要的以人为本设计理念在规划中也是设计得过于简略，好像并没有深入思考过。将来还有很长的路，希望可以以一个规划师的责任要求自己，未来可期。

冯子彧

六校联合毕业设计为我本科阶段的学习做了非常完美的收尾。"大虹桥·新空间"这个毕业设计题目本身的综合性、复杂性、未来性都对整合、反思五年所学有非常重要的作用。六校这个平台让我见识到规划的多种"玩法"——各校各有所长，有的注重逻辑体系的完善，有的注重技术路线的科学理性等，多思维多角度的碰撞无疑非常有利于个人的进步。感谢这个平台给予的视野，更感谢三位老师、十一个小伙伴在整个过程中的付出和努力！

廖锦辉

最后一次本科在校课程设计，虽然只有短短一学期时间，但给予我的启发和体验却足以陪伴一生。无论是将来身处何地，都将感激这次联合毕业设计给我带来的进步和对专业不一样的理解。同时，参加这次团队合作，让我感悟很多。这使得我更深刻地意识到其实每个人在生活中都有未曾发挥出来的能力，只要在特定的时间，特定的地点，有信心和勇气去面对，就没有解决不了的难题。令人难忘的是，团队中每一个人，每一天都满怀激情地工作，我深感自愧不如，在今后的学习工作中还应保持良好的学习习惯。

贾平

在三月遇见，在六月离别，六校联合毕业设计圆满谢幕。初见之时，是那么的紧张，中国城市规划学会的支持以及六校的合作交流让这个毕业设计显得那么"高大上"；同时也那么的激动，为选择了六校联合毕业设计感到自豪和开心。在这段时间里，自我的提升已经超出了我的预想，和大家的感情也深了许多，还有与六校师生之间的缘分，这些都是这短短三个月时间里的收获。时间在你忙碌的时候往往转瞬即逝，还没来得及好好去感谢，就已经结束了。在这里要郑重地对辛勤教学的指导老师们、合作同行的小伙伴们，还有那些被冷落了三个月的亲人朋友们说句谢谢，谢谢大家的支持与帮助，宽容与谅解！学生生涯已经快要结束，我会好好珍惜，祝福所有六校的朋友们毕业快乐！

吴文正

很高兴能在本科结束前参加六校联合毕业设计。对我来说是一次很宝贵且难忘的经历。六校联合毕业设计与以往参加的课程设计与竞赛都不同，首先题目有很强的研究性和创新性，着眼于当前城市化进程中的热点问题；其次是对自己所学知识的整合，需要对自己本科五年所培养的规划思维和价值观有明确的认识；六所学校的汇报交流过程也对我有很多启发。总的来说，六校联合毕业设计带给我的不仅是学术上的培养和提升，更重要的是能接受很多优秀的老师、同学的创新思维，取长补短，为本科生涯画上了圆满的句号。

曹庭脉

首先，很感激能够有机会参加到这样一个复杂的规划项目中，真题假做的同时，对六校联合毕业设计各个学校的风格、特色有了更多的了解，让我也能获得许多专家老师的指点。　其次，对于大虹桥这样一个"大商务＋大枢纽＋城市副中心"的复杂命题，对于"根基浅薄、没有文化"的南虹桥，上演的是一场轰轰烈烈、新旧交织的大戏，而我们的使命，就是在这城市快速发展的进程中一展虹图，为南虹桥找到更好的发展方向与方式。于是我们以目标愿景为导向出发，结合人的需求，研究产业、交通、生态、社区、公服、文化六个专题，并引入山、水、林、田设计思想，进行从平面到空间再到机制的具体设计，完成我们一展虹图的构思。

最后，在这三个多月中，感谢任老师、李老师、郑老师和冯老师的教导，也很幸运能够遇到这十一个小伙伴，一起工作一起玩耍，一起开心一起苦恼。恰逢毕业之际，祝大家前程似锦，鲲鹏万里！

谭雨荷

谢谢任云英老师、李小龙老师、郑晓伟老师的悉心指导，谢谢我们这个团队，谢谢其他十一位小伙伴。和大家相处的时间里真的学到了很多东西，弥补了自身很多不足的地方。

和你们一起生活学习真的很开心，我们在本科最后共度了一段如此精彩的时光，以后各奔东西不知道还会不会有这样并肩作战的机会。

谢谢，毕业快乐，万事胜意。

田载阳

这次参加六校联合毕业设计，对于自己是一次全新的挑战。首先，这次的设计尺度之大是自己之前从来没有接触过的；第二，这次设计是从城市愿景出发，而不是从现状问题入手，这个角度让自己十分感兴趣；第三，这次着眼于未来，对于上海市政府来说，未来着力打造"东有陆家嘴，西有南虹桥"的双CBD格局，设计地块的重要性也是不言而喻。

而在设计过程中，通过前期调研，中期研究以及重点地块设计，让我对城市设计中的生态建设和智慧交通创新有了更深的理解。例如利用江南特色水网打造水上巴士，打造应急交通系统应对瞬时流量，为智能交通设施设立弹性更新机制等。感谢老师和小伙伴们的帮助，希望自己在未来的设计中有新突破！

同济大学建筑与城市规划学院

 张康硕

用四个"新"来表达对毕设的感悟：

第一新角色，不同于以往的课程设计，这次是大家合作完成所有成果，老师的指导也与之前不同。全新的合作和学习模式让我们在本科生涯的最后一学期有了全新的角色、全新的感受。

第二新视野，一方面是看到了不同学校关注的侧面，看到了各个学校的风格特色，三次汇报的专家指导也为我们打开了思路。这些新视野不仅使我们对南虹桥的城市设计有了更多的感悟，更使我们对未来规划学习有了更多的思考。

第三新挑战，六校联合毕业设计需要我们用创新的思路给自己制定一个技术路线，对我们来说是一个全新的挑战。能在五年本科的最后一学期收到这样一个新的挑战，对我们来说也是一个本科阶段最后的提升自己的机会和契机。

最后新期待，期待六校联合毕业设计能够越来越好，也期待南虹桥能够发展成真正的上海样板，也期待我们参与六校联合毕业设计的同学能够有更多的交流。期待我们本科毕业之后有更好的发展！

 张欣毅

很荣幸能在本科的收官阶段代表同济大学参加六校联合毕业设计，这三个月的辛苦付出既是对过去五年所学的检验，也是通往未来的新起点。感谢耿慧志老师、刘冰老师、田宝江老师三个月来的悉心教导，不仅在专业方面提供了宝贵的指导意见，更是教授了我们严谨求实的治学精神。感谢组内各位同学的积极投入，正是得益于各位的通力合作才能顺利地完成既定目标。同时感谢参加本次联合设计的所有六校师生，通过三次精彩纷呈的汇报交流，六所各具特色的院校彼此学习、共同进步，携手促进城乡规划学科的发展。能够亲身投入到这次意义重大的活动中来，既是对我过往努力的肯定，更是鞭策着我满怀敬畏之心，砥砺前行，勇敢地直面未来新的挑战！

 刘育黎

很荣幸参加这次六校联合毕业设计，让我有机会在这个平台上看到兄弟院校同学们的高水准表现。这样的联合毕业设计项目给我们各个学校创造了彼此交流的机会，感觉很有意义。这次毕业设计课题，选在了虹桥这样一个具有国际地位的基地，我们得以放飞思路，畅想作为全球城市的虹桥副中心的风采，也畅想未来城市生活的种种可能性。城乡规划的本科生涯让我收获良多，这次六校联合毕业设计为这五年的学习生活画下了圆满的句号。感谢指导教师们一学期以来对我们孜孜不倦的指导引领，也感谢小组队友们辛勤的付出。最后，祝六校联合毕业设计越办越好！

 贺怡特

很感谢有六校联合毕业设计这样的机会能把天南地北的高校汇聚起来，让我们一起为了一个目标而共同努力。正因为是和这么多优秀的人才一起合作，大家倍感压力，能感受到小组的讨论、画图、合作也比以往做得更加卖力，相信大家和我也是一样的心情。虽然过程辛苦，但我觉得这是为本科生涯画上圆满句号的一种美好的方式。即为过往，皆为序章，预祝各位能够在未来闯出自己的一片天。

 周叶渊

六校、六城、六年收官，非常高兴能在这个团队中与优秀的老师同学们协同合作，非常幸运能在"魔都"与"帝都"获得与其他优秀学校的团队交流、分享、学习的机会，非常期待能在未来更长的时间内与来自全国各地不同院校的同学们保持深厚的友谊。在联合毕业设计的过程中我们都经历了情绪的变化，从起初入选团队的惊喜、紧张，到慢慢地沉静与淡定，再到最终完成方案的成就与喜悦，情绪变化的背后是一个夜以继日的汗水和坚定的目标。整个过程中，尤其是在困难问题的破解上，老师给予了我们莫大的帮助，见证了我们点滴的进步，非常感谢老师、同学和六校联合毕业设计这个平台！

 王雪妍

在本科的最后一站参加六校联合毕业设计，我收获了一段非常有缘、有趣、有料的交流体验。有缘的是能与三位认真负责的老师、8 位优秀的同学建立起给力的团队，一同思考一同进步，尝试挑战用新的方法打开设计思路，学会了许多带有研究性的设计方法，一边研究一边提高自己的设计；有料的是前、中、终三期答辩交流中看到六校方案各具风格，碰撞出无数的思想火花，从中学习到了许许多多的知识，积累丰富了自己的设计经验。总之，第六届六校联合毕业设计很"6"！

 杨明轩

有幸参加这次联合毕业设计，仔细思考，最大的收获有三，其一是与各校的同学共同做一个设计，期间多次交流和沟通，在解构问题、思维方式、图纸表达等多个方面有所学习和成长；其二是认识了六校近 70 名同学，并有幸跟大家多有联系，共事一场，共同成长为盼；其三是得到了我校几位优秀教师的指导，得到了众多专家的点评，多有收益。

希望六校联合毕业设计可以长长久久，越来越好。

 顾嘉懿

由衷地感谢所有参与六校联合毕业设计的老师们、同学们，以及所有为促成这次毕业设计而付出的人。这次毕业设计是最好的毕业设计，也是大学规划学习生涯的最完美的落幕。在设计中，各个学校所展现的风格迥异，各表一枝的设计方案给我留下了深刻的印象，令我嗟叹同一个地区的规划在不同逻辑的指导下可以形成如此多元的规划方案。这些形形色色的设计扩展了我对于规划的既有认知，让我了解到了规划不仅仅是只有学校里面学的那一套逻辑，而是存在更广阔的值得探讨的天地。当然，大家的方案或多或少地存在很多的局限性，稚气未脱，但这些方案中展现了方方面面的创新与探索以及其中所蕴含了艰苦与汗水。对于我们的所有人而言，这绝对是最好的也是最值得铭记的一次毕业设计。

最后，再一次感谢所有毕业设计的参与者，大家共同促成了这次完美的盛宴。

 姚诗雨

很荣幸参与到六校联合毕业设计，短短的三个月经历了三次联合交流汇报，学习了其余五所院校学生们的研究思路、设计方法和表达技巧，这些学习交流让我对未来的努力方向有了明确的认识，同时对城市人性化维度的街道空间设计也让我对城市的街道空间有了更深的认识、体会和敏感度，对我未来的规划学习和工作都将会有积极的影响。非常感谢一学期指导我的耿慧志老师、刘冰老师和田宝江老师，从我基地调研开始就一直给予帮助和指导，确定选题的过程也得到耿老师的大力支持和指导。从基地调研汇报到中期成果汇报，再到在清华大学的六校联合毕业设计终期答辩，老师们耐心和认真的指导对我非常关键。同时也感谢与我一个团队的同学，一个学期愉快和高效的合作让我对这个毕业设计留下了许多值得珍藏的回忆。感谢所有对我提供过帮助的人，让我给本科生涯画上了圆满的句号。

重庆大学建筑城规学院

陈志鹏

联合毕业设计是一个锻炼人的"莫名其妙恶性竞争"，我认为我们团队十二个人最大、最幸福的收获就是彻底抛开了所有"为了做而做"的工作，真正意义上的把十二个人想做的想法尽情地表达出来。包括我们自编自导自音自画的动漫，强烈的突破逻辑性问题导向的方案思路等，我认为这才是我们自己的毕业设计。最后，另一大感悟便是与六校同学老师及行业专家的交流，真切地让我意识到规划与社会的庞大联系。我要走的路还很远，但是我喜欢。

陆子川

顶尖的城市，尖锐的问题，迫切的需求，三个月过得很快，如此大的用地如此庞杂的系统，三个月繁杂紧密的工作，建立推翻再建立再推翻，翻来覆去，覆去翻来。还有来自祖国各地另五所院校的兄弟伙不停的"头脑轰炸"，各个立场鲜明、独树一帜。还好，历史总是螺旋上升的，在不断的肯定和否定之中，在这八十六平方公里内，最终我们还是做了一个梦，也圆了一个梦，山里的孩子，总是喜欢做梦的。不过现在，梦就要醒了，但是梦中的海市蜃楼也许就不再是海市蜃楼了。

王 智

在这一次的虹桥商务区设计中，非常荣幸能够与其他五所高校同台竞技，交到了朋友的同时也看到了不同的设计风格。虹桥这样一个高标准、高定位的设计基地也是未来的规划师们很好的试验场，包括我们学校在内，很多学校都提出了前瞻性的概念方案。也许在当下这些想法是一个并不实际的梦，但人类未来数年的技术爆炸，会很快将梦想变成现实。而我们新一代的规划从业者，会从这一次毕业设计启程。

高 希

作为本科阶段的最后一个设计，这次毕业设计是对本科阶段所学知识的总结回顾，也是发现自己知识和能力漏洞的一个机会。这次毕业设计题目对我来说是一个挑战，场地可以挖掘的空间资源少，自身定位极高。这样一个面向未来的城市设计使得我们必须抛弃以往固有的一些思路，在城市发展未来的不确定性中寻找设计思路。从调研阶段到中期汇报再到最后的城市详细设计汇报，小组在每次汇报后都会及时总结学习，找到自己方案中的缺陷，同时修改和完善设计，从对场地无从下手到逐步地理清问题，梳理设计思路，整个过程都是在对自己本科阶段建立的城市设计方法体系的打破、修正和再建，让我受益良多。

李姿璇

仍然记得初次调研的那个早上，空气中还弥漫着挥之不散的寒意，那时候的大家还穿着厚厚的羽绒服，而到了今天却已然换上T恤衫了。

当今天交完图纸排版，这次毕业设计就真的从课程表里变灰了。

作为"云享之城"小组的一名成员，我记性不算太好，但组内的每一名成员对我来说印象都无比深刻。和小组的同学一起畅想的未来城市希望有一天可以实现，在我们手中实现。虽然我们做的还差了很多，但似乎能从中窥见未来规划的复杂和丰富。

更大的收获就是和六校的同学们探讨成果，以及各位老师和专家的点拨。能参加这次联合毕业设计非常荣幸。

陶文珺

这次六校联合毕业设计是我有史以来合作人数最多、面临场地问题最"未来"、最复杂的一次设计，从老师、合作同学、六校同学身上都学到了很多。比如：①定义未来的不同方式。我们学校把"未来"定义在生态、交通、生活的方面，极尽所能地去"想"、设计了一个"理想蓝图式"的南虹桥。而在了解了其他五校的解题方式后，我觉得我对"未来"的理解更为理性了，用弹性的数据、顺应但不偏离的发展逻辑、包容的空间、人本的思维等创造的未来，比嘴上的未来更加有说服力。②对"边界"的思考。规划师在一次城市设计中到底能做到哪一步，企业对城市空间到底能决定到哪一步等。自己的种种疑惑、各位专家在点评时给我的启发，相信都会为我之后的进步埋下种子。

李 帅

非常开心能够参加这次联合毕业设计，从中反思了很多，收获了很多。它不仅是对自己本科能力的提升总结，还是一个跳出原有圈子，与其他学校深入交流的平台。通过三个月的努力，三次完整的汇报，大家一起解决复杂的、实际的问题。同样也很喜欢这次命题对于未来城市的探索，能够在传统空间规划设计行业有了更深刻的认识。同时也使我深刻认识到团队协作的重要性。能参加这次联合毕业设计特别幸运，收获颇丰！在此，希望今后六校联合毕业设计越办越好，祝愿老师同学越飞越高！

靳晨杉

毕业设计的结束意味着五年本科的远去。不仅仅是五年来所学知识融汇贯通的结果，更是一次让六校同学互相学习切磋交流的平台。通过聚焦上海南虹桥这一真实命题，感受到学生时代的想象力与工作后的扎实基础间的微妙关系，对今后我们从事的规划设计行业有了更深刻的认识。同时也使我深刻认识到团队协作的重要意义。能参加这次联合毕业设计特别幸运，收获颇丰！在此，希望今后六校联合毕业设计越办越好，祝愿老师同学越飞越高！

王 婷

三个月的联合毕业设计转瞬即逝，也给我们五年的大学时光画上了圆满的句号。很荣幸能够参加六校联合毕业设计，获得一个能够和其众多优秀学子横向交流学习和拓展眼界的机会。本次联合设计的场地上海南虹桥，是当代城市发展进程中面临的各种问题的缩影，我们城市的未来发展该何去何从，新技术？未来感？理想与现实？价值观取向……引发我们一番思考。在这个过程中，我学习到不同学校的学生对当前城市问题的解决手段和思维方式，可说是大饱眼福和耳福。

何尔登

很荣幸能在自己五年本科的最后时光加入到六校联合毕业设计团队，与各位有着崇高设计理想的同学们一起探索城市规划的奥义。我们经历了所遇见过最为庞杂的分工合作项目，从十二人的思维碰撞到四人的齐心共济，我们深刻体会到了协同工作能力对于城市规划的重要性。六校联合毕业设计是难得的学习交流平台，从开始我们一味对其他设计团队优秀作品的追随，到后面逐渐意识并转换为去创造属于我们自己团队的设计理想。一路走来，我们所有人都在成长，终期也交上了我们最满意的答卷，感谢和祝贺我们团队的每一位挥洒汗水的成员。最后，无论是批评还是赞美，都无比感谢所有给予了我们团队帮助的老师们！

薛天泽

短短三个月的毕业设计一转眼就过去了，回想起初次踏入南虹桥的时候，一切还都历历在目。如今我们带着成果结束了对这片场地的认知与探索，一路走来，也有很多收获。南虹桥最初给我们带来的是一片空白，给我们的思考也是如何发挥这样一片发展潜力巨大的场地的最大优势。自然，我们首先想到的是将智慧和技术代入城市，但单纯地追求高端与未来感是不够的，城市的发展最终还是要落到人们的真实需求，为人们的真实生活服务。如此，我们为未来的城市提供了一种可能性：恢复自然生态，引进智慧城市因子，并最终融入未来人群的生活之中。云集智慧，绿色共享，"云享之城"带给我们的不仅仅是如何创造智慧未来，更是多种多样的思考所带来的无限可能性。

杨 力

三个月的时光匆匆而逝，但这次六校联合毕业设计却是终身难忘的经历。在三个月的设计过程中，结识了许多优秀的同学，了解了他们不一样的思维方式，自身也有了不小的提升。"用更上层的视野看待问题，用更创新的思维去解决问题"是我在联合毕业设计答辩中最大的收获。在平时的交流学习中，让我更深刻地认识到了城乡规划作为一门学科，其完整的逻辑性与思维严谨的重要性。这将成为我以后工作学习中的基本守则。此外，汇报演讲也是学习中的一个重要环节，是对自身成果的最后一个检测。最后感谢六校联合毕业设计这个平台，也感谢老师的指导、同学的努力，让我们有了一个完美的结束，也是一个新的开始。

清华大学建筑学院

陈婧佳

非常开心能和队友们完成本科最后一个设计。非常庆幸能有这样一群基础扎实、知识渊博，却又脑洞大开、惊喜不断的十项全能队友，让我把每一个闷热的夏夜、每一个陷入胶着又转而火花四溅、柳暗花明的瞬间、每一次嬉笑怒骂最后都会主动扛起大旗、每一个疲惫时都陪伴和鼓励的暖心时刻都想好好珍惜。

这样一个活跃却又靠谱的设计，因为有八个特色鲜明的队友、两位包容但又不断激发我们潜力的老师，全程都在让我太多成长和反思。希望我能像队友一样更独立和更有高度地思考，也能像这个设计一样，更加大胆却又理性地认识、了解和设计城市。感动常在。

邓立蔚

这次毕业设计是我做得最开心的设计之一，同时也从中学到了不少东西。在设计过程中我再一次感受到了逻辑和故事的重要性，在方案和表现之上，还应该有一套强大的逻辑和吸引人的故事将方案展示出来。从这次设计中我感受到了城市规划和设计需要以理性说服人，同时需要以感性打动人，这也是我今后需要注重的。

从一开始的调研，到中期汇报，再到最终汇报，我和同学们度过了难忘的十六周。设计虽辛苦，但我们却一样开心，在工作间隙交流感情，在调研结束和中期汇报结束后感受魔都的魅力，以及在最后真的用游戏进行了模拟和设计表现……我们既尽可能理性地对待规划本身，也尽情地将我们的热情倾注于设计之中。

非常感谢赵亮、梁思思两位老师，能在引导我们理顺思路的同时也支持我们一些想法的实现，是良师也是益友；也感谢合作的同学们，经过一个学期的设计从同学们身上学到很多。

侯　哲

时光飞逝，三月时我们还裹着羽绒服在春寒料峭的上海调研地段，三个月后已经在酷暑难耐的北京完成了毕业设计的答辩。这次毕业设计不仅丰富完善了我的逻辑体系和知识储备，还让我对规划的社会责任和使命有了更深的思考，着实令我受益匪浅。我也会继续关注南虹桥地区未来的发展，期待南虹桥的蜕变。

真诚地感谢两位老师在毕业设计过程中给予我的学习上的指导和生活上的帮助。感谢团队中的每一位伙伴，虽然在合作过程中有过意见相左，有过争执摩擦，但大家始终宽容体谅，相互尊重，相互欣赏，相互鼓励，一起坚持到了最后。和老师、同学们并肩战斗的日子，是我大学生活中最珍贵的回忆。

李静涵

六校联合毕业设计是我参加过最大型、最正式的合作设计。从设计之初，我就被戴上了水绿的帽子，专职负责生态方面的所有工作。我在地段上不仅扮演过"小禹治水"，还作为"呆农"尝过百草。但其实，我不生产植物园，我只是大自然的搬运工，在与风环境、热环境、水环境和绿地系统纠缠的几个月里，我深深体会到了人与自然不可分隔的情谊。联合毕业设计期间，我和同学们一起，秉持着养生朋克的原则，一边熬夜一边喝铁观音奶茶，一边排图一边做扩胸运动，将我们的设计地段成功打造为上海西部最绿的蹦迪场所。言归正传，在这次联合毕业设计中，我不仅系统地学习了城市地区生态重塑的基本方法，也锻炼了自己的城市设计手绘和方案生成能力。最重要的是，我收获了珍贵的友谊，那些大家深夜一起唱着 Rap 走回寝室补觉的日子，将是我一辈子最珍贵、最可爱的记忆。

李云开

本科最后一个设计了，有幸与三位了不起的老师和八位神奇的队友一起走完 16 周。无论是论证还是设计，从亦师亦友和亦友亦师的你们那里都学到了太多：从总体框架、论证逻辑到设计亮点。上海也从从没去过变成了"打卡"四次，海派魅力果然非凡。但我觉得对我影响最大的还是朝夕相处之间所感受到的每一个队友的独特魅力，还有与我们同甘共苦的吴老师、赵老师和梁老师，让我们领略学术的高度。也许我们还不能算是一个完美的团队，但是一起吃过的香锅、熬夜的建馆、共享的喷壶、做过的 PPT，足以让我铭记与怀念。

刘杨凡奇

三个月的毕业设计结束了，四年的大学生活也接近尾声，这段六校联合毕业设计的经历弥足珍贵。通过在南虹桥的调研、思考、规划和设计，自己对城市发展、社区生活有了更深的认识，也对城市规划本身有了新的思考。三次集结交流，六校思想碰撞，开阔了眼界，也使得上海对我来说有了特殊的意义。非常感谢三位指导老师的悉心指导、同济大学给予我们的支持和中国城市规划学会评委老师给予我们的中肯评价。也感谢同组同学的相互支持和共同努力。祝福六校联合毕业设计中遇到的每一位老师和同学，也祝愿六校联合毕业设计越办越好！

吴雅馨

这个毕业设计是我本科期间的最后一个设计，也是一个完美的句号。它在最后强化了我的逻辑体系，让我在回顾四年所学的同时，建立了我自己的规划思维模式。但是它带给我的却不仅仅是一个方案、一个分数，它还是一段难忘的回忆、一群志同道合而无话不谈的好朋友。这最后一个学期，可以说是最辛苦的学期，但也是最幸福的学期。毕业设计将我们这个来自不同背景的师生团体牢牢地捆绑在一起。我们可以一起刷夜画图、激烈讨论，也可以一起吃外卖、下馆子、拍搞怪合影。即使大家性格不同、未来的方向也不同，但我们求同存异、互相欣赏。非常感谢我的老师和同学们！

张东宇

这次的六校联合毕业设计是我本科规划专业学习的最后一个设计，也是最富有挑战性的一个——约十平方公里大尺度、集中建设的新区、九人大团队合作……所幸在两位细致和耐心的老师和八位靠谱能干、思想活跃的队友的帮助下，从一开始的无从下手，到慢慢地找到切入点，去理清解决这一片区关键问题的思路，并选择自己感兴趣的专题进行深入研究和设计。在这个过程中，我体会到了思维过程的重要性，也慢慢加强了自己从理清思路到选择解决问题的全过程的能力。同时，也有幸在初期、中期、终期聆听到其他学校同学的思考，开阔了认识这一片区的思路，加深了对规划关键问题的思考，这是以往的设计所不能实现的。我十分感恩在这次设计中并肩作战、辛苦付出的所有老师、同侪！

朱仕达

这次毕业设计让我受益匪浅。回到自己生活了二十多年的城市完成毕业设计是一件非常奇妙的事情。带着不同的眼光来看待这座城市，我发现了她更多独特的地方，曾经对上海的理解还停留在她的宜居和活力，如今我更加感受到这座城市的多元和混合，是长三角乃至全国的一个国际平台。这次毕业设计的地段南虹桥地区也是我此前未曾关注的区域，在整个设计过程中逐渐加深了对她的认识，也意识到一个新星将在上海西侧冉冉升起。设计中，大家对未来城市发展方向的讨论也让我很受启发，最终明确下来的弹性混合的关注点包含了这一学期反反复复的无数讨论，在整个过程中收获良多。

结　语

今年，同济大学主办的六校联合毕业设计正好是六所学校的第六次联合毕业设计，"666"是一个吉祥数字，意味着一个周期的顺利落幕和新阶段的起航。

六校联合毕业设计第二轮应该如何继续进行下去？带着疑问和憧憬，六校师生齐聚清华园，进行了为期三天的交流和讨论。回顾往昔，早在六校联合毕业设计之前，同济大学和重庆大学率先开展了两校之间的联合毕业设计，这成为六校联合毕业设计的序曲和前奏。时至今日，各高校之间的联合毕业设计已经衍生出多个版本，甚至有的高校毕业设计全部都是校际间的联合毕业设计。高校联合毕业设计的广泛存在已经证明了其价值所在，促进了校际间的教师和学生交流，学生和教师走出校门，探寻不同城市、不同基地存在的问题和发展对策。

六校联合毕业设计第二轮如何继续进行下去还需要思考如下几个问题：第一，六校联合毕业设计是设计竞赛还是联合教学？从已经完成的第一轮六校联合毕业设计进行过程来看，六个学校之间还是各自独立实施各自的教学，仅仅是在现状调研、中期方案、期终成果三个时间节点进行为期一天的相互交流，打破学校界限的师生之间的联合教学尚未真正实现，尽管现状调研阶段做过类似的尝试。第二，六校联合毕业设计是方案讲评还是教学交流？学界专家组成的豪华评委阵容的讲评使六校师生收获满满，但这主要集中在专业视野和专业技能上，关于教学方法、教学经验等的讨论还不是很充分，毕竟教师之间的私下交流还无法取代正式的、有准备的研讨。第三，六校联合毕业设计是集体成果还是个人成果？一直以来，我们强调毕业设计的个人成果导向，即毕业设计是作为一个独立个体的学生在学业上的集大成的飞跃和提升，但由于联合毕业设计的汇报交流特点，各个小组主要展示的是集体成果，个人成果的完整性往往让位于集体成果，还无法对个人成果进行校际间系统的审视。

六校联合毕业设计未来之路在何方？在此提出个人的方向思考：第一，城乡规划专业的转型探索。新的历史时期，城乡规划专业面临转型的历史机遇，国家自然资源部的成立预示着新的空间规划体系的建立，过去规划、国土、发改、环保多部门主导空间规划时常冲突的状况将会发生根本性的改变，城乡规划专业如何转型？六校联合毕业设计可以在这方面做出率先的探索。第二，城乡规划专业设计走出国门。六所高校轮流主办联合毕业设计，基地往往选址在主办高校所在的城市，这在操作上较为方便，也有利于控制预算支出。未来是否可以选址在国外，东南亚一些国家正好处于类似我国改革开放的早期阶段，我们的规划实践经验大有用武之地，这也包括非洲一些国家；西方发达国家的设计基地选择也可以带给我们不一样的专业体验。走出国门，将使六校联合毕业设计更加国际化，可以采用"6+1"的组织模式，每年吸收不同国家的主办高校参与。第三，在教学改革方面进行更深入的探索。可以探索实现真正意义上的联合教学，教师和学生进行交叉，让学生接触其他高校的老师，采用集中时间段的workshop形式，或者实施毕业设计阶段的校际本科交换生计划，以及进行校际间的教师轮换，例如同济大学教师到东南大学指导毕业设计，清华大学教师到天津大学指导毕业设计等。也可以将各高校特定的教学改革设想和计划植入毕业设计之中，在某一个特定的教学知识点上有所尝试和突破，例如汇报能力的系统提升等方面。

以上是一些不成熟的设想，供交流和讨论。六校联合毕业设计第一个周期的引领地位有目共睹，起到了率先示范作用，推进了校际间的交流，提高了各高校的教学水平，期待新周期的六校联合毕业设计取得更大的成就。

耿慧志

同济大学　建筑与城市规划学院　城市规划系

副系主任、教授